"工程防水"哲学思考

张 婵　陈春荣　编著

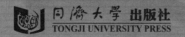

同济大学 出版社
TONGJI UNIVERSITY PRESS

内 容 提 要

　　建筑防水工程是保证建筑物及构筑物结构免受水的侵蚀,内部空间不受水危害的一项分部工程。近 20 多年来,不少学者通过对"工程防水"的哲学思考,从错综复杂的社会环境、自然环境和市场经济条件中,探索在建筑防水工程中隐藏的一些客观规律,这为解决长期以来建筑渗漏水比例居高不下的困境提供了新的思想武器。

　　本书共 31 章,以综合篇、研究篇、实践篇、改革探索篇为分野,就当前建筑防水工程中诸多热点问题,提供了新的观点和解决方案。可供房地产商、建筑工程承包商,从事建筑防水行业的规划、设计、材料生产、施工、管理维修以及科研、高等院校等有关人员阅读。书中不少改革建议,还可供政府主管部门、行业协会(学会)决策时参考。

图书在版编目(CIP)数据

"工程防水"哲学思考/张婵,陈春荣编著.--上海:同济大学出版社,2020.12
　　ISBN 978-7-5608-9483-6

　　Ⅰ.①工… Ⅱ.①张…②陈… Ⅲ.①建筑防水-建筑哲学-文集 Ⅳ.①TU57-53②TU-021

　　中国版本图书馆 CIP 数据核字(2020)第 172676 号

"工程防水"哲学思考

张　婵　陈春荣　**编著**

责任编辑　胡晗欣　　**责任校对**　徐春莲　　**封面设计**　潘向蓁

出版发行	同济大学出版社　　www.tongjipress.com.cn
	(地址:上海市四平路 1239 号　邮编:200092　电话:021-65985622)
经　销	全国各地新华书店
排　版	南京月叶图文制作有限公司
印　刷	常熟市华顺印刷有限公司
开　本	787mm×1092mm　1/16
印　张	20.25
字　数	405 000
版　次	2020 年 12 月第 1 版　　2020 年 12 月第 1 次印刷
书　号	ISBN 978-7-5608-9483-6
定　价	98.00元

序　一

这是一部哲学与科学、理论与实践相结合的"工程防水"方面的专著。作者通过"工程哲学"这一命题,就建筑之"整体"与防水之"局部",施工作业连续性与专业化分工之间的融合共生关系,提出了新的思路与解决方案。对于当前建筑防水行业高质量发展有一定参考价值。

作者张婵、陈春荣二位高级工程师多年来立足于"东方雨虹"这个平台,坚持科技为核心和实践第一的观点,着眼于设计、选材与施工一体化,通过深入研究、反复验证而形成的这本专著,是来之不易的。我对他们的辛勤付出,表示由衷的欣慰和赞赏。此时此刻,让我愉快地回忆起2008—2015年间与他们共事、合作的情景。应作者之邀,就进一步开展"工程防水"这一课题的研究谈几点看法,是为序。

纵观我国近40年来防水发展历史,由于国家建设规模的持续发展,建筑防水工程由土建中单一工种、几种产品,迅速发展为建设系统的一个新兴产业,所取得的成绩举世瞩目,主要表现在:防水材料的飞速变革,为现代化建筑的发展提供了可靠的功能保障,并建成了一大批有影响力的防水项目;防水行业的进步与壮大日益显现,对建筑业乃至国民经济的贡献有目共睹。

与此同时,工程建设中出现的诸多问题也很明显,尤其是长期存在的渗漏水现象,引起社会各界广泛关注。中国建筑防水协会和北京零点市场调查与分析公司联合发布的《2013 年全国建筑渗漏状况调查项目报告》指出,遍及 28 个城市、850 个社区的 2 849 栋楼房、1 777 个地下建筑,屋面渗漏率为 95.33%,地下建筑渗漏率达到 57.51%,住房内部渗漏率为 37.48%。每年住房渗漏维修费用平均每户约 1 525 元,遭受其他经济损失平均每户约 1 367 元。

防水无小事,质量连民心。当今房屋建筑渗漏水比例居高不下的现实,说明既有技术、管理、体制、机制等问题,也有观念与思想方法上的偏颇。建筑防水工程质量,直接影响建筑物的使用功能与耐久年限,关系人民生活和生产能否正常进行,突显解决这一问题的迫切性和重要性。因此,治理建筑渗漏已成为社会各界的共识;而通过"工程防水"的哲学思考,提出和解决防水设计和施工中长期存在的一些重大问题,越来越受到业界的重视和欢迎。

防水在建筑中的地位十分重要,防水功能是刚需。"工程防水"是一个哲学名词,在"防水工程"中遇到的实际问题是硬件,它是看得见、摸得着的存在;而在"工程防水"中的"工程"一词是指哲学思考,是软件。从许多典型工程的防水问题解决方式中可知,我们都不能忽视"工程防水"中的哲学分析以及由此产生的支配和统辖这一事实。因此,只有把"防水工程"与"工程防水"这一硬一软结合一起研究,通过融合创新,从现实中来,到真相中去,才是实现防水工程科学价值的最佳途径。

长期以来,许多人认为,防水材料不断更新发展或升级换代,可以促使防水工程质量的同步提升。但从历史来看,这种"必然性"的论点是站不住脚的。须知,在现代建筑与结构多元化的情况下,在处于同一事物或同一问题的防水工程中,因其综合性、复杂性和滞后性的特点,加上目前社会环境等诸多不确定的因素,这种"必然性"只能是一厢情愿的推测与假设。另外,正因为防水材料是一个初级产品,是防水工程系统(可进一步推论为建筑工程系统)的一个子系统(或子因素),一旦这个系统的某个因素发生变化或达不到原定目标时,那么我们寄希望的"必然性"就要落空。进一步而言,如果我们在实践中没有及时调整这方面的关系,那么,个别建筑物渗漏水的"偶然性",随着时间的积累和数量的叠加,就成为大量建筑物长时期发生渗漏水的"必然性"了,这是不以人们意志为转移的。

最近,我重读毛泽东同志的《实践论》,对"通过实践而发现真理,又通过实践而证实真理和发展真理"这一关于认识和实践辩证关系的论述,有了进一步理解。其中,"感觉到了的东西,我们不能立刻理解它,只有理解了的东西才能更深刻地感觉它。感觉只能解决现象问题,理论才能解决本质问题"的观点,进一步揭示了世界万物发展的客观规律和科学内涵。上述立足实际、知行合一、突出实践重要性的辩证唯物主义思想,也是指导我国建筑防水行业今后发展的方向。

值得指出,《"工程防水"哲学思考》一书中不少文章,从历史到现实,从实践到认识,从证实到证伪,都做了有益的探索。其中"'工程防水'起源与本质""建筑空间与建筑三要素""'工程防水'是沟通工程和哲学的桥梁""'有''无'辩证法在防水工程中的应用""防水'工程质量'将向'功能质量'转变""功能和作用是两个既相互联系又相互区别的概念""中国古建筑防水文化探秘""建筑师是创造历史的重要力量""防水之道非常道""建筑防水体制改革应适应绿色建筑和现代建造方式的变革"等表述以及相关建议,是该书的精华,具有一定的参考价值。

建设工程在某种程度上也是一门试错性的学科,谁也不能永不犯错,所以我们常说要做到"不留败笔,少留遗憾"。"不留败笔",就是要精心设计、精心施工、一丝不苟,避免出现危及结构安全或无法使用而必须推倒重来的工程;"少留遗憾",就是要知错能改,则善莫大焉。错后能将事实与原因悉数公之于众,让别人不犯类似的错误,让国家少受一些损失,这是所有建设者应有的敬业之义,更与当前国家提倡的工匠精神不谋而合。"为人民盖好房,还是为人民币盖房"的这一原则问题,考验每一名建设者的智慧、技能和职业操守。学做一辈子合格的防水工程师,这是对年轻一代从业者的期望。

最后,我想引用清代文学家彭端淑名篇《为学》中的一段话作为结束语:"天下事有难易乎? 为之,则难者亦易矣;不为,则易者亦难矣。"

叶琳昌

2020 年 9 月 5 日于上海

序 二

　　2020 年 10 月底，深秋的北京国家会议中心，我正像陀螺一样穿梭在会场人潮之中，被本书的作者也是老朋友的张婵女士叫住了。言谈之间，她请我帮个忙，还没来得及细说是什么忙，我又被叫走了。展会第二天，另外一个场合才知道这个"忙"是请我为她的新作写个序。心中不禁有些惶恐。不为别的，而是自觉近年的工作有些"飘"而"碎"，离一线工程、科研实际越来越远，怕写不出有价值的评价，辜负了她的信任。但"圣母型"人格关键时刻再次发挥了作用，我竟然答应了。3 天后，书稿摆在了案头，看到书名的那一刻，整个人瞬间有点凝固了。作为一名工科直男，哲学一直是自己学习的弱项，对于古今中外的那些先贤哲人，除了直觉上的景仰之外，对其思想学说的了解和把握甚少，对哲学学习的方法论更是陌生。因此，惶恐的感觉直接放大百倍，一篇本来不太长的文字倏忽竟成了一个难以完成的任务。但，答应已先，不写怕是不成。

　　约好的两周交稿，认真读完书稿是下笔的先决条件，而在此期间各种"紧急"杂事的随时穿插打断，让这个任务于我而言，变得像是一名要励志登山的人，总在出发不久后随时因各种原因被叫到起点然后重新开始一般，非技术性困难重重。但定好的"登顶"目标总要实现，序言总归也要写完，因为有言在先，因为有截稿日期。序还未写，先絮絮叨叨一大堆，算是为这篇不太好下笔，也写不太好的序言找一点客观上的理由吧。

  首先,这是一本可以看到基因与传承、见到长期技术积淀和思想结晶的著作。作为本书两位作者的工作导师,叶琳昌教授从事建筑防水超过60年,将自己的毕生精力奉献给了祖国的建设事业,长期工程实践的经验和深入思考后的真知灼见,浸淫在他的每一本著作之中。在他的谆谆教诲下,张、陈二位年轻人在技术上获得了快速的提高,并走上了公司的管理岗位。对防水工程基本理念的认识和更新、防水技术的发展与创新、建筑工程相关问题的澄清与解答等,以及贯穿全书的诸多思想、理念、经验和方法都无不闪耀着继承与发扬的光芒,成为大国"工匠精神"传承的具体体现。

  其次,这是一本内容丰富,可以放在案头、常看常新的著作。喜欢研究思想与哲学的人,可以看到中国传统道家思想在建筑防水工程中实践的蛛丝马迹;专注技术的人,可以看到上至传统中式屋面中蕴含的智慧,下到预铺反粘、防排结合、各式屋面维修翻新中"四新"技术应用的经验和教训;对行业发展历史感兴趣的人,可以看到远至上古、中到当代、下及未来,建筑防水的技术脉络和与建筑文化的水乳交融;执着于思索和批判的人,还可以透过文字与作者来一场隔空的思想碰撞或共振共鸣。

  再次,这还是一本有深度和广度的著作。哲学被称为学科之母。从实践出发形而上到哲学,然后从哲学形而下来指导实践,二者都不是容易做到的事,非有深厚的积淀和深刻的思考与领悟,无以完成。这是我对于写此篇序言觉得困难的原因之所在。而本书的作者却做到了,难能可贵。书中就工程防水起源与本质的认识,防水功能与混凝土结构耐久性关系的思考,地下防水"刚柔相济"原则的形成和实践,振动、滑移、腐蚀等特殊工况下防水设计方案的优化,水泥基渗透结晶型防水涂料的正确使用,解决建筑渗漏水问题的体制机制改革等难点和热点问题,都做了很多积极和深入的思考。广度上来看,作者更多从混凝土、结构裂缝控制、保温节能、绿色建筑、工程管理、建筑文化等建筑防水相关视角,来审视我们司空见惯的建筑防水,相关专业的人如果有幸看到此书,大概也能从中找到自己熟悉的场景。

　　以上几点是我的感受,相信您在读完之后还会有更多想与作者探讨的冲动。那么,就请开始这一段美好的阅读和探索之旅吧!

　　再次祝贺张婵、陈春荣二位同行的大作付梓。

张 勇

（中国建筑防水协会总工程师　研究员）

2020 年 11 月 14 日

前　言

关于建筑哲学的最早论述始于 2 000 多年前《老子·十一章》。"凿户牖以为室,当其无,有室之用。"通过"有""无"之辩,强调"有房无门窗,如何住用"。所以,"有"和"无"是不能分离而独存的,这成了中外建筑界的共识。

防水是建筑的一部分。"蔽风雨、驱寒暑"是古代人们对防水功能的定位。中国古代建筑屋顶是材料防水与构造防水相结合的典范。中国自 1978 年改革开放以来,随着建筑规模不断发展,建筑防水行业所取得的成绩举世瞩目,但存在的问题也很明显,主要是建筑物渗漏水比例居高不下,说明既有技术、管理、体制、机制等问题,也有观念与思想方法上的偏差。

针对上述问题,我国许多学者认为,必须正确认识和解决好建筑之"整体"(宏观)与防水之"局部"(微观),施工作业连续性与专业化分工之间如何融合共生的关系,才是实现建筑防水功能的首举。中国建筑业协会建筑防水分会专家委员会名誉主任叶琳昌教授,是"工程防水"哲学研究的先行者和实践者,并有多篇论文发表和多本专著出版。多年来,我们有幸聆听他关于这方面研究成果的演讲,并多次随同外出考察和学术交流,先生治学严谨、诲人不倦的精神,给人启迪,铭记于心。今天,他在耄耋之年,指导本书编写,并亲自作序,既是对我们工作的肯定、鼓励和鞭策,也进一步指明了"工程防水"课题今后研究的方向。

我们深信,由"工程防水"哲学思想提出的解决方案,为治理全国性建筑物渗漏,进一步提升建筑防水工程的科学价值,带来了新的选择和希望。当然,我们也认识到,建筑渗漏是一个长期的、涉及面广的而又迫切需要解决的课题。只要工程建设一天不停顿,防治渗漏水问题就一天不能松懈;只要建设工程继续在发展,防治渗漏水这个课题就需要不断更新内容,继续研究下去。鉴于此,笔者愿与广大同行切磋交流。

本书是在吸收前辈科研成果的基础上,结合工程实践与研究心得,由我们二人合作完成。书中由叶琳昌先生提供的一些案例,是"工程防水"研究中的宝贵财富,我们已在参考文献中一一注明出处,特此说明并表达敬意。

本书由上海东方雨虹防水技术有限责任公司资助出版。在近两年的编写过程中,承蒙李建华董事长等领导的关心和支持,以及有关同仁的帮助,特此一并表示感谢。敬请读者对本书提出宝贵意见。

张婵 陈春荣

2020 年 7 月 1 日

目　　录

综合篇

1 "工程防水"起源与本质

1.1 哲学与哲学思想

哲学是一门与众不同的学问。它是理论化、系统化的世界观和方法论,是关于自然界、社会和人类思维及其发展的最普遍的本质和规律的学问。马克思认为,哲学须臾离不开生活;哲学是由"问题、立场、方法、活动、结论、效果"六大要素构成。哲学具有鲜明的思辨性、解释性和概括性的学科特点,其核心是"求真""求知"。

相对于"哲学"而言,"哲学思想"的含义要宽泛得多。一方面,哲学思想可以像某个哲学流派或某家哲学学说那样,具有比较完整的理论体系、建构方法和思想观点;另一方面,哲学思想也可以是以不同形式体现出来的思维意识、思辨成果或思想火花,不一定具有完整意义的系统性和逻辑性。

因此,作为哲学思想,就其形态来说,可以是系统完整的,也可以是散乱零碎的;就其思想领域来说,可以是对自然和社会的精神认知,也可以是对各种不同事物的身心体验;就其形式方法来说,可以是先验的,也可以是经验的。(通常意义上理解,"先验"意为先于"经验"的,是构成"经验"所不可或缺的。)

1.2 山村农舍中的诗意

南宋大哲学家朱熹(1130—1200)也是诗人。他在《再用韵题翠壁诗》中写道:"孤亭一目尽天涯,俯瞰烟村八九家。翠壁何年悬布水,绿阴经雨堕危花。杖藜徙倚凝春望,觅句淹留到晚衙。珍重诗翁莫相恼,枯肠搅断鬓丝华。"其中"孤亭一目尽天涯,俯瞰烟村八九家"这两句给人难忘印象。

这 14 个汉字的排列组合有两点值得注意:第一,主角是建筑。农舍和亭子都是屋。第二,站在高处俯瞰村子里的几幢屋,显出了诗意。他观照的立场和姿势很重要:站在高处,隔着一段距离(不很远,但也不很近)。此时他的心境是平和的,旁观的,但又是动情的。

在研讨建筑防水问题时,我们也要学习朱熹的立场、姿势、着眼点和心境。当然,我们的观察对象不是"烟村八九家"农舍,而是包括防水在内的建筑世界。做这样的观察,从整体上把建筑世界放到空间、时间、事件里去看,便是"一目尽天涯"了。

北宋著名文学家、书法家、画家,同时也是历史上的治水名人苏轼(1037—1101)

曾有《题西林壁》的绝句:"横看成岭侧成峰,远近高低各不同。不识庐山真面目,只缘身在此山中。"此诗也是借景说理,指出观察问题应客观全面,如果主观片面,就得不出正确的结论。这与"当局者迷,旁观者清"是一个道理。

另外,我们还想起唐代诗人杜甫(712—770),他一生写过1 500多首诗,被后世尊称为"诗圣"。他在《茅屋为秋风所破歌》一诗中,抒发出的茅屋被秋风所破而遭受渗漏之苦,令后人感叹不已,更值得广大建筑防水从业者警记。

万物静观皆自得。朱熹把俯瞰到的八九家农舍集合诗意化了。而我们能否从俯瞰到的建筑防水世界里,冒出一点诗意,乃至一些"哲理"呢?同时,我们也要学习杜甫在写诗中秉持的"写实、写史、写思"的方法,在当今中国建筑史上,不断探索古今中外优秀建筑中的防水技术精粹,传承创新,为百姓建造出一批无愧于时代的绿色建筑和防水文化。

行笔至此,我们还注意到朱熹提出的"格物致知"学说,意思是穷究事物原理从而获得知识。他还认为,理又分为一本之理和分殊之理:最高的一本之理就是天道,天地一切万物都有得于天道;同时,任何一个事物也有它自己独立之理,也可称之为分殊之理。现在,让我们沿着"格物致知"学说,共同探究当前我国建筑防水方面的有关问题吧!

1.3 建筑空间与建筑三要素

建筑空间的定义是:"为满足人们生产或生活需要,运用各种建筑要素和形式所构成的内部空间和外部空间的统称。在设计时应全面考虑使用功能、物质技术和艺术造型等因素,以适应人们生产或生活所需的条件和环境。"[1]为此,进一步了解建筑空间定义的由来和深刻内涵是非常有必要的;同时,对做好建筑防水工程的规划、设计、选材和施工,也有重要的指导意义。

人类文明从穴居开始。而人的文明生存是同各种容器紧紧捆绑在一起的。世界各地出土文物必有造型各异的陶器,在墓穴中,它们同一堆枯骨在一处呈现。这足以说明,陶器是个容器,房间也是个容器,各有各的用途。我国先哲老子注意到陶器和房间作用的共同点。

《老子·十一章》(又称《道德经》)云:"三十辐共一毂,当其无,有车之用。埏埴以为器,当其无,有器之用。凿户牖以为室,当其无,有室之用。故有之以为利,无之以为用。"前三句讲了车、器皿和房屋在制作(建造)过程中"当其无"与"当其无有"的辩证关系;第四句归纳一个结论,其意思是"有"所给人的便利,只有当它跟"无"配合时,才发挥出它应起的作用。

《老子》哲学是中国哲学的源头之一。《老子·十一章》论述器物"有""无"的哲理,涵盖着建筑中的"有""无"哲理,这意味着在中国哲学的初始期就已触及建筑的哲理。老子的"有""无"名言,成为中国也是世界建筑哲理认识的源头之一。2004 年在北京举办首届"中国建筑艺术双年展",法国建筑大师、普利茨克建筑奖的获得者鲍赞巴克,在接受晨报记者李雯采访时强调:"讲空间关系是从中国老子首先开始的。"[2]而美国现代建筑大师弗兰克·劳埃德·赖特(Frank Lloyd Wright,1867—1959)也很推崇《老子》哲学中关于建筑"有""无"的哲理。[3]

另外,我国近代著名建筑学家梁思成先生也曾说过:"盖房子是为了满足生产和生活的要求。为此,人们要求一些有掩蔽的适用的空间。2 500 年前老子就懂得这个道理:'当其无,有室之用'。这种内部空间是满足生产和生活要求的一种手段。建筑学就是把各种材料凑拢起来,以取得这空间并适当地安排这空间的技术科学。"[4]

根据上述对建筑空间的定义,引出了对建筑使用功能的要求。早在 2 000 多年前,罗马的建筑理论家维特罗维斯(Vitruvius)就指出,建筑三要素是适用(实用)、坚固、美观。[5]建筑三要素相对应的是"建筑功能、物质技术条件、建筑形象",其中建筑功能中的"适用性"是房屋的使用需要,是第一位的,它体现了建筑的目的性;物质技术条件是实现建筑的手段;建筑形象是指建筑物内外观感。这三者之间相互关联,互为影响。另外,建筑三要素也可视为建设方针,各国在不同年代都有不同的表述,但万变不离其宗,他的名言至今仍被建筑界广泛引用。

爱因斯坦曾提出过"箱子"概念(箱子和容器的说法是一回事,都很形象),且有大箱子、小箱子之分。如此说来,物理空间(比如宇宙空间)便是一个最大的箱子,建筑空间仅仅是个小箱子。爱因斯坦还认为,小箱子空间是大箱子空间"一个可变动的部分"。[6]

人是消费建筑空间的动物。由于建筑空间是自然(宇宙)物理空间一个可变动的部分,"整体永远支配部分",由此防水工程也要随之发生变化。另外,随着人们对扩大建筑空间的需求和绿色建筑的要求,在大型公共建筑和工业厂房中,传统、古老的土木、砖石结构已达不到这方面的要求,于是就催生出许多新型建筑结构体系。这种趋势和变化是不可逆转的,也是建筑防水构造设计、新型材料研制与施工工法不断改进、创新的理论依据。

1.4 "工程防水"是沟通工程和哲学的桥梁

哲学与工程是任何社会不可或缺的两项基本活动。"工程哲学"就是沟通工程和哲学的桥梁。"工程"并不是单纯的科学应用或技术应用,也不是相关技术的简单堆砌和剪贴拼凑,而是科学要素、技术要素、经济要素、管理要素、文化要素、制度要素、环境要素等的集成、选择和优化。因此,科学、技术和工程之间既有密切联系,又有本质区别,既不应把科学与技术混为一谈,也不能把技术与工程混为一谈。

　　"工程"一词早已有之,在我国始于南北朝,常指土木工程。就其本质而言,工程是人类的一项创造性的社会活动,它不但是工程学、经济学、社会学、管理学等学科的研究对象,而且也是哲学分析和研究的对象。以工程为哲学分析和研究对象而建立起来的"工程哲学",在"自然-人-社会"三元关系中占有一席之地(图1-1.1),是现代哲学中一个新兴的哲学分支。[7]长期以来,在我国进行的包括防水在内的工程建设活动,是推动工程哲学深化发展的基础和动力。

　　防水是建筑的一部分。而防水工程是"防止建筑物或构筑物渗漏的工程总称。渗漏影响建筑物或构筑物的使用功能、使用寿命和安全"。[1]而"工程防水"是"工程哲学"中的一个子系统,有两层含义:一是对实体的"防水工程"进行哲学分析;二是通过"工程"整体观视野,正确处理防水工程(或称之为"容器")中的有关设计、选材、施工等环节中的"道""器""术"之间的因果、主次关系,也是"道在器中,以道御敌"的中国古代哲学的一种思考方式。

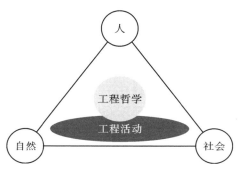

图1-1.1　工程活动在"自然-人-社会"三元关系中的位置

　　另外,从哲学观点而言,建造房屋逻辑在先,存在于后。比如在高层建筑的基础设计中就有这方面的案例:当上部结构荷载很大、地基承载力较低、柱网下交叉条形基础的底面积占建筑平面面积较大比例时,则应考虑选用整体筏式底板基础,因为它具有减少基底压力、提高地基承载力和调整地基不均匀沉降的能力。

　　上海市地处长江入海口,地下水位很高。要建造高层建筑,必须先解决软土地基沉降问题,这需要从结构和施工技术上不断创新和发展。例如在1930年建设的上海24层国际饭店,选用了400根33 m长的木桩和钢筋混凝土筏式基础,上层则用质量轻、强度大的合金钢结构,通过多措并举,其沉降量在上海同期兴建的31幢高层建筑中为最小,从而确保建筑物使用安全。而在厚达280 m且含水量丰富的松软土层中,建造超高层建筑是一个世界级难题。2016年建成的127层上海中心大厦,在建设前期就针对上述难题,经过严格的实地试验和科学论证,最终采用1 079根"后注浆"钻孔灌注桩新技术,扛起了主楼近百吨的重量,开启了在软土地层上建造600 m以上超高层建筑的先例。

　　再者,如在山区建造地下室时,会遇到因岩石地基土的坚硬,而导致混凝土基础开裂和防水工程渗漏的质量事故。如果换一种思考方式,即在地基与基础之间设计一种"滑动层"构造,就可减少地基对基础的约束应力,而过去在山区中常见的混凝土开裂和渗漏水现象就可迎刃而解。1997年重庆世界贸易中心5层地下室超长结构无缝防水的设计与施工,就是"以柔克刚"哲学思想在工程应用上的一个成功范例。[8]

　　"从建筑功能启航,防水永远在路上。"早在 1985 年,沈义、叶琳昌二位专家在《略论屋面防水工程中若干技术经济问题》一文中,率先运用价值工程观点,对屋面工程进行功能分析和功能评价,从而得出"沥青卷材防水屋面的耐久年限与建筑物使用年限不相适应,屋面功能与其成本不相匹配的重要结论,并对调整屋面工程的投资比例提出了建议"。[9]这被认为是运用"工程哲学"观点研究防水问题的先河。不久,叶琳昌等又在《城乡建筑屋面防水设计与施工》一书中专列一章,就"屋面防水是一个系统工程"的重要观点,论述了"屋面是建筑的一个分部工程。与其他分部工程(如基础、墙身、主体结构、装饰等)是一个不可分割的整体,彼此相互依存(关联)又相互制约。当某一分部工程发生变化时,就意味着其他分部工程也要作相应的改变和调整"。[10]同时还明确指出:"在研究屋面功能的时候,我们要把屋面各构造层次看作是一个整体、一个变化的运动体。好的屋面应该做到'效果可靠,材源广泛,施工简便,造价合理'。"[10]这些意见至今还有参考价值。2008 年,叶琳昌在为中国建筑业协会建筑防水分会成立 20 周年撰写的《"工程哲学"与防水工程中的哲学分析》一文,根据众多工程案例,全面总结了这方面的研究成果。[11]

　　总之,在"防水工程"中遇到的实际问题是硬件,它是看得见、摸得着的存在。而在"工程防水"中的"工程"一词是指哲学思考,是软件。正如前面提到的,从"整体筏式底板基础"到"滑动层"构造等一系列问题的解决,我们都不能忽视"工程防水"中的哲学分析以及由此产生的支配和统辖这一事实。因此,只有把"防水工程"与"工程防水"这一硬一软综合在一起研究,才能提升"防水"工程质量和功能质量水平,也是实现防水工程科学价值的最佳途径。

参考文献

[1] 大辞海编辑委员会.大辞海·建筑水利卷[M].上海辞书出版社,2011：2,103.

[2] 李雯.世界大师赞美中国老子[N].北京晨报,2004-02-26.

[3] 侯幼彬.中国建筑之道[M].北京：中国建筑工业出版社,2011：18.

[4] 梁思成文集(四)[M].北京：中国建筑工业出版社,1986：235.

[5] 梁思成.凝动的音乐[M].天津：百花文艺出版社,2009：7.

[6] 赵兴珊.人—屋—世界：建筑哲学和建筑美学[M].天津：百花文艺出版社,2004：3.

[7] 殷瑞钰,汪应洛,李伯聪,等.工程哲学[M].北京：高等教育出版社,2007：1.

[8] 叶琳昌.建筑防水纵论[M].北京：人民日报出版社,2016：103-118.

[9] 叶琳昌.建筑防水工程渗漏实例分析[M].北京：中国建筑工业出版社,2000：408.

[10] 叶琳昌,沈义,朱逢生.城乡建筑屋面防水设计与施工[M].成都：四川科学技术出版社,1989：195,1.

[11] 叶琳昌.结缘防水 60 春——我的建筑科学生涯[M].北京：中国建筑工业出版社,2013：181-194.

2 防水常识

常识指一般的、普通的知识，也是大家都知道或认同的知识。但"常"字还有长久、不变的意义，所以常识在一定条件下，又可以理解为长久不变的普通知识。当然，随着时代的演变和科学技术的发展，也会给常识赋予新的含义。

防水常识的价值不仅仅是实用，更在于它的文化内涵和体现"真""善""美"的一种知识修养。防水常识如果用之得当，长期坚持下去，也能反映出防水工程中的一些基本特征，从而为保证防水质量奠定坚实的基础。而众多失败案例说明，人的愚蠢行为和盲目蛮干，都是与因"知识盲区"而随意下结论有关。

今天，人类知识的沉淀、信息处理和抗风险的能力，是有史以来最强大的。但是很遗憾，我们有时候并没能很好地利用这些资源、能力和知识来加强沟通和合作，有时候还制造了很多隔阂，甚至扩大了分歧。

2.1 水的特性与危害

地球上的水以气态、液态和固态三种形式存在，每一种形态的水都有其自身的特性和可能对建筑物造成的危害（图 1-2.1）。

水蒸气（气态）对建筑物的危害是：容易造成防水层与基层之间剥离、卷材防水层起鼓、涂膜起泡、搭接缝开裂等，从而导致防水层寿命降低、防水层下面出现层间窜水等质量问题。

液态水如雨水、地下水，可以通过建筑物的裂缝、孔洞以及各种设备（如水系统、中央采暖系统）的缺陷和漏点渗入。而渗入建筑结构内部的水因重力作用可在多孔材料中扩散，或在毛细作用下产生移动，最终导致建筑物出现渗漏水。

水结冰（固态）时体积约增大9%，冰融化时体积又突然减小。当地下室墙身与底板处于嵌固状态时，如结构出现开裂，地下水就很容易渗至材料中的孔隙和毛细管道；

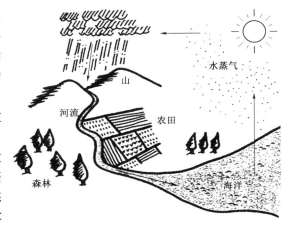

图 1-2.1 水的循环

在水和冰的反复冻融作用下,其对四周混凝土可产生巨大的侧压力,这足以破坏任何高强度等级的钢筋混凝土结构,同时还会拉断或击穿所有柔性或刚性的防水材料。

2.2 水的作用力与渗漏路径

重力作用、毛细作用、渗透作用、动能和空气压差的共同作用或单独作用,使水产生流动或移动。防水工程的渗漏路径,一般有毛细孔、孔洞、裂缝、人为设置的变形缝和分隔缝等渗水通道。因此控制引起水分渗入的作用力,远比试图阻止它们来得更为有效,这是防水工程设计与施工时应遵循的基本原则。

雨水如长时间停留在建筑物上,就会产生重力作用,因此关键是要把水从表面转移出去。

当物质内部存在连通孔隙时,水也会沿着这些孔隙上升,这种毛细管的吸水现象在许多建筑材料中都可以看到。毛细作用可使材料产生膨胀或收缩,导致砂浆、砖石、混凝土酥松以及强度降低等。另外,潮湿土体中的水分,也能通过毛细作用引起潮气上升,对建筑物造成危害。

地下水在土壤孔隙和岩石裂隙中流动,接触到地下工程主体结构后,就会沿着材料中的空隙流动而产生渗透作用。当地下工程埋深超过地下水位线时,由于水位差的存在,将产生渗透压力;地下工程埋得越深,地下水位越高,渗透压力也越大。工程实践证明,地下工程的渗漏水在大多数情况下是由渗透作用引起的。

动能是一种储存在运动物体中的能量,例如下落的雨水或风吹的雨滴。风对物体产生的压力与风速大小有关;风速大则压力也增大,对建筑物的危害程度越严重。

强风对物体产生的负压,可造成防水层与基层剥落,大风暴雨形成的水位差,可使平常不渗漏的部位也容易出现渗漏水现象。因此对于防水材料与基层的黏结力,细部构造中泛水高度以及收头部位的密封与加固等,应有足够的预防措施。

在许多建筑中都会出现空气压差。当墙体一面的气压大于另一面时,水就会通过孔隙自动地向另一面移动。而混凝土或其他墙体材料在施工过程中出现孔隙是难以避免的,因此在设计中要做到有备无患。

侵蚀作用是地下工程必须考虑的重要问题。因为地下水是一种相当复杂的溶液,常含有溶解的气体、矿物质和有机质等,其中已经发现的化学元素有 60 多种。当酸、盐及有害气体超过一定限度时,地下水就会侵蚀以致损坏地下工程的主体结构。地下工程若发现渗漏水,还易滋生霉菌,危害人体健康。

2.3 防水、防水工程、防水工程学

水是生命之源,水是万物之母,地球有了水,便有了生命,便有了万物的存在。可见水对人类和地球万物是何等重要,它一刻也不能缺少。世界各地由于缺水,不少地区变为荒芜的沙漠,不少生物因渴而死亡。但水量也不能过多,水患被历代统治者重视,甚至被视为关系国家存亡的大事。建筑物渗漏水问题虽然不涉及社稷安危,但对当事者也是莫大的困扰,"屋漏偏逢连夜雨"就是真实的写照,所以必须引起各方面高度重视。

按照定义,建筑防水工程是保证建筑物及构筑物的结构免受水的侵蚀,内部空间不受水危害的一项分部工程。因此建筑防水功能,就是建筑物或构筑物在设计的使用年限内,防止雨水及生产、生活用水的渗漏和地下水的侵蚀,确保建筑结构、室内装潢和产品不受污损,为人们提供一个舒适和安全的空间环境。"水顺则无败,无败可持久",这是对防水工程质量与耐久性的总要求。

(1)防水:防水是以人为排除或隔绝的方式,防御水对人类活动产生危害的一种方法。概括地说,防水是防止雨水、地下水、工业和民用的给水排水、腐蚀性液体以及空气中的湿气、水蒸气等侵入建筑物的方法。如防止雨水从屋顶漏到室内,从外墙透过墙体渗到室内;防止地下水侵入地下建筑的底板、墙壁而造成室内渗水。此外,防水还是防止水的流失,防止水的渗出,如蓄水池、泳池、水渠等。

根据绿色建筑的要求,本书对防水作用提出了新的认识,主要有以下两点:第一是防止渗漏,满足人们工作与生活的需要;第二是保护主体结构或其他设防部位免受水的侵害。换言之,前者叫工程质量,就是说在防水工程完成后不得渗漏;后者叫功能质量,就是说在施工过程中尽量减少防水基层内部水分,使之达到材料的平衡含水率,才能满足设计要求的使用效果,并符合节能减排的要求。而延长建筑物使用年限以及各种功能材料的物尽其用(又可称为"全价利用"),是当前考虑的重点,许多工作要有开拓性突破。

(2)防水工程:防水工程是因水的作用而对人类建造工程的危害采取防治方式的总称。防水工程是为了防止水对人类建造工程的危害而采取一定构造方式、特殊的材料进行设防。一是采取"导",将水排除,如加大排水坡度,设置疏水泄水层、排水沟等方式,以减少对工程的危害;二是采取"防",即采取各种方法,将水隔绝在不得侵入且需干燥的部位,如各类卷材、涂料及密封等防水、防渗材料。

(3)防水工程学:防水工程学是应用科学的方法,采取构造、材料等一切手段,阻止水对人类建造工程产生危害的研究。防水工程学是研究实施防水工程的各种硬件和软件,包括研究防水工程的设计理论和方法,研究为实现防水功能要求的材料生产、应用和材料标准(准则),研究防水工程的实施方法,研究确保防水工程质量

措施等一门综合性学科。防水工程的分类见表 1-2.1。

表 1-2.1 防水工程分类

项目	细目
设防部位	（1）建筑防水工程：平屋面防水、种植屋面防水、坡屋面防水、地下室防水、外墙面防水、室内楼地面防水、厨房防水、厕浴间防水、阳台防水、水池防水、储液池防水、游泳池防水
	（2）市政防水工程：地铁车站防水、地铁区间防水、高架桥防水、立交桥防水、地下人行通道防水、人工湖防水、垃圾填埋场防水、污水处理池防水、管线沟道防水、大型水池防水、隧道防水
	（3）道桥防水工程：高速公路和铁路专线路面防水、桥梁防水、隧道防水
	（4）水利防水工程：水库大坝防水、输水隧洞防水、输水渠防水、储水池防水、码头防水
	（5）矿山防水：坑道防水、竖井防水
	（6）其他：环保工程、能源建设及户外军事设施等
设防方法	一般可分为材料防水与构造防水两大类，或采用材料防水与构造防水相结合的设防
材料性能	基本上可分为刚性防水（如结构自防水混凝土、防水砂浆等）和柔性防水（如各类防水卷材、防水涂料、密封材料等）两大类；目前已出现钢结构抗震住宅体系，如何提升防水材料性能值得关注
材料品种	（1）卷材防水：高聚物改性沥青防水卷材，合成高分子防水卷材等
	（2）涂膜防水：高聚物改性沥青防水涂料，合成高分子防水涂料等
	（3）刚性防水材料：防水混凝土、防水砂浆、刚性涂层防水、混凝土渗透结晶型防水、混凝土表面憎水剂防水等
	（4）建筑密封材料：高聚物改性沥青密封材料，合成高分子密封材料等
	（5）堵漏止水材料：水溶性聚氨酯、水玻璃、超细水泥、丙凝、氰凝等
	（6）瓦类防水材料：黏土瓦、水泥瓦、有机瓦、波形瓦、金属瓦、沥青瓦等
	（7）其他防水材料：膜结构防水等

2.4 影响防水工程的主要因素

1. 自然条件的影响

建筑物在自然界中要经受日晒、雨淋、风雪、冰冻以及地下水的侵蚀等影响（图1-2.2），其影响程度随各地气象和地质条件不同有所差别。

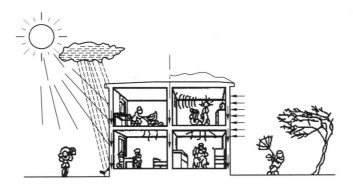

图 1-2.2　影响建筑构造的外因

2. 外力的影响

作用在建筑物上有各种各样的荷载,一般可分为恒载与活载两大类。恒载指不变荷载,如结构自重、土压力等。活载指可变荷载,如人、物的重量,风雪的作用以及机械设备、地震等所产生的动态作用等。恒载和活载统称为作用于建筑物上的外力(图 1-2.3)。此外,还有一种变形荷载,它是不直接以力的形式出现的一种间接荷载,例如温度变化、材料的收缩和徐变、地基变形、地面运动等。变形荷载在防水工程设计与施工中应加以重点考虑。

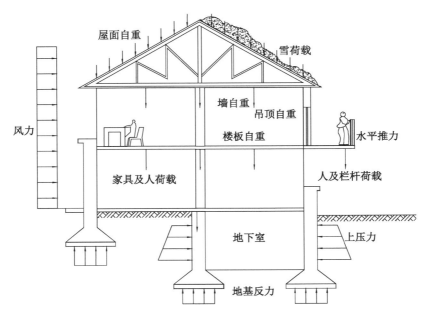

图 1-2.3　建筑物承受的外力

3. 防水工程各构造层次与外部条件的影响（表1-2.2）

表1-2.2 防水工程各构造层次与外部条件的影响

类别	子项目		结构层 设计	结构层 材料	结构层 施工	找平层 设计	找平层 材料	找平层 施工	保温层 设计	保温层 材料	保温层 施工	防水层 设计	防水层 材料	防水层 施工	保护层 设计	保护层 材料	保护层 施工
外力作用影响	恒载		☆	—	—	○	—	—	○	☆	☆	—	—	—	○	—	—
	活荷载		☆	—	—	—	—	—	—	—	☆	—	—	—	—	—	—
	变形（间接）荷载	温度	○	—	—	—	—	—	—	—	—	☆	☆	☆	△	△	△
		材料	—	—	—	—	—	—	—	—	—	☆	☆	—	—	—	—
		地基	○	—	—	—	—	—	—	—	—	—	—	—	—	—	—
自然条件影响	日晒、雨淋		—	—	△	—	—	△	△	△	△	☆	☆	△	△	△	△
	风雪、冰冻		—	—	△	—	—	△	△	△	△	☆	☆	△	△	△	△
	地下水腐蚀		☆	☆	☆	—	—	—	—	—	—	☆	☆	☆	—	—	—
	耐久性		☆	☆	☆	—	—	—	☆	☆	☆	☆	☆	☆	○	○	○
使用条件影响	上人屋面		☆	—	☆	—	—	—	—	—	—	☆	☆	☆	○	○	○
	不上人屋面		☆	○	☆	—	—	—	—	—	☆	☆	☆	☆	○	○	○
	特殊用途屋面（如蓄水、绿化、停机坪等）		☆	○	☆	—	—	—	☆	☆	☆	☆	☆	☆	☆	☆	☆
	厨、卫间		☆	—	☆	—	—	—	—	—	—	☆	☆	☆	○	○	○
	地下设备层、超市		☆	○	☆	—	—	—	☆	☆	☆	☆	☆	☆	△	△	△
	地下车库		☆	—	—	—	—	—	—	—	—	☆	△	△	—	—	—

注：重点考虑为☆；一般考虑为○；防范为△。

2.5 防水设计

建筑防水设计主要按部位划分,一般包括屋面、外墙、室内和地下室四大部分。防水设计的主体是构造组合,优选产品是决定工程成败的关键;并从整体上分析研究防水、保温、隔热及其他相关功能的组合与匹配问题。建筑防水工程总体设计思想是:因势利导,因地、因时制宜;天人合一,保护环境。

屋面工程设计要求归纳起来就是"防排结合,以防为主;刚柔结合,以柔适变;多道防线,共同作用"的指导思想。"避风雨,驱寒暑"是古人对房屋建筑提出的明确要求,其中避风雨列为首位。而防水与保温(隔热)这两大功能,至今我们还不能说做得很好。

屋面工程有坡屋顶与平屋顶之分。坡屋顶采用瓦类防水材料居多,以排为主;而平屋顶主要采用卷材、涂料、密封及堵漏止水材料等,以防为主。

在屋面工程中,"防"与"排"两种措施要结合起来考虑,不可偏废。如能根据屋面的坡度和形状,正确处理分水、排水和防水之间的关系,那么不仅防水效果好,而且省工省料,比较经济。大跨度、大开间以及重要的屋面工程(如电气控制室、精密仪表车间、恒温恒湿车间等)宜采用结构找坡,防止因找坡材料过厚,在施工时积聚大量水分而带来祸害。

地下工程防水设计总的原则:"防、排、截、堵相结合,刚柔相济,因地制宜,综合治理。"但对于不同工程,应根据埋置深度、水文地质情况、开挖方法及受力情况等,采用全封闭或部分封闭的防排水设计方案,为地下防水工程质量提供可靠的技术保证。另外,在山岭隧道中,为减少排水时对山区生态环境的破坏,宜采取防堵并重的措施,不让山体的水任意流失,此时堵水的构造就变得特别重要。

建筑室内防水工程,特别是厕浴间、宾馆、厨房间以及其他有水房间的平面设计,应充分考虑对下层房间的影响。即有水房间不应建在他人卧室、客厅之上,更不得建在变配电这类对防水技术有严格要求的房间之上。因为现有的设计构造与防水手段仍然有限,加上施工中存在不可避免的质量缺陷,不足以保证防水工程100%成功。

要重视防水材料之间的相容性。判别两种不同防水材料是否相容,主要视其相互接触时能否黏结在一起;否则就会出现黏结不牢,脱胶开口,甚至发生相互间的化学腐蚀,使防水层遭到破坏。只有当两种不同防水材料的化学结构及材性相近时,才能做到材料的相容。一般而言,两种防水材料的材性相容,其溶度参数就越接近;溶度参数相差越大,相容性就越差。

就防水工程而言,下列情况下的两种防水材料应有相容性:

（1）基层处理剂的选择应与卷材的材性相容；

（2）高聚物改性沥青防水卷材或合成高分子防水卷材的搭接缝,宜用材性相容的密封材料封严；

（3）采用两种防水材料复合时,其材性应相容；

（4）卷材、涂膜防水层收头及节点部位选用的密封材料,应与防水层的材料相容；

（5）采用涂料保护层时,涂料应与防水卷材或防水涂膜材性相容；

（6）基层处理剂应与密封材料的材性相容。

渗漏从缝开始,"天衣无缝"首先要从设计入手。防水工程应有坚固的结构或基层,但毛细孔、空洞、裂缝和各种接缝是客观存在的,因此提高细部构造设计至关重要。其原则是局部增强、预留分格缝密封、对易受外力损坏的部位采取刚性保护措施等。另外,流窜渗水是当今防水工程中的一个难点,这与基层存在空隙以及卷材铺贴时不可能全部黏结有关(何况在现今规范中还允许采用空铺、条铺、点铺施工工艺)。因此,采用单层卷材防水在黏结不良情况下,窜水现象是难以避免的。

另外,常用屋面建筑防水"以堵为主,只堵不疏",水汽无出路,自然要"有缝就钻",导致屋面渗漏水不可避免,并视为建筑之"癌症"。因此在具体工程设计中,应顺应自然规律,注意水汽排出；让防水、呼吸、排水、排汽成为一个系统,如此才能改善屋面使用功能,并减少屋面渗漏水概率。与此同时,在研究既有建筑屋面维修设计方案时,也要鉴定原有结构的安全性。

当今,随着节能、环保、生态、智能与绿色建筑(低碳建筑)的兴起,建筑防水设计也要考虑和满足这些方面的要求。

2.6 防水材料与施工

防水材料虽有性能高低之分,但只要适用,都有其用武之地。"三分材料、七分施工",很形象地说明防水材料与施工之间的辩证关系。

防水工程的质量在很大程度上取决于防水材料的性能和质量。而不同的防水材料都有其一定的特性与使用范围,而从满足建筑防水功能出发,对它们又有一些共性的要求,即耐候性、抗渗漏、耐化学腐蚀性,对温度、外力的适应性,与基层有良好的黏结性等。

据史料考察,人类对沥青的认识已有4 000多年的历史。特别是19世纪沥青可由石油提炼后,以石油沥青为主体的叠层卷材与热法粘贴施工技术,被广泛用于屋面和地下防水工程中,在近代中外建筑史上产生了重要影响。

迄今为止,我们尚未找到一种比沥青更好的防水材料,而它的黏结力与耐腐蚀性也是其他材料所不及的。通过高分子材料的改性,使其性能更加适合于现代建筑的要求。目前 SBS/APP 改性沥青卷材的销售量占比约为 1/4。

合成高分子防水卷材在我国整个防水材料行业中处于发展、上升阶段。例如,TPO 防水卷材不仅有较高的断裂强度、抗穿刺性以及优异的耐老化能力,并且不含氯化聚合物和氯气,因此其有利于环境保护和施工安全,其应用领域也很广泛。但这类产品如何结合工程实际,不断优化设防构造,与相邻材料和构造层次如何匹配,以及如何进一步完善施工工艺等,都有很多文章可做;其耐久性与可靠性还要经受更长时间的考验。

水是无孔不入的。要使建筑物抵御各种水的侵蚀,就需要设置可靠的防水"屏障",这也是延长建筑物耐久性的重要措施。如稍有疏忽,渗漏水造成的危害是不可估量的;而修补和堵漏则要耗用大量的人力、物力和资金。

在防水施工之前必须对基层带来的施工偏差、混凝土或砂浆的裂缝以及其他质量缺陷进行有效治理,使其符合"坚固、平整、干净、干燥"的要求。

要重视细部构造的施工。施工时必须按照工程实际情况,选用刚柔相结合的多种材料糅合在一起,分层次、分阶段地操作,使之达到"整体、连续、加固、密封"的质量要求。

没有规范的施工"过程",就难有优良的质量"结果"。"不讲过程,只要结果",这是一种悖论,而且从理论和实际上都是站不住脚的。因此防水质量监理应该是全面、全过程的,包括设计图纸与施工方案会审、材料检测和施工中的每一道工序。

防水施工质量关键在于操作人员的技术水平与责任心。随着新产品、新技术不断问世,提高防水工的素质,使之成为具有现代化知识、适应目前建筑施工生产特点的能工巧匠,已刻不容缓。对防水工的培训应按《防水工职业技能标准》进行,严格要求,功夫到家,不走过场,并使之制度化、常态化。

施工程序、施工条件与成品保护是保证施工质量的三个要素。其中施工条件实际要解决好热胀冷缩与湿涨干缩的问题,解决好防水材料与基层之间的两张皮的问题。

要重视安全生产。在防水工程施工中,要解决好六方面的安全生产问题,即防火、防毒、防触电、防高空坠落、防物体打击、防烫伤。近年来防火事故频发,必须引起高度警惕。因此如有明火作业时,除了向有关部门申请核准外,还应清除或隔绝易燃物料,增添消防设备,同时加强施工作业中的安全监管工作。

诚信、守法是确保防水质量的底线,也是防水企业和每一个从业人员必须遵守的道德操守。假冒伪劣、以次充好、偷工减料这些行为,其造成的另一后果是人性的异化,人的精神的可耻堕落。

"为人民币盖房好,还是为人民盖好房?"如果把这个问题解决了,困扰老百姓的房屋渗漏还会长期存在吗?

（本文原载：张婵.建筑防水创新与发展——叶琳昌建筑防水创新精语解读[M].北京：中国建筑工业出版社,2011：25-38。）

3 防水工程中的哲学分析

3.1 水中有道意

中国古代哲学思想中辩证思维这一特点，与水有着密切的关系，或者换个角度说，正是由于中国古代先哲们对丰富多彩的水世界和水景观进行了大量的思考和观察，才促成了中国古代哲学思想中辩证思维的诞生。

《易经》是中国最早的哲学著作。易者变也，易经主旨是万物皆变。水变化多端：水无定形，随境而适；水有三态，常温为水，低温结冰，高温化汽，云雨雾露霜雪雹皆水之不同形式。水无处不在：土壤中含水，岩石中有结晶水，植物从根到叶皆有水，动物从头到足皆含水，人体含水率高达60%以上。无处不在的水千变万化，我们的祖先早已从水的变化中悟出"万物皆变"这千古不易之哲理。在以水为象的唯物辩证法中，就有清与浊、抗与放、刚与柔、动与静、利与害等多对矛盾，这些在不同的防水工程建设中多会遇到，涉及水文、气候、地质、工程环境等因素，需要结合建筑结构形式、工程类别、体量大小等条件审慎应对。

自然界的物质在一定压力下都是透水的，常见的多孔性混凝土材料更是如此。特别是地下工程埋得越深，地下水位越高，渗透压力就越大。地下工程的渗漏水在大多数情况下，是由渗透作用引起的。另外，水能溶解大部分物质，而地下水又是一种相当复杂的溶液。当酸、盐及有害气体含量超过一定含量时，地下水就会侵蚀以至损坏地下结构。

水的形态虽然千变万化，但其结构却非常简单。水分子是由一个氧原子和两个氢原子构成，是自然界最简单的化合物之一。这阐明了一条重要的哲理：宇宙万物千变万化，万变不离其宗，复杂源于简单。古今中外伟大的哲学家和科学家均深谙此理。老子曰："道生一，一生二，二生三，三生万物。"[1]爱因斯坦说："更简单的理论，涵盖更多不同内容，具有更广阔的应用，这才是更令人信服的理论。"

刚柔相济，以柔克刚。滴水穿石堪比子弹。"只要我们对整个建筑物，从基础、地下室、墙身直至屋顶构造进行仔细分析，就不难发现，在任何情况下，各种状态的水都是造成建筑物各部位渗漏或损坏的重要因素。"[2]如果我们进一步追踪又会发现，水在自然界乃至房屋建造与使用过程中造成的破坏变幻莫测，触目惊心。2011年3月11日，日本福岛核电站泄漏事故中，海啸将"世界第一"的釜石港防波堤冲垮，说明貌似柔弱之水，却有"以柔克刚"的极强破坏力（图1-3.1）。而在一般建筑的屋顶,常见的伸缩缝、天沟及雨水口、高低跨连接处的渗漏也是水的"杰作"。在热胀冷缩和湿涨干缩的反复作用下,由"温度-收缩"应力引发的材料间隙或结构开裂(初始时肉眼不易发现),使水乘虚而入。在研究这类质量问题时,既要看到随着时间的变化,各种材料由量变到质变发生的"老化"现象(外因),也要看到这些容易渗漏的部位,长期存在的设防标准偏低,构造设计不当(如排水坡度太小、密封不严、没有考虑暴雨瞬间如何排水等)和施工粗糙等人为因素(内因),这里就包含着外因与内因相互作用、相互转化的辩证唯物主义思想。

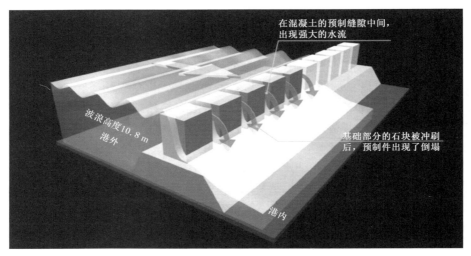

图 1-3.1　日本釜石港防波堤破坏过程

3.2　防水发展与生存之道

　　防水是由建筑而生,并依附于结构而存在。它本身虽似柔弱,若其选材、设计构造与施工得当,则可"驰骋天下之至坚",不仅可避免水对建筑与结构的侵蚀,并可延长建筑物的使用年限。因此,防水工程除了适应天地自然环境外,尚需考虑在设防部位的内部,防水材料(泛指防水层)如何适应结构层与其他构造层次之间相互影响、相互制约的关系。而这种关系(例如地下工程),特别是在正常设计条件下,与施工过程中的受力情况发生差别时,更需要我们采取措施,掌握"转化"与"平衡"的时间节点。因此,进一步加强防水工程的基础理论研究,是一件功在当代、利在千秋的大事。

　　防水材料是一种需要定期更换的功能性材料,它的使用年限不能与建筑物(主要指主体结构)同寿命。因此,从防水工程设计一开始,就要研究在建筑物全生命周期内,防水材料如何管理、维修、更新以及延长使用年限的问题。如能进一步重视防水功能与作用,给予防水工程合理的造价和相应的施工条件,那么在防水工程质量大幅度提升之后,就会"反哺"并保护建筑物的使用功能与安全。这在经济为先、实用第一的今天更应该成为共识。与此同时,还要正确处理期初和期末的质量、功能与成本之间的转化关系,如此才能确保防水工程在建筑物全生命周期内不离"道原(一作道源)",体悟"常德",从而进一步促进防水市场向"公开、公平、公正"的方向有序发展。

防水工程效果如何? 实践是检验真理的唯一标准。只有在与工程环境相似条件下,经过工程调查与科学实验相结合,才能判定不同产品和应用技术的优劣与真伪。鉴于此,建议在"十四五"期间,开展"新型防水材料工程应用情况调查"研究课题。通过全国性的建筑防水工程问卷调查,找出当前工程渗漏的主要原因。与此同时,还要组织有关专家,对相当规模和一定使用年限(可分为 10,20,30 年 3 个时段)的重点防水工程进行实地调查和研究,从中发现防水材料和应用技术的"本体"与防水工程实践"现象"(效果)之间的差异;由此提出解决问题的结论,才具全面性、真实性和可靠性,并对今后修订国家标准和制定行业发展规划有指导意义。

3.3 沥青改性技术

众所周知,沥青本身是一种很好的防水材料,但当遭受极限温度变化时,性能就会出现缺陷,失去弹性或强度。如在道路或屋面应用时,由于冻融循环以及位移等因素的影响,沥青往往会变硬、变脆,导致开裂等现象发生,故需用各种改性剂提高其性能。

过去 40 多年来,通过沥青与 SBS 或 App 改性剂结合后制成的各类卷材,对提升产品性能,如低温柔性、耐热性、弹性、抗拉强度、抗变形和耐久性等有显著作用。但当受到紫外线照射后,此类卷材容易过早损坏。针对上述情况,欧洲与美国有关研究认为,采用聚氨酯沥青改性剂有更多优越性,可极大地延长道路与平屋面的使用年限。

传统的 SBS 改性沥青实际上是两种互不相容材料的混合物,而用聚氨酯改性沥青时,随着时间的延长,网状聚氨酯和沥青之间会产生分子键合,变得更加有弹性;而沥青中特定的区域与聚氨酯连接后,部分沥青成为聚氨酯基质的一部分,锁定在更为耐久的结构中,使最终产品具有传统 SBS 改性沥青所没有的性能。

经过一年暴露试验和 1 500 h 紫外线辐射后结果显示,与 SBS 改性沥青相比,聚氨酯改性沥青发生裂纹要少得多,其抗拉强度也得以保持。这充分说明,聚氨酯改性沥青对于外部暴露的作用并不敏感,且气候对其性能变化影响也较小。另外,大多数卷材都有矿物粒料保护层,因此在长期使用后检验粒料嵌入是否牢固十分必要。通过 6 个月的老化试验,聚氨酯改性沥青卷材保留了 99% 以上的粒料,而在类似条件下的 SBS 改性沥青卷材只保留了不到 80% 的粒料。

科技创新是防水行业高质量发展的推动力。虽然过去几十年 SBS 和 APP 改性沥青的性能也有一定的改善,但聚氨酯改性沥青的出现,为我们提供了一种全新的思维,因而具有广阔的应用前景。

3.4　"排汽屋面"研究新认识

各种形态的水在一定条件下都会互相转化。20 世纪 60 年代开始研究的排汽屋面,是针对屋面中的多余水分,在屋面高温作用下产生的蒸汽分压力,导致卷材防水层起鼓、开裂、渗漏而提出的(图 1-3.2),其形成的过程与冷水烧开时,水由液态变为气态、"壶盖会啪啪地响"时的情景十分相似。

建筑物理学告诉我们,当空气温度在 0℃ 时,饱和水蒸气的最大张力值为 0.61 kPa;而当气温增加到 40℃ 时,此值为 7.38 kPa,增加了十几倍。国外研究还表明,当屋面上温度为 60℃ 时,屋面内部的蒸汽分压力可达 4.9 MPa。以上数值足以引起各类卷材隆起、破损从而导致屋面的渗漏。这是屋面基层内部水分在温度作用下,产生"汽化"后破坏坚固物质的科学解释;也是"弱之胜强,柔之胜刚,天下莫不知,莫能行"的又一例证[1];它是以自然柔和、润物无声、从内向外、周而复始完成的。而通过"排汽减压"的构造,鼓泡就悄然隐退。

(a) 屋面基层含有过多水分造成防水层起鼓、开裂和渗漏　　(b) 检查排汽屋面效果:排汽减压,鼓泡悄然隐退

图 1-3.2　排汽屋面

最早发现"壶盖会啪啪地响"的并不是英国人瓦特(1736 年),而是生于 1532 年的明代哲学家李梦阳,他比瓦特早了 200 多年发现此现象。

李梦阳在《空洞子》一书中就详细记载了自己的观察,并提出了"空洞子围炉而观钢瓶之水,热极则响转微"的问题。虽然李梦阳比瓦特早发现这一物理现象,但他仅从道观出发,总结出现今人们常说的"响水不开,开水不响"的科学道理。而瓦特受此启发,发明了蒸汽机,是第一次工业革命的先行者。何以如此,根子在明代世间仅有"入仕"一门显学,其余皆为末枝。正如国人之占卜,西人之天文;国人之算学,西人之几何;国人之章句,西人之文法。其不同之处在于国家制度和生产力发展的差别。

从科学知识转化为实用技术,并非如想象的那么简单,它需要经历"实践、研究(比较、认识)、再实践、再研究"这样反复的过程。值得指出,排汽屋面之所以有此成效,我们必须领会"天之语,物之道",它与 2 000 多年前汉瓦屋面(据考古发现西周初期就有瓦屋面材料)结构"上下通气"的理念是一脉相承的。排汽屋面"主动地吸取天地之道",正确处理了天(风雨寒暑等各种自然现象)、地(屋面施工中多余水分如何汽化与逸出)、人(居住功能)三者之间的平衡关系,从而使许多复杂的技术难题,简化为"道法自然"的科学构造蕴意;并最终达到人与天地融合、和谐共处的做法,也可视为构造防水与材料防水相结合的典范。

3.5 被动式节能理念的装配式建筑

被动房是众多节能建筑的一个分支,被动房标准要求在高效利用能源的同时,为用户提供经济且满足舒适性标准的生态建筑,从而摆脱传统的采暖制冷模式。装配式建筑和被动房是未来建筑的两大方向,也是现代绿色建筑发展中的两大主流。而采用被动式节能理念的装配式建筑,就是通过"功能"之桥,将装配式技术、被动式技术、智能化建筑技术集成于一体,有机统一,其中外围护系统是攻关重点(包括外墙和屋面)。通过中建科技成都有限公司研发中心办公楼试点实践(图 1-3.2),目前已优选出具有被动式节能理念的装配式建筑的节点构造、选材和施工工艺。经工程使用和测试证实,这种新型装配式建筑外围护系统具有良好的热工性能、优异的气密性、耐久性以及防止渗漏水功效;同时还具有优质快速、节省人工的装配式机械化施工优势。

须知,装配式建筑可将劳动率提高 10 倍以上,被动房建筑可将建筑能效提高 10 倍以上。通过被动式节能理念的装配式建筑,是建筑业实现 10 倍因子理论的必由之路,为此目的,我们还有很多工作要做。

值得注意的是,建筑构造的气密性在被动式建筑的理念中具有非常重要的作用。建筑的防水层是防止外来水的侵蚀;气密性的重要之处则是防止内部水汽对建筑构造的侵蚀,是保证建筑持久耐用的基本要素。二者功能不同,其材料选用标准和构造位置就有本质区别。而装配式建筑是将一块块预制好的混凝土构件(即采用轻质微孔混凝土复合板)拼装在一起,防水本身的处理就比较复杂,气密性构造方式更是不易。通过研究,利用混凝土外墙本身气密性良好的特征,在外挂墙板分格缝

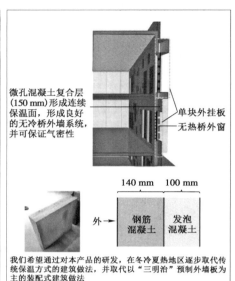

微孔混凝土复合层(150 mm)形成连续保温面,形成良好的无冷桥外墙系统,并可保证气密性

单块外挂板
无热桥外窗

140 mm   100 mm

外→ 钢筋混凝土 | 发泡混凝土

我们希望通过对本产品的研发,在冬冷夏热地区逐步取代传统保温方式的建筑做法,并取代以"三明治"预制外墙板为主的装配式建筑做法。

图 1-3.3　试点工程办公楼 PC 墙板外围护体系

(建筑面积约 5 000 m²)

处保留足够的空腔空间,并用柔性保温材料密填;在其外侧则用 PE 棒 + 耐候硅酮胶进行密封,使之成为建筑构造断缝并兼具排出材料水汽的功能,从而解决了传统装配式建筑气密性差、能耗高的弊端。

3.6　防水工程和结构同寿命

在地下工程中,提出"防水工程和结构同寿命"这一关乎结构耐久性、安全性的重大问题值得重视。但要做到,实属不易。

当前,地下工程外墙(含底板)迎水面防水,因多种因素造成渗漏水的不在少数,由此引起钢筋锈蚀和结构耐久性降低备受关注。由于作业条件所限,在已交工的多层地下室中,当出现渗漏时,一般无法从迎水面进行检查、维修或返工重做;而是在背水面采取修复、筑漏,也是一种无奈之举,其花费的代价与效果均不理想。造成原因可归结于以下几点:

(1) 就目前施工技术水平而言,混凝土开裂是不可避免的。而一般产生的、在结构上视为无害的裂缝(指宽度小于 0.2~0.3 mm 的非贯穿性裂缝),是出现渗漏水的重要通道;加之,混凝土是一个多孔性材料,单独采用混凝土结构自防水做法是不可取的。因此,地下工程必须采取以主体结构防水为主,与其他附加防水层一起,共同构筑"刚柔相济、多道防线"可靠的防水屏障。

（2）混凝土抗渗试块的材料虽在现场取样，并与混凝土结构同条件养护，但因制作条件和构件大小、差异等原因，其密实性和抗渗性能差别很大，故现场抗渗试块的检验结果仍不具有代表性。其关键是小型试块受空间的局限，在成型阶段的内应力是向内(心)集中的，而大面积浇筑的实体混凝土在成型阶段的内应力是向外(四周)无限扩展的，故二者差别很大。因此，对工程混凝土的实体检测，如混凝土初期成型阶段的温度-应力变化、混凝土实体抗渗性，混凝土成型后期的密实性、匀质性变化等性能的检测与控制，显得尤为重要。这是关乎建筑物使用寿命的重大问题，应该提到议事日程上来。

（3）目前大多数土建施工的地下室外墙(混凝土基层)表面粗糙、凸凹不平，加上作业条件、气候环境、成品保护以及赶工期等因素，给附加防水层的施工带来极大不便，这也是造成渗漏水的重要原因。

（4）附加防水层主要由柔性材料组成，使用年限不长(一般为 10～15 年)，在地下水压力和水溶液、气体等侵蚀性介质的共同作用下，要与混凝土结构同寿命，尚无实验数据和科学理论的解释。

我们应该谨记，防水工程是一门综合性应用学科，必须遵循"科学技术化、技术科学化"这一客观规律，才能取得预想效果。在此情况下，如何把地下"防水工程和结构同寿命"的课题做好，需要"产、学、研、用"共同发力，通过科学实验，并经过较长时间的工程实践考验后，才能得出正确的结论。而急于把它列入现行国家标准的做法是不可取的。

3.7 都江堰水利工程中的文化底蕴

1. 都江堰工程简介

公元前 256 年，都江堰奇迹般地在岷江出山口建成。这座赢得世界文化遗产称号的无坝引水工程，已走过了 2 270 多年的历程。

都江堰工程沿岷江而下，其渠道枢纽由百丈堤、鱼嘴、金刚堤、飞沙堰和宝瓶口等五部分组成。这些工程的位置、结构、尺寸、走向、角度等安排，与岷江河床走势、不同季节上游的来水及来沙变化等相互结合，共同组成一个有机的、完善的整体，达到巧妙地引水、分水、泄洪、排沙等目的。

百丈堤是都江堰的起始。鱼嘴又叫"分水鱼嘴"，它利用灌县(现为都江堰市)西北的江心洲，把岷江一分为二，是整个工程系统中的分水工程。江心洲东面为内江，内江之水专供灌溉之用；江心洲西面为外江，是岷江的主流。鱼嘴以下的长堤是金刚堤，长堤下段与内江左岸相对处有一低平地段，这是内江的泄洪通道。洪水来临，内江水便溢出围堰流入外江，确保了内江灌区的安全。由于江中有弯道，江水经过时便产生环流，携带大量泥沙，于是在内江弯道凸岸修建了飞沙堰，使江水经过此处时可以向堰外排沙,从而减少流入宝瓶口的泥沙量。宝瓶口主要用来控制内江水的流量,调节流入成都平原的水量,以确保农田灌溉。鱼嘴、飞沙堰、宝瓶口三者相辅相成,共同构成了一个完整的水利灌溉工程系统,如图 1-3.4 所示。

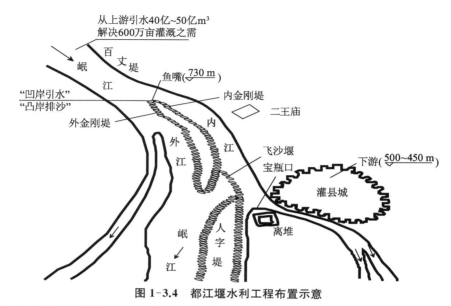

图 1-3.4　都江堰水利工程布置示意

注:1. 鱼嘴(分水堰)位于二王庙前岷江干流中心,将岷江一分为二,其中内江水面宽约 130 m,外江宽约 100 m。

　　2. 飞沙堰的主要作用有三:一是低水位可引导水流入宝瓶口;二是溢流排洪,当内江引进流量超过宝瓶口所需时,多余水量可以由飞沙堰溢出;三是排沙,能在排洪时将进入内江的大部分沙推移出去。

　　3. 宝瓶口作用有二:一是引水供下游灌溉、漂木、城市工业与生活用水;二是与飞沙堰、人字堰堰口联合作用,限制内江洪水过多地进入成都平原。

2. 都江堰工程文化底蕴

　　2 270 多年前李冰父子所筑的、以无坝引水为特征的都江堰水利工程,以保护自然环境、充分利用丰富的水资源和以人为本的思想,采取"乘势利导,因时(地)制宜""天人合一,道法自然"的正确方针,发挥水体自调、避高就下、弯道环流等特性,变害为利,使天(水资源)、地(河势)、人(智慧)三者达到高度融合统一,是 2 000 多年来一直造福四川人民的伟大生态工程。

　　都江堰是独一无二的。成都平原的地形,岷江冲积扇形成的中脊,渠首的地理位置和地质构造,得天独厚地聚合在一起,共同组成渠首和整个系统完美的自然条件。在蜀中历代治水经验不断积累的基础上,再加上李冰父子的天才设计,最终成就了世界水利史上的这一奇迹。其文化底蕴值得关注。

　　(1)"乘势利导,因时(地)制宜"是都江堰治水哲学的精髓。都江堰的主体布局特征是利用不同的水脉、水势、地形,无坝分水,壅江排沙,因地制宜,自流灌溉。都江堰在工程技术上是堤防、分水、排沙、控流相互依赖,共为体系。都江堰的功能效益是防洪、灌溉、航运和社会用水相结合,最大特征是历2 270多年经久不衰,至今还恩泽于四川人民。黄金分割、黄金角和圆周率是自然界的主要构形原则。都江堰现鱼嘴位于老鱼嘴和宝瓶口连线的近黄金分割处,体现了位置的优选(图1-3.5);同时宝瓶口的引水角正是黄金角137°,体现了李冰的独具匠心(图1-3.6)。

图1-3.5 都江堰三大工程之鱼嘴

图1-3.6 都江堰三大工程之宝瓶口

（2）都江堰是活的易经，是易经的实体模型。"六字诀"（即"深淘滩，低作堰"）、"八字格言"（即"遇弯截角，逢正抽心"）和坚持岁修制度毋嬗变，体现了"不易""变易""简易"的方法论。

（3）"分四六"是时空转换的阴阳比。平水时六成江水入内江，以保证成都平原舟楫灌溉之利；洪水时则六成以上的江水泄入外江主流，以免成都平原洪涝之灾。

（4）宝瓶口是"顺乎自然、巧夺天工"的杰作。连接内江的宝瓶口，形如约束江水的瓶颈，在李冰时代如何开凿始终是个谜。《华阳国志》有一段记载："其崖峻不可凿，乃积薪烧之。"也就是利用热胀冷缩的原理，在岩石上架火焚烧，然后泼上冰冷的江水，使岩石崩裂。就这样，一层一层地开凿，将山崖推开一个缺口，故称之为宝瓶口。

（5）都江堰工程构思的先进性、结构的合理性、功能的完满性，决定了该工程存在的必要性、现实性和长久性。只有变革才能持续发展。1949 年以后，利用现代科技对都江堰工程进行了大量的改造，其中有过失败，但更多的是成功。分水鱼嘴和金刚堤都改造成为混凝土堤堰。为了充分利用岷江水资源，在内江和外江上都修建了调水闸门。现在的渠首枢纽和渠系，与前代相比已有很大的改变和发展，但改造过程始终坚持了顺其自然、因时制宜的总体理念。而工程布局之科学与道法之自然，让今人感叹不如。什么叫道法自然？即科学的"真"，哲学的"善"，艺术的"美"，统一于自然的造化之中，这是都江堰持续发展的精髓所在。

在当下，建筑防水工程在实施过程中还有一个学习都江堰水利工程如何"趋利避害，质量为基"的问题。因为只有解决好房屋渗漏水的质量通病后，才能进一步实现绿色建筑对防水功能和节能减排的要求。由于防水工程具有综合性、复杂性、滞后性的鲜明特点，因此最终的防水施工技术，要像《礼记·中庸》所说的"博学、审问、慎思、明辨、笃行"那样，必须将设计理念（构造）、不同防水材料的施工工法，结合具体工程实际和外部环境，进行二次深化"设计"，做到结合实际，有的放矢，并实现面对面的具体交底和指导（或通过互联网线上交流），才能产生综合效果。这种从理性的认识发展到理性的行动，再进而到现实的理性，是工程实践和工程哲学灵魂的真正体现。正如这种"有限"过程可能酝酿着"无限"的突破，才能使防水技术在实践中不断深化和发展。

3.8　上善若水与谦下不争之道

在《老子·八章》中以水为喻，论述谦下不争和重在修身的道理。此点对防水从业者而言，也很重要。

原文为："上善若水，水善利万物而不争，处众人之所恶，故几于道。居善地，心善渊，与善仁，言善信，政善治，事善能，动善时。夫唯不争，故无尤。"

译文为:"上善的人如同水一样。水滋养万物而不与之争夺,汇聚在人们厌恶的低洼之地,因此,近于大道。他居于低洼之地,思虑深邃宁静,交接善良之人,说话遵守信用,为政精于治理,处事发挥特长,行动把握时机。正因为不争夺,所以没有过失。"

在当今市场经济社会中,要做到"谦下不争"确实不易。但如果用反观、比较的方法,以"在商不仅言商,更要有社会担当"进行约束,并建立"失信当受惩、守信应得益"的制度,就可为广大民营企业争得一席之地,培育出"诚信、守法、科学、公正"的市场经济环境。

混凝土在制造过程中,水所占比例不大,但通过与水泥的"水化"作用,以柔弱之躯和坚韧不拔的努力,将砂、石等骨料均匀地融合在一起。而在后期,混凝土一旦坚固成形,多余的水分就会通过蒸发隐身退去,与世无争。现以图 1-3.7 为例,进一步揭示"水善利万物而不争"的科学道理,这与当今社会提倡的精神文明建设以及构建和谐社会,是完全一致的。

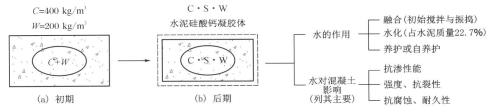

图 1-3.7 C30 水胶比限值对混凝土影响

注:1. 根据美国学者 T.C.Powers 的计算,完全水化的水泥结合水量,约占水泥质量的 22.7%。
   2. 根据《普通混凝土配合比设计规程》(JGJ 55—2000),从耐久性考虑,若水胶比很低的混凝土用水量不超过 150 kg/m³ 时,可获得耐久性好、非渗透多孔材料,或者虽然孔隙率高但渗透性低的致密材料。详见图 1-3.8。
   3. 根据混凝土材料的特征,钢筋混凝土结构的开裂是不可避免的。而防水功能的优劣主要视柔性防水材料与混凝土结合的施工工艺。几十年来,除了沥青油毡及其沥青胶结材料以外,不少有名的且盛极一时的,如焦油聚氨酯、水性石棉沥青、水膨胀橡胶、建筑拒水粉、微晶混凝土等已被先后淘汰。当今,随着气候变暖、环境恶化等因素,混凝土腐蚀速度进一步加快,影响到建筑物与构筑物的耐久性。因此,重视防水材料的作用以及与混凝土结合机理的研究,制定科学评价标准已提到议事日程上来。

(a) 非渗透多孔材料　　　　　　　(b) 孔隙率高而渗透性低

(c) 孔隙率低而渗透性高

图 1-3.8 混凝土渗透性与孔隙率关系示意

"孔子观于鲁桓公之庙,有欹器焉。孔子问于守庙者曰:此为何器?守庙者曰:此盖为宥坐之器。孔子曰:吾闻宥坐之器者,虚则欹,中则正,满则覆。孔子顾谓弟子曰:注水焉。弟子挹水而注之。中而正,满而覆,虚而欹。孔子喟然而叹曰:吁!恶有满而不覆者哉!"(《荀子·宥坐》)这段话的意思是:孔子在鲁桓公庙里参观,看到一只倾斜的器皿,就问守庙的人:"这是什么?"守庙人说:"是用来放在身边警戒自己的。"孔子说:"我听说君主座位右边放一器皿,空着就会倾斜,灌入一半水就会端正,灌满了又会翻倒。"孔子就让学生灌水,果然如此。孔子感叹说:"哪有满了不翻倒的呢!"孔子最后用"恶有满而不覆者哉"这句话,警示世人要向欹器中的水学习,做谦虚谨慎而不自满的人。而科学实验也证实,在混凝土材料的组成中,水与水泥之比(水灰比)也要适中(喻如孔子的"中则正"),一般以 0.55~0.65 为宜。水分过少,混凝土和易性差,振捣不易密实;水分过多,容易离析,导致混凝土强度降低。

同样,对当前防水技术存在问题进行反思后就会发现,虽然大家都承认防水是一个系统工程,但在材料研究、设计与施工以及管理维修中,却缺少"系统目标的整体性和统一性"这一重要命题的共识,也不注意不同环节、各个层次之间"相互联系与相互制约"的辩证观点。尤其在市场经济条件下,对于防水工程中长期存在的体制、机制问题之痛,多数采取观望或随波逐流的态度。这一影响防水全局的"短板"效应(又称"木桶现象"),才是当前防水技术发展的瓶颈。

而从多年来许多渗漏工程案例分析中得知,我们还不善于把握"从宏观到微观,从整体到局部,以宏观为主,再向微观深入追踪"的科学研究方法。[3]因此,几十年来,我国虽然建设规模宏伟,但渗漏水质量通病、防水材料使用年限缩短等问题依然突出。这说明,我们对上述问题的本质缺少试验、分析和思辨,因而很难总结出一些具有创新意义的规律性的认识,更不要说具有长远、智慧的洞见。

水是称职的检验师,人发现不了的渗漏问题,水能发现;人可以糊弄人,但人糊弄不了水,水更不会糊弄人。大巧若拙,如果我们利用水的特点,根据项目具体情况,事先对一些容易渗漏的细部构造或关键节点进行蓄水试验,根据试验中发现的新情况、新问题,制定整治措施,把事故隐患消灭在萌芽之中。这种抓"关键少数"的质量管理方法,与唯物辩证法提出的"抓主要矛盾和矛盾的主要矛盾"的理念是一致的,由此所取得的效果才具实际意义。推而及之,如在审查图纸与施工方案,施工前踏勘现场时,都能做到"去粗取精,去伪存真,由表及里,由此及彼",尽心尽责,那么很多质量隐患问题就可在预判和发现之中及时得到解决。

总之,"让知识流动起来,把文化传承下去",这是一种责任,也是时代对我们的要求。水是伟大的哲学家,以水为师,你同意吗?

参考文献

［1］饶尚宽译注.老子[M].北京：中华书局,2006：105,186.

［2］叶琳昌.防水工手册[M].3 版.北京：中国建筑工业出版社,2005：1.

［3］吴中伟.混凝土科学技术的反思[J].混凝土与水泥制品,1988(6)：4-5.

4 我国建筑防水现状和对策

自 20 世纪 80 年代开始,我国建筑防水行业在市场经济带动下快速发展,建立了较为完备的防水材料原料供应、工艺装备制造、防水产品生产、工程设计、施工和管理维护于一体的供应链和产业链体系。

"十二五"期间,建筑防水行业产品产值平均增长率为 11.47%,主营业务收入平均增长率为 13.87%。2018 年行业中涌现出年销售收入超过 100 亿元的企业 1 家,超过 30 亿元的企业 3 家,超过 10 亿元的企业 7 家,超过 5 亿元的 9 家,超过 1 亿元的 38 家;行业前 50 位企业的市场占有率超过 40%,行业集中度较前期显著增加。

4.1 建筑防水工程定位与质量要素

建筑防水工程定位流程如图 1-4.1 所示。

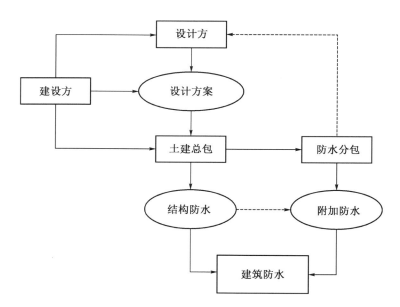

图 1-4.1 建筑防水工程定位流程

建筑防水工程质量要素分析如图 1-4.2 所示。

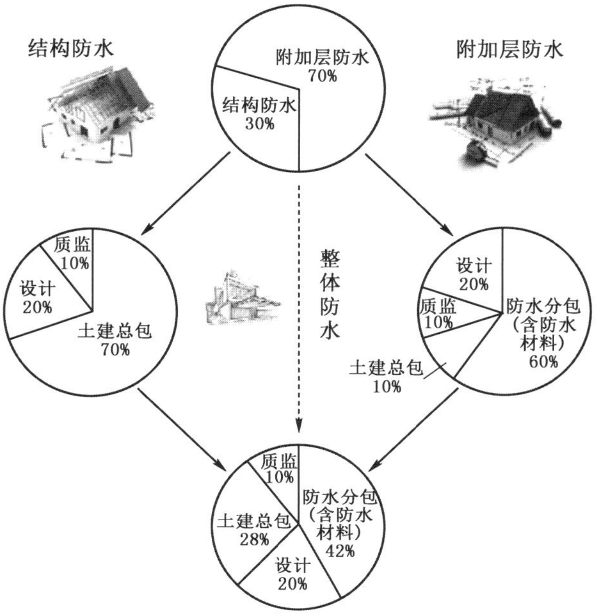

图 1-4.2 建筑防水工程质量要素分析
(以地下工程为例)

4.2 建筑防水工程主要成绩

（1）建立了涵盖材料、试验方法和设计、施工、质量验收的标准体系。

工程建设标准（国家标准、行业标准和协会标准 20 余项），包括《屋面工程技术规范》（GB 50345—2012）、《屋面工程质量验收规范》（GB 50207—2012）、《地下工程防水技术规范》（GB 50108—2008）、《地下防水工程质量验收规范》（GB 50208—2011）、《建筑外墙防水工程技术规程》（JGJ/T 235—2011）、《住宅室内防水工程技术规范》（JGJ 298—2013）、《建筑防水工程现场检测技术规范》（JGJ/T 299—2013），等等。

材料标准（国家标准、行业标准和协会标准 180 余项），包括卷材防水层材料、涂料防水层材料、止水材料、注浆防水材料、防水透汽膜和隔汽膜的相关标准，等等。

（2）防水材料种类多样化、系列化。

（3）防水施工技术取得长足进步。

防水涂料喷涂：单喷头，双喷头，多喷头，涂料与固化剂或与胎体增强材料共同混合喷涂等技术,加快涂膜固化速率,便于控制涂膜厚度。

防水卷材铺贴:预铺反粘法、满粘法、点粘法、条粘法、空铺法和机械固定法等技术,保证卷材组合成为一个连续、接缝严密的封闭系统,并适应基层变形要求。

防水卷材搭接缝施工:热熔法、热风焊接法、热锲焊接和双面胶带粘贴等技术,操作方便,极大加快施工进度。

4.3 建筑防水工程存在问题

(1)工程渗漏现象依然普遍、严峻。

据中国建筑防水协会《2013年全国建筑渗漏情况调查项目报告》中指出:"遍及28个城市、850个社区的2 849栋楼房、1 777个地下建筑,房屋屋面渗漏率为95.33%,地下建筑渗漏率达到57.51%,住房内部渗漏率为37.48%。每年住房渗漏维修费用平均每户约1 525元,遭受其他经济损失平均每户约1 367元。"

就防水行业的属性而言,它是"防止建筑物免受水的侵袭和满足人们安居环境"的利他行业,而全国性房屋渗漏水比例连年居高不下的严峻现实,令防水行业面临较大压力。这说明防水功能与价值观出了问题,防水行业公共信任度受到了严重挑战,必须引起全社会的高度关注。

(2)现有管理体系不利于保证防水工程质量。

质量保证体系未完全建立:材料生产销售与防水施工相分离;单纯的材料生产商占市场主流,工程大多采用劳务分包施工,转包、分包、资质挂靠等现象频发,工程质量责任主体模糊。

招投标制度不完善:经评审的"最低投标价中标法",在实际应用中往往造成不计后果的"低价中标"。

专业交接程序不严,成品保护责任不清晰:屋面系统被分解为防水系统、保温系统等,分别由不同的专业承包商负责投标和施工,各构造层次的功能性难以充分实现,渗漏责任不易辨析。

(3)防水材料质量参差不齐。

我国对防水材料通过发放生产许可证的方法进行管理,据统计,拥有生产许可证的企业1 400家,而无证企业却有500多家,说明市场有大量假冒伪劣防水产品存在。

即使拥有正规生产许可证的防水产品,经质检总局最近公布的建筑防水材料抽检结果,防水卷材不合格率为12.1%,防水涂料不合格率为27.3%。尚有许多虽有相同标准,但防水综合性能不佳、制造成本低廉的防水材料大量充斥市场。

(4)专业人才短缺,施工队伍专业素质不高。

从业人员流动性大,文化水平低,职业技能不高,难以形成职业化队伍;城乡二元体制长期并存,进城务工人员难以融入城市,难以形成稳定的职业化队伍。

防水施工专业承包商资质存在问题:据"四库一平台"统计显示,目前拥有防水工程专业施工资质的承包商不足 1 100 家,相当一部分为非法挂靠的劳务分包队伍,防水工操作水平无法满足规范要求。

(5)防水设计与施工技术研究滞后。

防水设计和施工技术创新动力不足,防水材料耐久性能和防水工程耐久研究刚刚起步,防水工程检测方法单一原始,防水无损检测等先进检测方法凤毛麟角。

4.4 建筑防水工程采取对策

1. 思想观念方面

"工程防水"的核心是思想观念上的转变,并贯穿于防水工程的全过程,涉及防水产业链上下游的各个环节,重点解决工程招投标中的最低价或低价中标的问题。为使防水定价权的改革能够顺利出台,建议先由国内一些有实力的品牌防水专业公司牵头,联合国内其他防水企业,共同商议出一个防水定价权的改革方案,随后再通过有关协会和媒体,广泛征求社会各界意见,在充分照顾各相关企业利益分配的基础上,制定出《规范建筑防水市场和招投标办法》(其中包括取消防水材料由甲方或总承包方指定品种、指定厂家采购的不合理规定),最后由政府主管部门颁布实施。[1]

2. 工程实践方面

工程实践是检验真理的标准。结合防水工程"综合性、复杂性、滞后性"的特点(图 1-4.3),研究防水工程设计、选材和施工中有关问题是很有意义的。如果我们把综合性作为功能、目标,复杂性作为方法、手段,滞后性作为质量、效果,这就为剖析建筑物的渗漏水原因提供了可行的切入点。[2]

首先,要针对当前防水设计还处于半经验状态,缺乏系统的理论指导,不结合实际和简单化倾向等问题,正确认识主体结构开裂、防水构造设计不当是建筑物渗漏的元凶。为此,应确保建筑师的主体作用和对工程质量负终身责任的落实,这是健全产业链、补齐短板的必由之路。其次,要树立全局意识和一盘棋思想,坚决执行施工总承包单位对防水工程质量负总责的规定,而各分包单位(或专业工种)应各司其职、共担风险,从而规避在防水施工中长期存在的偷工减料、粗制滥造、材料检测走过场(仅对送检样品负责)、质量监理缺位、质量监理失控等问题。同时,也可制止一旦出现工程渗漏事故,有关各方相互推诿和无人认领等现象的发生。最后,防水专业分包单位应认真做好施工方案的编制,并结合现场实际,进行二次深化防水设计(需取得设计单位同意)。同时,应建章立制,加强监督检查,认真执行"施工程序、施工条件、成品保护"三要素,那么保证防水工程质量就有了坚实基础,大幅度减少建筑渗漏水也就有了希望。[3]

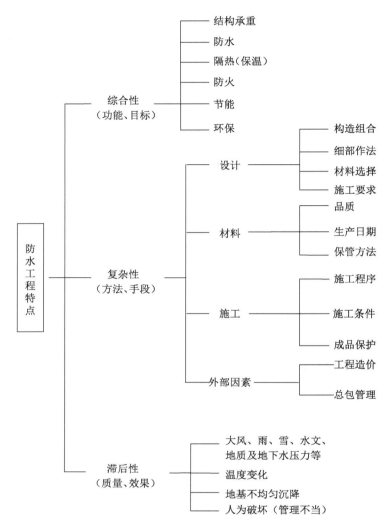

图1-4.3 防水工程特点系统分解

3. 科技创新方面

唯有科学技术才是推动人类社会发展的原动力。建筑防水工程是一门综合性的应用学科。应用科学是综合运用技术科学的理论成果(而技术科学又以基础学科的理论为指导),创造性地解决具体工程的技术问题,创造新技术、新工艺和产生新模型的科学。在当代,技术的发展离不开科学的突破和指导,而科学的深化则需要得到各种技术的支持和保证。科学与技术相互依赖、相互促进、紧密结合,导致了技术科学化与科学技术化的发展。现阶段,若在科学上尚未搞清楚,而想在技术上得以突破,几乎是不可能的。即使是历史悠久、长期靠经验发展起来的农业生产技术、建筑技术等,也同样不能脱离科学理论的指导而发展。作为建筑技术的一个重要分支,防水技术的发展当然也离不开科学理论的指导。

从严格意义上讲,我国在防水技术上还缺乏系统和创新的科学理论,工程防水系统性研究不够,工作机理、防水能力与蠕变规律不明等,是导致工程渗漏原因之一。而专门从事防水施工技术的研究机构和科研人员很少,这与我国飞速发展的经济建设和巨大的防水市场很不相称。当前,应鼓励企业向数字化转型,重视网络空间的市场价值,为防水行业高质量发展提供正确方向。为此,应举全行业之力,集聚跨界、跨学科人才优势,抓紧数字化防水技术综合研究,制定规划目标,早出成果,尽快形成生产力。

另外,不同部位、不同防水材料组合的防水系统,其耐久性、工作性具有不同的客观特性。因此,抓好基础理论和应用技术两方面的研究也是重中之重,不可偏废。现结合我国工程建设实际情况,建议组织以下几个重点课题研究:

(1)不同气候区、由不同防水材料组成的屋面防水层等效性试验,为制定屋面工程技术规范、防水设计和选材提供科学依据;

(2)在结构变形、温度变形和地基不均匀沉降综合作用下,建筑与屋面结构开裂对防水层的影响及渗漏水关系;

(3)屋面工程各构造层次(含结构层、保温及隔热层、防水层、找平层)和不同材料之间的相容性和耐久性研究;

(4)针对不同气候区、不同材料、不同工况,以及在施工阶段的不同荷载(指非正常设计荷载)情况下,各类屋面、外墙及地下工程各构造组合与细部节点防渗漏技术研究(需进行耐风雨、耐候性实验);

(5)"被动房"外围护结构防水保温系统设计与施工技术研究;

(6)南方地下工程(软土地基)"两墙合一"防水技术研究;

(7)南方地下工程实施"全封闭"外防水成套技术研究;

(8)山区岩石地基中地下结构与防水采用滑动层构造研究;

(9)大体积防水混凝土防止开裂成套设计与施工技术研究;

(10)地下工程钢筋混凝土结构内膜防水综合技术研究;

(11)地下工程渗漏水诊断与数字化注浆堵漏技术研究;

(12)地下工程"混凝土结构耐久性与防水功能"一体化研究;

(13)三北地区建筑防水工程冬期施工和越冬保护技术研究;

(14)既有建筑屋面改造与防水、节能技术研究;

(15)装配式建筑防水构配件成套技术研究;

(16)近现代重大(典型)建筑防水工程调查研究;

(17)数字化防水技术研究,详见本书8.6节。

4. 体制与管理改革方面

当前,在防水产品升级换代、性能不断优化以及专业化施工技术水平大幅度提升的情况下,出现全国性建筑物渗漏水现象,主要归因于现代化建筑和绿色建筑标准要求的产品,与沿袭原有计划经济体制和建造方式之间的矛盾,而这一矛盾在防水项目上更为集中和突出。

另外,设计是工程的灵魂,功能是工程的价值,质量是工程的生命,这是工程的铁律。而搞好设计的关键是"动态优化、科技创新"。重大工程防水设计如何做到"动态优化",需要在体制和管理方面进行改革,采取切实有效的措施,确保设计工程师能够定期深入施工现场,善于发现和解决实际问题。

进一步深化体制机制改革,必须更新观念、思想先行,其最终目标是实现防水工程科学价值的最大化。就现代建筑的防水工程而言,它的科学价值体现在工程质量和功能质量的效果上,前者一般指工程竣工验收时的"结果"质量,这在现行工程建设有关标准中已有表述;而后者指客户在使用过程中能够见到或体验到的质量(即潜在性质量),二者之间既有联系又有区别。从一般规律分析,工程质量好则功能质量也好,但不少工程并不遵循这一原则。之所以这样,是因为工程质量仅指某一分部或分项工程的好坏程度,有合格或不合格之别;而功能质量虽然也有好坏之分,如好的功能质量可让客户在使用过程中获得舒适、愉悦的满意感,但因防水工程是整个建筑系统功能的一部分,受制于防水所在部位的构造要素、内外环境变化和时间等诸多影响,且涉及防水工程目前体制机制的因素,因此二者之间的质量并非对应关系。

应该指出,防水工程是按建筑部位的不同,由若干分项或工序为一个共同的(防水)"功能"目标结合而成。就防水施工而言,它具有工序交叉多、技术间歇时间较长、气候环境影响大、质量要求严格等特点,并由不同专业施工单位、多个工种在规定时间内完成。因此,建筑防水工程的建造方式必须符合系统工程特征和专业化分工的原则。而在施工(建造)作业过程中,确保建筑物的整体性和作业的连续性又是首位的。如果违反这一原则,特别是因碎片化管理造成的上、下工序之间成品保护不力等因素,水就会乘虚而入,渗漏就变为常态。鉴于此,进一步深化防水工程承包体制改革势在必行,具体内容详见"改革探索篇"。

参考文献

[1] 叶琳昌.防水工程定价权:路在何方?[N].中国建材报,2009-02-23.
[2] 张婵.建筑防水创新与发展——叶琳昌建筑防水创新精语解读[M].北京:中国建筑工业出版社,2011:144.
[3] 叶琳昌.建筑防水纵论[M].北京:人民日报出版社,2016:154-157.

研究篇

5 "有""无"之辩和"功能防水"之道

先哲老子在2 000多年前直接论及建筑哲理的文字,理应受到人们的关注。下文从《老子·十一章》的解析、"有""无"辩证法在防水工程中的应用,引出"功能防水"的新方法、新理念,相信对推进当今防水技术的发展和进步有所帮助。

5.1 《老子·十一章》解析[1]

老子是中国哲学之父,是中国哲学史上第一位真正的哲学家。《老子》(又称《道德经》)这部经典著作,是以极精练的格式与文句写作,言简意赅,语精义深。其中《老子·十一章》直接论及建筑的"有""无",并触及2 000多年前的建筑哲学概念,对做好今后防水工程很有借鉴意义。

在诸多注释本中,任继愈的《老子今译》一书很有代表性,现将《老子·十一章》照录如下:

> 三十辐,共一毂,当其无,有车之用。
> 埏埴以为器,当其无,有器之用。
> 凿户牖以为室,当其无,有室之用。
> 故有之以为利,无之以为用。

【翻译】

三十条辐集中到一个毂,有了毂中间的空间,才有车的作用。
搏击陶泥作器皿,有了器皿中间的空虚,才有器皿的作用。
开凿门窗造房屋,有了门窗四壁中间的空隙,才有房屋的作用。[1]
所以"有"所给人的便利,[只有]当它跟"无"配合时才发挥出它应起的作用。

在《老子·十一章》中,处处强调了"有"与"无"的辩证法,并在行文中进一步突出了"无"的作用。因为他意识到,人们往往以为"有有用于人,无无用于人"(高亨语),只看到"有"的作用,而看不到"无"的作用,因而他列举出3例,连续用3个"当其无",来强调说明有了空虚的"无",才有车、器、屋的作用。同时提醒人们注意"无"

---

[1] [西汉]河上公注本载,"当其无有室之用"一句解读为:"言户牖空虚,人得以出入观视;室中空虚,人得以居处,是其用。"另外,不少注家还认为,任继愈文中"有了门窗四壁中间的空隙"说法不妥。因房屋未必"四壁"都设门窗,故去掉"四壁"更为妥切。

的作用,但并不等于把"无"作为第一性。因为老子总结性的一句话,"有之以为利,无之以为用",明明白白表达的是,"有"需要"无"的协同作用,并没有说主要靠"无"起决定性的作用。

在此,我们又注意到,直接论及"有""无"这对范畴的,《老子》一书共有四章,即一章、二章、十一章、四十章。

《老子·一章》:

无,名天地之始;有,名万物之母。故常无,欲以观其妙;常有,欲以观其徼。此两者,同出而异名,同谓之玄。玄之又玄,众妙之门。

《老子·二章》:

有无相生,难易相成,长短相形,高下相倾,音声相和,前后相随,恒也。

《老子·四十章》:

天下万物生于"有","有"生于"无"。

在明确了"现象界"和"超现象界"的不同"有""无"后,也有助于我们正确地认识十一章的"有""无"有没有主次之分的问题。在超现象界层面,《老子》说"天下万物生于'有','有'生于'无'"。老子哲学确实是崇无、贵无、以无为本的,把"无"视为天地之起源、万物之宗主、宇宙之本体。在现象界的层面,《老子》说"有无相生",说"有之以为利,无之以为用",老子哲学在这里是"有""无"并重,并没有崇无。

在此,我们用冯达甫注解十一章的"有""无"说,作为本小节的结尾:

有和无的对立,即实物和空虚处的对立。这是物质世界内部两种不同形态的对立,也就是物质的间断形态和连续形态的对立。必须有这种不同形态的对立,才能在物质世界里,各自发挥其作用。如果有轮无毂,如何转动;有器不空,成什么器;有房无门窗,如何住用。所以"有"和"无"是不能分离而独存。

实体是具象的物,空虚处起作用,这是"有"和"无"的辩证统一,是二章"有无相生"的具体说明,与一章从自然规律论述的有无不同。常人但知崇有,不解贵无,或偏在贵无,轻其崇有,都未解得"为利""为用"之意。[2]

5.2 "有""无"辩证法在防水工程中的应用

建筑中的"有"与"无",人们首先想到的是由地面、墙体、屋顶所构成的建筑实体的"有",和内部房间所构成的建筑空间的"无",这是建筑中最核心、最基本的"有"和"无"。这个空间既指建筑的"内部空间",也是建筑的"外部空间"(图2-5.1、图2-5.2)。建筑实体与建筑空间这一对"有""无"成了单体建筑的一对基本要素。[1]

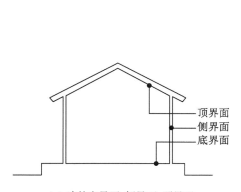

（a）建筑底界面、侧界面、顶界面

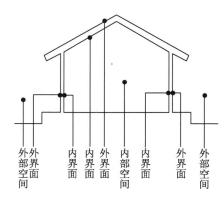

（b）建筑内界面、外界面和内部空间、外部空间

图 2-5.1　建筑界面与空间

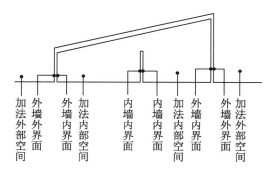

（a）墙体的内外界面与加法的内外空间

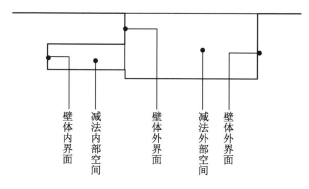

（b）壁体的内外界面与减法的内外空间

图 2-5.2　墙体（壁体）内外界面与空间关系

在《老子·十一章》中"有"和"无"的哲理,让我们懂得整体这一概念永存。老子用他的"虚"这一得意的隐喻说明了这个道理。他认为真正的实在,存在于虚之中。例如,房子的实在即在于由屋顶和墙壁围成的空间之中,它既不存在于屋顶之中,也不存在于墙壁之中。水罐的用处在于它有可以盛水的空虚,而不在于水罐的形式或制作水罐的材料。虚可以容纳一切,因此它是万能的。只在虚之中,运动才有可能。一个人只有使自己空虚,其他东西才能自由地进入这空虚之中,这个人也才能成为一切场合的主宰。全体永远可以支配部分。[1]

正因为防水工程是建筑的一部分,如果我们沿着上述思路,就不难发现在防水工程实践中,确实存在"有与无""实与虚""加与减""合与分"等多对矛盾,正确处理这些矛盾,就成为防水工程成败、优劣的关键。

5.3 "功能"是建筑设计的依据和前提

对建筑形式的重视和研究从古至今都是建筑理论的主流。功能被忽视了很久,直到现代建筑功能主义出现后,才真正将功能作为建筑设计的依据和前提。建筑功能与建筑形式、空间、技术、生态有着千丝万缕的关系,把功能置于这个关联域中,才能对功能的本质有正确的把握。

功能和作用是两个既相互联系又相互区别的概念。功能是事物内部固有的效能,它是由事物内部要素结构所决定的,是一种内在于事物内部相对稳定独立的机制。功能一般指褒义词,而作用则不同,它是事物与外部环境发生关系时所产生的外部效应。同样的功能对外界的作用,既可能是正面作用,也可能是负面作用,这取决于功能与外部环境的互动方式。一般来说,功能是作用产生的内部根据和前提基础,客观需要是测评产生作用的外部条件,作用就是测评的功能与客观需要相结合而产生的实际效能。从系统观点出发,应把握以下几点:

(1)正确处理整体和局部的关系,其中满足建筑功能是第一位的。

建筑功能即建筑的实用性,是房屋的使用需要。建筑功能体现了建筑的目的性,但其要求并非一成不变。它随着社会生产力的发展、经济的要素、物质文化生活水平的提高而不断变化,因而具有动态特征,包括兼容性、相容性和周期性。

另外,从系统结构和系统功能来审视,"形式"与"结构"息息相关。而结构决定功能,是系统工程中的一条基本原理。在防水工程"结构"中,各种构造层次,仅仅是一种产品或材料的性能,这种性能还不是功能,只能算一种潜能。从"性能"转化为"功能",又与内外环境相互作用有关。所以我们在防水工程中反复强调各构造层次和材料之间的相容性和匹配问题。

例如,绿色建筑的定义和标准是:"为人们提供与自然和谐共生的健康、适用和高效的使用空间的建筑。要求在建筑的全寿命周期(包括建筑材料的加工、建造过程、使用和维护、拆除、销毁、组件回收利用、变用和废物处理)内最大限度地节约资源(节能、节地、节水、节材)、保护环境和减少污染(如化学、射线、噪声、粉尘、强力震动等污染)。"上述要求就涉及系统结构和系统功能的有关问题,对防水行业而言是全方位的,关乎到了防水产业链的全过程,必须统一认识,制定规划,科学应对。

(2)在防水工程的构造"实体"中,强调防水材料与结构以及其他构造层次之间的适应性。

如何使柔性防水材料与刚性混凝土结构材料做到"无有入无间"(《老子·四十三章》),真正实现刚柔相济、共同作用,构筑有效而持久的防水屏障,确有不少文章可做。如前所述,只有"虚、空"才能达到极致。另外,在防水工程构造设计中,必须做到科学性和可操作性,即既要考虑不同防水材料之间的相容性,也要注意简化构造层次,减少各种材料之间的约束影响;与此同时,对目前行业中兴起的所谓"防水+"或多功能防水材料等,理应持谨慎态度。例如,在南方夏热冬冷的发达地区,因气候、环境和施工技术等原因推行的外墙外保温做法,不仅有技术经济上的问题,而且实际效果也不理想;如果逆向思维,不如在设计初期集中增加供热、降温、通风等相关设备(清洁能源),这"一减一加"似乎更为简便、实用,从而达到满足人们使用功能的要求。

(3)房屋渗漏水问题必须引起全社会关注。

现在,"建筑防水材料的技术水平越来越高,验收合格率越来越高,但工程竣工后的渗漏水率却也越来越高"。建设过程中留下的工程质量问题,给百姓在房屋使用中带来诸多不便,而包括居住舒适、健康和人员安全等功能质量问题,则是潜在和长期的,由此造成的多次维修、更改拆建的经济损失和邻里纠纷等,必须引起全社会高度关注。

长期以来,在防水行业中存在两种不同观点:一种是"因材使用",突出防水材料性能,强调材料推广应用问题;另一种是"按需选材",突出防水构造设计,强调满足房屋功能需要问题。很显然,在当前情况下,防水设计问题比较突出。如何科学组合,还无实验数据证实或证伪;对工程实际效果,更少调查研究,探明真实原因。如果能把"因材使用"和"按需选材"二者结合起来考虑,那么产生的效果就大不一样了。因此,优化防水构造设计是今后的重点研究课题,需要各方面共同努力才能解决好。

5.4 经典工程"功能防水"效果分析

以下为经典工程"功能防水"案例及效果分析。[3-6]

【案例1】 重庆某军工厂16 t模锻锤基础工程

建造日期: 1973年8月。

构造说明: 该工程基础位于中风化岩石地基上,由16 t模锻锤作业时产生的巨大冲击力,危及基础及厂房结构安全,并对厂房邻近设备、精密仪表等正常使用产生影响。通过基坑原位模拟试验后,在设计中增加了"缓冲层"与减振箱构造(图2-5.3);同时在夏季施工中,通过温度应力计算与实测,对大体积混凝土采取相应控制内外温差以及其他防止开裂措施。

效果分析: "刚中带柔,以柔制动"的设计与施工方案,通过实践取得一次性成功,确保设备投产后正常运营,达到了"设计加法,一构多能"的预定目标。40年后重访该工程,16 t模锻锤投产使用正常,设备基础、厂房结构以及精密仪表等均未发生损坏或开裂现象,业主十分满意。

该项目1978年8月荣获"四川省重大科技成果奖"。

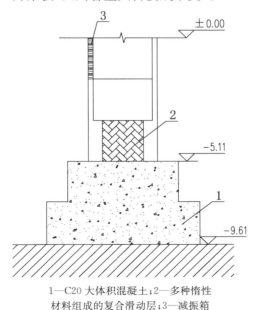

1—C20大体积混凝土;2—多种惰性
材料组成的复合滑动层;3—减振箱

图2-5.3 16 t模锻锤基础"缓冲层"与减振箱构造

实施单位与主研人员: 原四川省第九建筑工程公司叶琳昌,原辽宁省工业建筑设计院刘启太,原四川省建筑科学研究所朱穆陶,重庆建筑工程学院邓安福、彭蜀生。

【案例2】　重庆世界贸易中心5层地下室防水工程

建造日期：1997年6月。

构造说明：该工程共65层(含地下5层)，总高266 m，地下室深达23 m，防水施工面积约1.2万 m^2。由于地下室基础底板、侧墙与外围岩石紧挨，并要求在周长300 m内不设置伸缩缝，为此在设计中增加了"滑动层"构造(图2-5.4)，并采取原槽浇筑混凝土"逆作法"革新工艺。

效果分析："减少约束、防止开裂、抗放结合、以柔适变"的设计与施工方案，加上"产学研"工程防水外包统一负责的体制改革，取得了地下工程超长薄壁结构在300 m内不留伸缩缝的成功先例，以及其他技术经济效益，符合"设计构造加法，施工工序减法"的功能目标。17年后重访该项目，5层地下室使用至今，滴水不漏，墙面干燥，整洁如新。

2008年8月，该工程荣获住建部颁发的"全国建筑业新技术应用示范工程荣誉证书"。

实施单位与主研人员：叶琳昌(专家，总负责)，陈荣华(设计院总建筑师)，舒华彬(施工指挥长、高级工程师)，徐根法(专家，材料供应商总工程师)

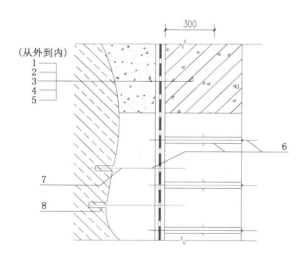

1—基岩；2—C20细石混凝土封闭；3—2 mm厚911聚氨酯涂膜防水层；4—951水性防水涂料胶黏剂贴油毡(350号滑动层)；5—300 mm厚C30钢筋混凝土侧墙；6—对拉螺栓及止水撑拉套管@700 mm×600 mm；7—封闭层施工完后割掉；8—掺UEA水玻璃水泥砂浆

图2-5.4　5层地下室"滑动层"构造

【案例3】 汉瓦坡屋面古建筑

建造日期： 至今已有3 000多年历史。

构造说明： 中国古建筑是以木材、砖瓦为古建筑材料，以木架结构为主要构造形式，通过立柱、横梁、檩条等构件连接而成（图2-5.5）。各构件之间的榫卯结合，构成富有弹性的框架，而坡屋顶、瓦片之间柔性搭接，为迅速排除屋面雨水、防止室内渗漏提供了有利条件。

效果分析： "以排为主，防水为辅，综合治理"的设计原则，构造防水与材料防水有机结合、共同作用的基本思路，具有超越时空的历史价值。汉瓦屋面的出现，标志着中国是世界上第一个解决大跨度防水的国家，比西方16世纪才出现的瓦屋面，至少提前了2 000年。

（a）江南民居小青瓦屋面 （b）重檐

图2-5.5 古代瓦屋面整体防水示意

从防水文化回眸过去，站在一个更高的立场重新审视原点，汉瓦屋面给我们提供的功能防水思想，可归结为以下几点：①保护结构，整体防水的辩证思维；②顺应历史，以人为本的人文精神；③与时俱进，传承创新的科学态度。正是这种结构与防水共同作用的综合措施，才能抵抗内力和外力的各种不利影响，而"墙倒屋不塌"的谚语，是对此类结构优越性和房屋经久耐用最恰当的评价。

实施单位与主研人员： 不详。

【案例4】 沥青防水卷材"排汽屋面"的研究

建造日期： 1962—1983年在各地研究、试点应用；1983年正式列入国家规范后得以大量推广。

构造说明： 传统的"三毡四油"或"二毡三油"沥青防水卷材屋面，通过沥青胶结材料分层铺贴油毡后，因其具有防水性能可靠、黏结力强等优点，在20世纪90年代前曾广泛用于工业与民用建筑的平屋面上。但因保温层（含找平、找坡层）内含有过多水分，在施工期间一时难以干燥，故在高温作用下，因蒸汽分压力造成防水层起鼓、开裂、破损和渗漏水现象也很普遍。"排汽屋面"的研究就是针对上述问题,通过在构造层内设置排汽道、排汽孔,将多余水分及时排出的设计构造措施(图 2-5.6)。

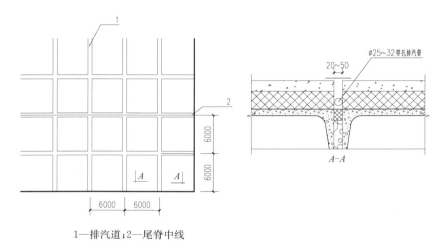

1—排汽道;2—尾脊中线

(a)排汽道做法(单位:mm)

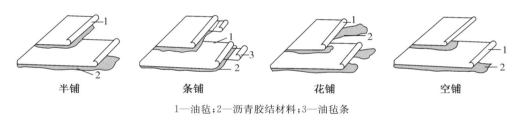

1—油毡;2—沥青胶结材料;3—油毡条

(b)排汽屋面底层油毡铺法

图 2-5.6　沥青卷材"排汽屋面"防水做法

效果分析:在屋面保温层内预留排汽道,并在屋面、檐口或其他部位设置排汽孔,同时在施工工艺中,将底层卷材与基层满粘改为点铺、条铺或空铺法施工,这种"底层卷材脱开、面层卷材密贴"的革新工艺,可有效排除基层内部的多余水分,削减蒸汽分压力的峰值,从而解决因水分过多而出现的起鼓、开裂、破损和渗漏水等质量问题。1970—1980 年期间,曾在重庆某军工厂、四川维尼纶厂等数万平方米的屋面上推广应用,取得良好效果。这项由我国自主研究的防水应用技术,在 20 世纪 70 年代已达到世界先进水平,与国外同类"呼吸屋面"相比,其排汽效果更为直接、显著、久远。根据有关专家建议,在该研究成果列入《屋面工程施工及验收规范》(GBJ 207—83)及《屋面工程技术规范》(GB 50207—94)第 5.3.4 条后,取得了良好的技术经济和社会效益。

今天重新审视"排汽屋面"的效果,进一步领会"天之语,物之道"的哲理,它与2000多年前汉瓦结构屋面的"上下通气"的理念是一脉相承的。它主动吸取天地之道,正确处理了天(风雨寒暑等自然现象)、地(屋面施工中多余水分如何汽化和逸出)、人(居住功能)三者之间的平衡关系。从而使许多技术问题,转化为"道法自然"的科学构造,值得薪火相传。

实施单位与主研人员:"排汽屋面"的研究在计划经济时代是一项社会工程,有关成果首次发表于中国建筑科学研究院《建筑技术通讯-建筑工程》1972年第4期上;1978年"排汽屋面"研究项目获"四川省建工局科技成果奖"。而《排汽屋面实践效果与分析》论文(刊载北京《建筑技术》1997年第6期上)荣获"首届国家期刊奖优秀论文"。

5.5 "功能防水"的提出有时代特征

古今中外大量工程实践和研究表明,优秀建筑的防水工程,不仅具有"防止建筑物或构筑物渗漏"的质量功能,且在全生命周期内,因其延伸与融合性而具备潜在的科学价值。现今,当房屋结构大多数为钢筋混凝土材料时,在防水工程设计中,唯有把防水材料"依托"和"融合"于结构之中,才能发挥它的功能和质量效果;而主体结构则应"借力"于防水材料,并在它的"保护"(也可称之为"庇护")之下,才能更坚固、更持久,其核心技术的目标是"根着性、追踪性、弥合性"。"根着性"指的是防水层的材料能牢固地根植于结构层之中且共同受力,而"追踪性""弥合性"则是指防水层的材料能"追踪"结构裂缝的路径,并通过物理、化学反应,使结构裂缝获得"弥合"的功效。通过"依托""融合"与"借力""保护"之间相互转化的关系,不仅有利于防水工程质量的提高,还可延长防水工程的使用年限,从而让防水发展真正成为房屋结构与生命的保护神。这种把结构、材料与构造组合联系在一起的构想(图2-5.7),我们可称之为"功能防水"。它是继"构造防水""材料防水"之后又一次防水理论的改革和创新,不仅为工业与民用建筑各类防水工程提供了新的防水理念和技术手段,同时也进一步扩大了其他领域(如交通、水利水电、垃圾填埋场等)防水技术的应用范围。"功能防水"法设计流程如表2-5.1所示。

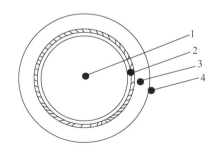

1—结构层;2—防水层;
3—其他层;4—外部或内部空间

图2-5.7 功能防水系统构成

表 2-5.1 "功能防水"法设计流程

顺序	名称	涉及内容	材料厂商(含分包施工商)应配合的工作
1	初步设计	初选防水材料。根据防水材料性能及建筑用途、内外环境等进行比较	提供防水产品目录,并根据工程对象进行梳理,按需选用
2	技术设计	防水方案设计。根据建筑防水工程(材料)标准,选择多个方案进行技术经济评价,注重综合效益。其中包括材料性能,施工工法对环保短期或长期的影响	通过技术交流,解决好设防部位(如屋顶、地下室、室内、外墙及其他防水项目)各构造层次之间的融合、匹配与整体性问题;重点考虑温度应力、材料收缩、地基嵌固与不均匀沉降等,是否影响结构开裂,或危及防水层后可能出现的渗漏水现象
3	施工图设计	优化方案深化设计:①正确处理分水、排水与防水关系,让"水"有序、有控排除;②解决好细部构造(如高低跨、天沟、雨水口、变形缝等)以及有关配件处防水密封问题;③做好各专业工种(如结构、水、电、卫、气、通信和各种设备)的预埋、预留洞口等协调工作,防止事后凿洞或返工	施工图设计完成后,应进行内审和外审,其中宜先与专业防水施工中标单位进行对接,听取意见或建议

注:1. "功能防水"法如同一个容器。在容器内可设置多个类似"渔网"的筛子,通过网线的"有"和网洞的"无",在初步设计、技术设计两个设计阶段中,根据"有无相生"的辩证思维,即可优选出符合功能要求的防水材料和防水构造组合方案。然而在建筑师的精心组织下,与结构及其他专业工种再次协调、确认,最终完成的防水工程施工图设计,才具有科学性与可操作性。这对改进当前建筑防水设计滞后、抑制工程渗漏、提高建筑防水工程功能质量有着积极意义。

2. 防水材料厂商必须转变观念,应从过去以推销防水产品为主,转变为服务于"工程"为主,全方位、全过程地配合设计院,做好各阶段的设计工作。

在"功能防水"中,我们可以引入"功能质量"的概念,它与"工程生命"息息相关,其中包括等同于人类的自然生命、社会生命和精神生命。自然生命可以指建筑耐久年限,主要由建造期间的"工程质量"所决定。社会生命就是指建成后对它如何进行使用和保养的问题。精神生命则是指人和建筑都可视为"生命"的特征。而人的存在和精神存在是三个维度中最难把握、似有似无的存在,却坚定地撑起了"生命",使人成为超越一切其他物种,甚至超越天地、横亘古今的生灵。生命和非生命的最大区别,似同生命科学中的熵增原理。像小汽车这样的非生命物体无法依靠自己的力量对抗熵的增加,最终一定会化为一堆铁锈。但生命会主动从环境中获取能量来抵抗熵的增加,只要能量供应不断,理论上是有可能做到长生不老的。如果把工程视作生命体,那么延长使用年限的"功能质量"(也可扩展至"功能寿命")问题研究就会呼之欲出。

实际上,从我国许多古建筑(以北京故宫为代表)以及都江堰水利工程中,我们就体会到精神生命的力量和"功能质量"的潜力。我们千万不能忘记先辈建造大师的丰功伟绩,这些经典工程与无数匠师和管理人员的无私奉献是分不开的。

从工程哲学分析,在防水构造与功能的对应中,还存在着"一构多能""异构同功"的现象。"一构多能"是指一种材料或一个构造层次在不同环境下充当不同的角色。例如,在地下工程中,钢筋混凝土底板既是承重结构,又充当主体防水的角色和责任;但在两个角色之间,由于功能定位和要求的不同(或叫差异性),如何从设计与施工方面协调它们之间的关系,在许多工程上我们显得力不从心,因而常常出现顾此失彼的情况。另外,在地下工程防水技术标准中强调了主体结构防水与附加材料防水共同作用的重要性,这在哲学上可称为"异构同功"。在此,我们会把"功能"区分为"基本功能"和"充分功能"两部分,如果说附加材料防水要发挥它"基本功能"的作用,那么,唯有在主体结构防水达到质量标准并满足附加材料防水要求的施工条件后,才可满足"充分功能"的复合效应。

5.6 结语

纵观中外建筑发展历史,防水功能与其构造及选用的材料息息相关,并随生产力的发展和科学技术的进步而不断变化。有学者认为:"'构造防水'的原理是利用水向下流的物理性,加大屋面坡度,以排为主,是祖先最早采用的防水方式。随着防水材料和防水技术的进步,'构造防水'逐渐被以防为主、防排结合的全封闭的'材料防水'所代替,并从屋面逐步扩大到地下室及其他需要设防的部位。"[7]笔者认为,上述论点有其偏颇性。特别是近40年来,在以"材料防水"为主导的防水行业中,从国外引进大量防水材料生产线,各类先进防水材料已在绝大多数工程中得到应用,但始终未能解决房屋渗漏"三个65%"之痛,渗漏水问题成为当今百姓投诉的重点。因此,从古代建筑文化史中探究"防水之道"是很有意义的。

而"功能防水"构想,是在汲取"构造防水""材料防水"的优点,强调建筑物或构筑物是一个整体和系统工程,以构造组合为主线,通过各构造层次之间相互匹配、优势互补、以防为主、功能兼融的基础上,不断提升防水工程的科学价值。今后,应针对防水工程所处的工况环境,利用 BIM 模型和图像处理等现代化创新技术,不断提高防水工程综合性能和整体技术水平;在确保防水工程"不渗漏"和满足建筑设计年限的前提下,才能进一步达到绿色建筑中有关舒适、节能、环保等评价标准,这也是历史和社会发展的必然选择。

最后指出,当今我国已处于后建筑和大数据时代,我们应集全国之力,紧跟科技发展前沿,结合信息化和现代工程诊断技术,解决好防水工程中长期存在的一些难点和盲点。而"功能防水"的提出,不仅是一种方法,更是一种理念。让我们打破边界,腾出空间,积极组织相关人员进行文献搜索、整理和研究工作,从古今中外的优秀建筑中,从当今大量的工程实践中,不断总结、挖掘出符合现代建筑和绿色发展的防水之道。笔者深信,在大家的共同努力下,中国建筑防水的明天一定会更加美好。

参考文献

[1] 侯幼彬.中国建筑之道[M].北京:中国建筑工业出版社,2011:3-10,40-41.

[2] 冯达甫.老子释注[M].上海:上海古籍出版社,1991:25.

[3] 朱穆陶,刘启太,邓安福,等.岩石地基上建造 16 t 模锻锤基础的认识和实践[J].建筑技术通讯:建筑结构,1975(5).

[4] 叶琳昌.重庆世界贸易中心 5 层地下室防水设计与施工[J].建筑技术,1998(4).

[5] 张婵.建筑防水创新与发展[M].北京:中国建筑工业出版社,2011:153-158.

[6] 叶琳昌.建筑防水纵论[M].北京:人民日报出版社,2016:59-60.

[7] 王天.建筑防水[M].北京:机械工业出版社,2006:148.

6 我国建筑防水技术发展的三个阶段

中国建筑防水经历了远古时代、古代及近现代社会三个阶段。在漫长的历史中，每一次房屋建筑与结构的变化，都推动了防水材料和防水技术的发展；而防水新材料和新技术的诞生，也为人类文明和社会进步作出了贡献。当今，应结合现代建筑与结构变化的特点，努力创建一个"低碳、环保、绿色"的中国建筑防水技术体系。

就中国建筑防水技术发展历程来看，其大致经历了以下三个阶段。

第一阶段即远古时代，防水主要是生存的需要。在生产力发展低下的原始社会，为了防止野兽、虫害的侵袭，人类只是穴居。在新石器时代，先民已知筑墙，主要用原木直立，依次排列，再编树枝野草，然后敷泥而成。可见那时已知"阴以防雨，景以避日"的重要性，其中袋穴、天地根元造、干栏式房屋，是先民们为了防雨、防潮，在不同地区因地制宜创造的一种建筑形式，从此人类开始走出洞穴，离开崖居。这一时期屋面的主要防水材料是野草。

第二阶段是从商、周、秦一直至晚清的3 000多年，防水主要是功能的需要。当社会发展和物质财富达到一定阶段后，对居住环境如适用性和健康方面提出了新的要求。古人总结的"避风雨，驱寒暑"就是对防水功能的科学定位。

在这个阶段，我国防水技术在长期发展中有过辉煌的成就，如屋面瓦的诞生，并由此发展起来的坡屋面防水综合技术，成就了延续至今千年不朽的宫殿和庙宇建筑，是世界上第一个解决大跨度房屋渗漏的国家，而西方国家直至16世纪才出现瓦屋面，落后于中国至少2 000年。另外，明、清两朝把铅锡制成金属卷材并用于屋面防水，这是一个伟大的创造，从此出现了由构造防水向全封闭材料防水过渡的曙光。而秦始皇的地宫石砌，采用"化铜液"灌缝（铜液即金属嵌缝材料），古今是唯一的，虽然后来因过于昂贵没有沿用，但它也是创造性的，所以值得一书。

笔者在深入研究古建筑防水技术后认为，其主要经验是"保护结构、整体防水的辩证思维；顺应自然、以人为本的人文精神；与时俱进、传承创新的科学态度"，而这些经验还与当时选用的木结构材料有关。因此如何结合现代建筑的主体结构，研究更适用于这类材料的防水新材料、新技术，是有现实意义的。

第三阶段是近、现代社会，可定位于1840年之后延续至今，防水主要是发展和可持续发展（适应环境和气候变化）的需要。

从1840年至1949年，中国虽经历了列强入侵与数次战争的灾难，但在特定环境下，我国沿海城市特别是上海，汇集了世界不同时期、不同风格的建筑特色，复制、嫁接并荟萃了世界各国的建筑文化。例如，1934年建成、高达83.6 m的24层（其中地下 2 层)国际饭店,在将近半个世纪以来是中国的第一高楼,采用了当时世界上最先进的钢框架和钢筋混凝土楼板,曾被誉为"东半球之杰作""巍峨雄伟汇现代建筑之精华"。其中 14 楼的"摩天厅"以其高空间、与星云为伍而闻名沪上;其半个楼面的玻璃屋顶可以移动开启,外头还有屋顶花园。从现有历史资料得知,上海国际饭店、百老汇大厦、兰心大戏院等著名建筑的屋面与地下室,都采用了当时比较先进的防水材料。另外,当时一些高档的上海里弄建筑的瓦屋面,其防水防潮的垫层也都采用一层或数层柏油纸(即沥青制成的油纸)。特别是 1947 年上海万利油毡厂(即原上海油毡厂)的建成,并生产了月星牌油毡,长期以来还远销东南亚各国,是我国自主防水品牌的一个骄傲。

从 1953 年开始,中国实行了计划经济,因学习苏联建设经济的影响,房屋结构都以平屋面、预制装配成钢筋混凝土构件为主,屋面及地下室均采用叠层沥青油毡与玛蹄脂胶结料组成的防水层,且几十年不变。直至 1978 年改革开放以后,通过引进吸收、自主创新,我国防水材料才打破了沥青油毡一统天下的局面,各类防水的材料取得了突破性发展,并完成了一批高难度的国家重点防水建设项目。随着我国建设规模持续扩大与社会进步,防水的作用与重要性大大超过我们的预期,建筑防水行业对国民经济的贡献与日俱增。

总结上述各阶段防水技术发展历程后,我们可以得到如下结论:

(1) 在古建筑中,以木结构为主体、瓦材为防水材料的坡屋顶防水技术是构造防水和材料防水相结合的范例。如瓦片的搭接与盖瓦的保护,确保在使用过程中伸缩自如;瓦材既有一定的防水性能,又耐冰冻与抗腐蚀,顺应了环境与气候变化的要求;陡坡屋面排水通常迅速,不污不漏等,都是古建筑物防水的精粹,对我们今天研究屋面防水有重要的参考价值。

(2) 传统"三毡四油"沥青卷材防水屋面,因沥青有优异的防水性能和极强的黏结性,通过"热"法施工,将油毡与沥青玛蹄脂相互融合而成的防水层,实现了在平屋顶和地下防水工程中以材料防水为主的全封闭设防理念,是 20 世纪防水技术史上的一次重要里程碑。

(3) 从 20 世纪 80 年代开始,我国引进西方不少新型防水材料(含卷材、涂料等),并在一些大型公共建筑及重大防水项目上使用,取得不俗成绩。随着这些材料不断更新与国产化,特别是环保方面的要求,其应用范围日益扩大。但如何结合工程实际和现代化建筑结构的特点,研究配套的施工技术(含机具)以及解决当前最紧迫的渗漏水难题等方面,尚有不少工作要做。而在当下强调这些材料在工程上有多长的使用年限,尚缺乏长期的工程实绩和实验数据。

从我国建筑防水发展三个阶段来看,防水离不开"文明""进步""创新"三个关键词。这里我们发现,从远古时代的泥土建筑到古代的土木结构、砖木结构以及近、现代社会才使用的混凝土、钢筋混凝土、砖混结构以及钢结构等,每一次房屋结构的变化,都推动了防水新材料、新技术的发展;而每一项防水技术的进步或每一个优秀防水工程的诞生,也为人类的文明和社会进步作出了贡献,其中瓦屋面、都江堰水利工程是古代防水、治水史上的辉煌杰作。

另外,我们在肯定历代工匠贡献的同时,也不得不提到一些建筑大师和领军人的作用。如在远古时代为先民所称颂的禹王治水,官至太守(相当于现今省长)的李冰等。即或在 20 世纪 90 年代还在使用的传统沥青防水卷材,虽然防水性能远不如现今的新型防水材料,但由老工人在长期实践中所积累的叠层防水施工工艺,老一辈防水专家合力攻关研究所创造的具有中国特点的"排汽屋面",以及治理此类卷材屋面质量通病的配套技术等,才使一些重点工程(如长春第一汽车厂、四川维尼纶厂、重庆长征机械厂)卷材屋面的平均使用寿命达到 20~30 年;而论述这方面的有关技术文献沿用至今,仍有重要的参考价值。

当前,防水材料多样化发展与多元化格局是一大趋势,不同防水材料与施工工法在实践中都在不断变化与改进。但不要轻易用一个模式、一种材料、一种方法去套用不同建筑物(或构筑物)、不同环境、不同气候条件下的防水工程;相互交叉与融合始终是防水技术发展的方向,"适用性"越来越被重视。这里应该指出,过分依赖标准图设计,侈谈"限制、禁用"某些防水材料的做法,都经不起历史与时间的检验,其中个性化的建筑防水构造与重视细部处理的设防,恰恰是防水工程成败的关键所在。

最后还想回到现实中来。科技的发展进步应该是提高住房质量的助推器,但近 20 多年来种种事实证明并非完全这样。如果不揭示这一点,就无法理解在防水工程中还会有这样多的问题,而且都与"体制"和政策相关。而更为人们关心的是大量的短命建筑引起的公共安全和资源高消耗问题,这些问题都与主体结构的耐久性有关。众多工程实践和试验研究证明,防水材料对房屋主体结构的保护以及延长使用寿命有着重要作用。为此建议国家在"十四五"期间重点开展这一方面的攻关研究,以期有所突破。

总之,对于建筑防水技术的发展,我们既不应该依傍古人,简单的"复兴传统";也不能依傍外国"全盘西化";只能以"我"为主,以更积极的态度,根据现代化建筑结构变化的特点,创造出具有中国特色的建筑防水技术和防水文化理念。

展望未来,当前世界建筑业正酝酿着一场房屋结构与施工建造方式的变革。与传统笨重的建筑结构相比,现代化建筑更强调空间效果和"轻盈"体态,更适合人类宜居生活。在迎接新一轮建筑业新技术的变革中,中国建筑防水业不仅需要观念和理论上的创新,更需要产业化的配套施工技术。我们深信,通过我们共同努力奋斗,一项"低碳、环保与绿色"的全新的中国建筑防水技术,一项拥有世界先进水平的中国建筑防水技术,一定会在世界东方圆满实现。

(本文原载:张婵.建筑防水创新与发展——叶琳昌建筑防水创新精语解读[M].北京:中国建筑工业出版社,2011:200-204。)

7　防水文化是中国建筑文化的一部分

建筑是凝固的历史，珍爱建筑就是珍爱历史、珍爱文化。通过对古建筑的解读，中国防水文化的奥秘主要是保护结构、整体防水的辩证思维；顺应自然、以人为本的人文精神；与时俱进、传承创新的科学态度。这对改进当前防水工程中的一些问题是有现实意义的。

7.1　防水文化起源

防水文化早已有之，它随着中国建筑文化一直留传至今。从 50 万年前的旧石器时代，先民们已开始穴居生活(图 2-7.1)。据考证，从浙江余姚的河姆渡遗址到陕西西安的半坡村遗址(图 2-7.2)，已发掘出的实物可上溯至 7 000 多年以前。随着秦汉时期生产力的发展和国家的统一，建筑技术和规模得到了很大的发展，建筑艺术水平也有了显著提高。至盛唐、明清千余年间，建筑发展高峰迭起，建筑类型异彩纷呈，从规划设计到施工制作，从构造做法到用料色调，都达到了顶峰。

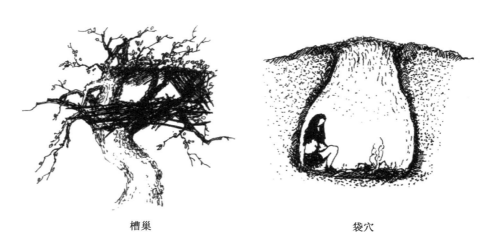

槽巢　　　　　　　　　　　　袋穴

槽巢功能：构木为巢，以避禽、兽、虫、蛇群害，是干栏式建筑的雏形。
袋穴功能：避风雨、驱寒暑、保护火种和生活资料。

(a) 旧石器时代原始建筑(约 50 万年前)

茅草屋顶　　　　　　　　　　　　天地根元造

茅草屋顶构造方式:两根长木叉开构成人字架,长木下端插入土中形成两面坡,坡度很大(均60°),便于排水。
西安半坡村"天地根元造"是坡屋面的始祖。因为无墙,两坡到底,故称天地。

(b) 新石器时代原始建筑(约八九千年前)

图 2-7.1　穴居生活

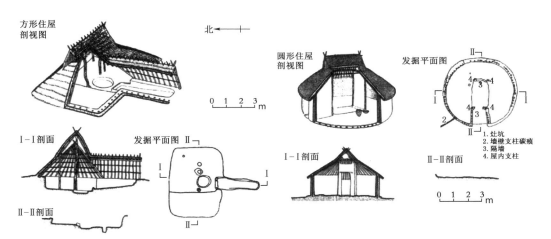

图 2-7.2　陕西西安半坡村原始社会住屋形式图例

　　注:方形住屋多为浅穴,常在黄土地面上掘穴 50~80 cm 深,面积 20~40 m²。门口有斜阶可通至室内地面,阶道上部可能搭有简单的人字形顶盖。浅穴四周壁体是木柱编织排扎的墙面,支撑屋顶的边缘部分,住屋中部以四柱作为构架的骨干,支撑屋顶。屋顶形状可能为四角攒尖顶,或在上部再建采光和出烟的两面坡屋顶。壁体和屋顶铺敷泥土或草,室内地面则用草泥土铺平压实。
　　圆形住屋一般建造在地面上,直径 4~6 m。室内有 2~6 根较大的柱子,周围以较细的木柱密排编织。屋顶形状可能在圆锥形之上,结合内部柱子,再建造一个两面坡式的小屋顶。室内中央挖一弧形浅坑做火塘,供炊煮食物和取暖之用,而门两侧设短墙,引导并限制气流,以控制室内温度。

　　建筑是凝固的历史,珍爱建筑就是珍爱历史、珍爱文化。目前对文化的界定大体上有一共识,即人的精神活动及其产品。诚然,作为精神产品,必须有物质载体,但物质载体不等于文化,物质载体虽然是感性的,载于其上的文化却是看不见摸不着的。这样,按字典解释,"文化是人类在社会历史发展过程中所创造的物质财富和精神财富的总和"这一说法也可接受。因此,通过对古建筑的解读,探究中国防水文化的奥秘,对改进当前防水工程中的一些问题是很有现实意义的。

7.2 中国古建筑防水文化探秘[1]

在距今 3 000 多年前的商朝,中国已经有了文字,其中"室""宅""宫"3 个象形文字,实际上就是商代中国建筑的图样:"室"字是一座建在台基之上的四坡屋顶的建筑;"宅"字是由木头支起屋架,是一座房屋的"剖面图";而"宫"字,则是在一个方形的院子里布置了 4 座房屋。另外,从一些和建筑有关的甲骨文字中,如"高""门""囿"等来看,当时的房屋上边已有完整的屋盖,下面有露出地面的台基,四周有围墙,充分显示出商朝房屋的构造方式已日趋成熟。

值得关注的是,随着生产力的发展,从生存到生活的改善,结合"功能"的变化,中国以木结构为主的古建筑,在至少 3 000 年历史中,不断发展、日臻完善,在世界建筑之林中独放异彩,独树一帜。它所形成的建筑文化是中国文化的标志和象征,凝聚着中国古代各阶层人民的智慧和才能。中国古代建筑的基本元素:首先是空间论中的"时空一体",环境论中的"天人合一",建构论中的"技艺合一"等,我们可以把它称为"一"的思维;然后它应该是"和"的建筑,强调异质要素的有机结合,体现在"和而不同";最后它应该是"中"的建筑,但不是"折中",而是"执两用中",它是在两极之间寻求新的动态平衡。

那么,中国建筑中"防水文化"精髓究竟在哪里?据分析,大致有以下几点:

第一,保护结构、整体防水的辩证思维。经过历代的发展,中国古建筑是以木材、砖瓦为主要建筑材料,以木构架结构为主要构造形式,通过立柱、横梁、檩条等主要构件建造而成;各个构件之间的节点以榫卯相吻合,构成富有弹性的框架,可以抵抗内力和外力的各种不利影响,而"墙倒屋不塌"的谚语,主要指在古代建筑中,墙体(夯土或砖块)仅起间隔和围护作用,是古人对这类木结构技术优越性最恰当的评价。中国古建筑之所以选择木材,而非坚固、耐久、耐火性较好的石材,是与《易经》中变"易"思想有关,"能够适应、扩张、替代或移除"是木建筑最大的特征和优越性,也是几千年来在中国得到普遍应用的根本原因。古人先哲把木和春天放在等同的位置,象征着生命,而把金石与秋冬齐论,象征着死亡;问题还不止这些,更深层次的原因是,木不仅仅是生命的象征,而且还具有生命的特征。[2]

如果我们再仔细考察,中国古建筑之所以能长盛不衰,其中也离不开"防水"的保护。为防止木结构的腐朽、延长房屋的使用年限,从基座(含台基)、主体(又称墙身)至坡屋顶,都采取有效的防水、防潮措施(图 2-7.3—图 2-7.5)。这种把房屋视为一个整体,保护结构、整体防水的辩证思维,至今仍有重要的参考价值。图 2-7.3 大屋顶重檐做法对保护木柱结构免受雨淋至关重要。其中特别需要指出的是,图 2-7.5中的木楯是在房屋木柱与础石之间加垫一块圆形木板(约30 cm的厚度)。而木圆板是按木材纹理横向制作的,也就是说木纹是横的,这样的做法就符合防水、防潮的原理,使地下的潮气不会浸入直立的木柱上。因为只用石"础"不能解决防水、防潮问题,也不能保障木结构长期使用。这种巧妙利用材料特性、简单易行防止地下水(或潮气)毛细作用的构造与智慧,让现代人叹为观止。

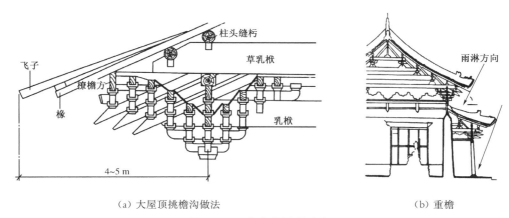

(a)大屋顶挑檐沟做法　　　　　　　　(b)重檐

图 2-7.3　古建筑屋顶防水

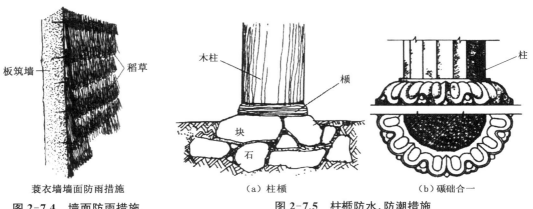

蓑衣墙墙面防雨措施

图 2-7.4　墙面防雨措施

(a)柱楯　　(b)硕础合一

图 2-7.5　柱楯防水、防潮措施

注:从7 500多年前的新石器时代就有土墙,一直沿至宋朝,之后逐渐被砖取代。土墙有两种,一种是夯土墙,另一种是土墼墙(砖坯),这两种墙都是怕雨淋的,湿水后全部坍塌,所以古代人们就对墙体采取防水措施(稻草也可用黏土石灰抹面替代)。

第二,顺应自然、以人为本的人文精神。中国古代建筑特别注意与周围自然环境的协调。例如新石器时代(约9 000多年前)长江以南的先民创造的干栏式建筑(图2-7.6,现今南方还有不少类似的吊脚楼),殷代时期就出现了,盛行于夏、商、周三代的北方地区高台建筑等,都将建筑与环境、防水、防潮湿和通风等有机地联系在一起。另外,仿效干栏式房屋的"短桩式基座"也产生于我国,并远传至日本、朝鲜等国。这种短桩基座以木为主,所以实物没有保存下来。由于短桩基座可使房屋升高(50~60 cm),不与地面连接,因此可以起到防潮、防水、防止毒蛇害虫的侵袭,同时又可防火。而古代都城建设,除了考虑地理位置外,还要讲究合理性、安全性和对称性等,都体现了故人"以人为本、宜居生活"的雏形。

图 2-7.6　干栏式房屋(新石器时代)

注:干栏式房屋子构造为周边立柱,距地五六尺(1 尺=0.33 m)置楼板(栏栅),即架空的地板,上做屋顶,既可防地面的雨水,又能防空中的降雨,反映了先民为了防雨、防潮因地制宜创造的建筑形式。

在古建筑中,南方屋顶与北方屋顶做法不同,这与当地自然环境与气候条件有关。南方屋顶不用保温,也不需要防寒,所以屋面构造比较简单。而北方屋顶是在木椽子上铺望板,在望板上铺望泥,共厚11.5 cm,在其上再铺瓦块,这种屋顶防水又保温,在室内一点也不冷。现在南方、北方屋面结构特别是防水做法,基本没有差别,而古建筑强调尊重自然、因地制宜的做法仍应大力提倡。另外,2010 年上海世博会的中国馆朝向原设计正面朝南,而通过计算与模拟,最后确认从正南偏东旋转25°比较理想;经过这样的调整,夏天可以避开太阳的直射,而在冬天又可让阳光进入馆内,让中国馆冬暖夏凉。这是吸收古建筑智慧与现代科学技术相结合的典范。

值得指出,距今已有 3 000 多年历史的四合院民居(图 2-7.7),严谨对称、"前堂后室"的布局都是值得称道的。我们现今还能见到的一些四合院

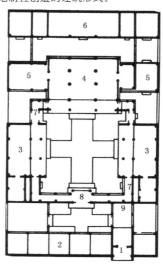

1—大门;2—倒座房;3—厢房;
4—正房;5—耳房;6—后罩房;
7—游廊;8—中门;9—照壁

图 2-7.7　北京四合院住宅平面图

建筑，屋顶斜坡四面流水，其一半流入院中，从宏观来看，这个现象对天来说，是一个凹面，这等于把自然界的雨水引入院中，而雨水通过屋顶有组织地排水，积存于水缸之中供居民饮用。因此可以说，这种从上古新石器时代"天地根元造式"演变而成的四合院民居，符合"壶中世界青天近，洞里烟霞白日间"的道家思想，也是"天人合一"引入自然的一种举措与实证。这里多提一句，借鉴古代治水、防水经验，如何把防水作为一种资源，进一步做好防水产业，也有很多文章可做。

第三，与时俱进、传承创新的科学态度。在中国古建筑发展历史中，屋顶的重要性是无可替代的。应该指出，我国不少古建筑虽经千年，至今仍巍然屹立，其关键是大屋顶的挑檐结构堪称一绝，起到了庇护墙身、被覆地面的作用；同时，西周时期瓦的发明和使用，是实现"避风雨、驱寒暑"功能的一大历史性进步。传统的搭盖式黏土瓦，特别是釉瓦，耐冰冻、抗腐蚀、伸缩自如；陡坡屋面排水畅通，不渗不漏，这些经验至今还值得学习。

据文献记载，中国的大屋顶出现多个坡面以及坡度越变越陡的现象，是从实践中逐步总结和发展的，主要出于屋顶排水的需要。《周礼·考工记》有这样的描述："轮人为盖，达常围三寸。上欲尊而宇欲卑，上尊而宇卑，则吐水疾而霤远。""盖"指屋顶，"上尊而宇卑"，说白了就是将屋顶做成带曲线的多个坡面，"吐水疾而霤远"则说明这种坡面最初是为了使屋顶排水既快又远，让雨水在屋顶上停留时间尽量缩短，以免雨水对房屋造成损害。当然，从力学分析，又大又重的屋顶最初是从功能角度，为适应粗壮的木架结构而设置的，同时还必须在屋架顶端，再加上一定的重量（如挑檐），方可削减水平推力（比如狂风）的影响，才能使房屋结构更加安全、坚固。[3]

另外，从现存的木结构建筑遗物中还发现，中国古代建筑十分注重建筑结构与建筑艺术的统一。在建筑物中没有纯粹为了装饰而加上去的构件，也没有为了满足装饰的要求而降低建筑材料的品质。例如，斗栱（亦名斗拱）结构的职能极其鲜明，华栱是挑出的悬臂梁，昂是挑出的斜梁，都负有承托屋檐的责任；另外在普通民居中，不管是穿斗式栱还是斜撑式栱（图 2-7.8），也都体现了受力明确、功能合一的要求。

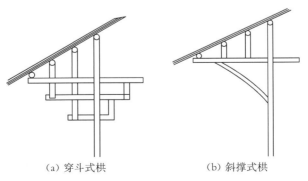

(a) 穿斗式栱　　　　　　　　　(b) 斜撑式栱

图 2-7.8　斗栱结构式

这里特别介绍被喻为古建筑的精华——斗栱这一构件的特点与作用。斗栱主要提供受力与传递的功能,是一种特殊的支撑结构,但也起到装饰的作用。古代凡是大型建筑中都有斗栱构件,用它来做挑檐,使寺庙、殿堂的檐子可以加长,出檐可以深远。而在一座建筑中的立柱、梁枋和梁架之间,则用斗栱来过渡,并承担屋顶的全部重量,再传递到梁枋和立柱上。由于斗栱是用木材做成的,它本身有斗有栱,所以榫卯尺寸必须准确,层层叠落,合卯之后须十分严密。经过久远的历史考验,斗栱采用榫卯组后可以自由伸缩,又有一定弹性,如遇到地震,还可以减少破损,堪称世界建筑技术史上的一朵奇葩。例如,至今已有 945 年还完整屹立着的山西应县木塔(图 2-7.9),2010 年上海世博会的中国国家馆(图 2-7.10),都采用此类榫卯结构的斗栱,蔚为壮观。

图 2-7.9　山西忻州市应县木塔

注:总高 67.31 m,全塔共用斗栱 54 种,可谓集斗栱形制之大成。

图 2-7.10　上海世博会的中国国家馆

注:通过层层出挑的外观,体现"传承天地、制鉴古今、道法自然",展示庄重、祥和的国家形象。

　　以上情况说明,在古建筑中根据功能合理选材,采用当时先进的施工技术,方便维修,进一步延长房屋寿命等做法,在现代建筑乃至防水设计中仍需进一步研究和传承。当然,在追寻中国古建筑的发展历程中,一些传统的构造形式与施工技术,如盛行一时的用夯土与木结构技术相结合的土木混合结构,历经几千年的秦砖汉瓦与木结构相结合的砖木结构等,都会随着时代的发展与先进材料的出现,慢慢在人们视线中消失。但对于传统,要保持足够的尊重。因为传统是在漫长的历史过程中形成的,其中可能包含着一些也许还不为人们所知的智慧。古建筑中积累起来的重视防水、发展防水,以及由构造防水与材料防水有机结合、共同作用的基本思路,具有超越时空的科学性,必将永放光芒而服务于人类。

7.3　《木经》和《营造法式》的历史意义[2]

　　与西方相比,中国的建筑理论经典最早成文的可能是《考工记》,有的学者认为它产生于春秋战国时期的齐国,这就比古罗马维特罗维斯于公元 25 年左右撰写的《建筑十书》要早几个世纪;而“第二次文艺复兴”中问世的《木经》和《营造法式》,又比意大利文艺复兴中涌现的建筑理论家阿尔贝蒂的《建筑十书》要早几个世纪。这样的比较也许不能直接说明什么问题,但至少可以认为,中国社会,单从建筑这一角度来说,并不是如有些人认为是“迟缓发展”的。《木经》和《营造法式》两部著作,使中国古建筑的风格由粗犷转向精细,或由浪漫主义转向理性主义,因而具有很重要的学术价值和历史意义。

　　如前所述,中国几千年来着重使用木建筑是有深刻的哲理基础的。木代表生命,代表春天。古代传说的建筑祖师爷——鲁班,就是因为他最能发挥木材的特性,达到了“斧夺天工”的程度。而喻皓的《木经》,则总结了千千万万鲁班们近千年的实践经验,并把这些实践经验系统化、理论化,这是建筑技术的一大跃进。《木经》已经失传,但从后来的一些文献中可知其一二:该书不仅归纳了木结构的制作工艺,而且能用简洁的方法从梁的跨度取得各部位的尺寸,相当于我们今日进行结构静力计算的任务;同时又能解决木结构抵御地震和风力的措施,相当于我们今日进行动力计算的要求。另外,我们在许多宋代建筑中看到,为满足空间要求采用的“减柱法”等先进技术,可能相当部分已被吸收在《木经》之中。

　　被宋代官方建筑匠师奉为经典的,由李诫撰写的 34 卷《营造法式》可谓世界建筑史上的奇观。它内容之丰富、组织之严谨、技术之高超,可以说是“空前绝后”的。《木经》总结了千年木筑的经验,而《营造法式》则总结了千年修造宫殿等大型建筑的经验。

　　现在看来,中国古代建筑技术的基本经验就是标准化。正如通过《木经》,人们可以从梁的长度推算出各部位尺寸一样,在《营造法式》中,人们通过“材”的等级,可以设计出整栋建筑的结构。这种结构主要用于宫殿建筑,但也适用于佛寺、道观及其他民居建筑。这种标准化虽简化了设计操作,却仍然允许人们因地、因时制宜地缔造出千姿百态的意境,这就是中国传统建筑的一大创造。

需要指出,在一些重大建筑科学问题上,《营造法式》远远地走在当时世界的前列。书中对于各种木构建筑部件的大小尺寸都给出了具体而明确的数据。例如,一根圆柱形木头如何从中截取矩形的梁,使其既坚固又不会浪费呢?李诫把技术要求和艺术要求综合考虑,规定了梁的横断面高度与宽度的比为3∶2,这一数据既考虑了梁的强度,又考虑了梁的刚度,与现代材料力学原理相符。表明中国人在12世纪初,对材料受力性能的认识在世界上是处于领先地位的。

另外,值得注意的是,在古代,设计师和工匠是一体的,设计者就是施工者;后来设计与施工正式分离。再后来,设计人员又分为建筑师和工程师:前者的任务是根据功能要求给建筑赋予形式,缔造人工环境;后者的任务则是从坚固的要求设计相应的支撑结构,并根据环境条件配置必要的设备。在西方国家,建筑师的协调作用不仅在设计阶段,而且贯穿于建造的全过程,特别是施工的过程。但是在中国近现代,建筑师对施工的监督作用被取消了,这是中国大量建筑处于低质量状态的一个重要原因。而搞好设计的关键是"动态优化、科技创新"。重大工程防水设计如何做到"动态优化",需要在体制和管理方面进行改革,从而真正落实建筑师在房屋建造过程中的主体地位,以及对工程质量的终身负责制。

7.4　古为今用,传承创新

防水无小事,质量连民心。"水顺则无败,无败可持久。"深圳首个经济适用房——深圳市桃源村三期竣工不久,2009年春天刚入住的1 600套新房普遍出现漏水、裂缝问题,有的房屋墙角已经发霉,长出了300 mm的绿毛,以致酿成群体性事件,"民心工程"成了"伤心工程"。这显然与当下政府提倡的关心民生与构建和谐社会背道而驰。

中国素有将治国与治水相联系的优良传统。因为在古代,人们应对自然灾害的能力不强,尤其是水害施虐扰民,造成的损失甚于地震。因此历代开明君主都尊崇"治国先治水"的方略,而各级地方官员更以"治水"作为理政的第一要务。现以《老子·四十三章》为例,阐述这篇文章的原旨与学习重点。

原文曰:"天下之至柔,驰骋天下之至坚。无有入无间,吾是以知无为之有益。不言之教,无为之益,天下希及之。"

译文为:"天下最柔软的东西,可以驱使天下最坚硬的东西。无有之形可以进入无间隙之中。我因此知道无为的好处。不言的教诲,无为的好处,天下大众很少能够认识到、做得到。"

原文仅有 39 字,但字字都闪耀着先人的智慧。这里不仅讲治国的方略、处人处世的原则,同时也可视为古代治水、防水技术的精粹。

试看"天下之至柔,驰骋天下之至坚"一句,可比喻为即使柔情之"水",在一定条件下,也可摧毁坚固的建筑物(或构筑物),造成对人类的危害;而古语中"滴水穿石""千里之堤,溃于蚁穴"等,都是有科学道理的。科学就是规矩,防水工程也不例外。而在现代钢筋混凝土为骨架的建筑中,"无有入无间",乃指结构本体防水与其他材料防水之间有、无与相辅相成的关系;只有刚柔相济、相互结合的反应物质才能渗入看似"无间"的结构本体内。既然,无有之形可以进入无间隙之中,那么允许有裂缝、间隙的建筑物,就更需要得到保护与加固,从而又演绎了主动防水胜于被动防水的辩证关系。"吾是以之无为之有益"以及下面的两句,都是说到"无为"的作用、做法和影响。然后对照现今防水施工,对保证质量的"施工程序、施工条件、成品保护"三要素都做不到,又怎能进一步创建无渗漏工程?最后老子感叹"天下希及之",即天下大众很少能够认识到、做得到。

综观《老子·四十三章》,"至柔"与"至坚","无有"与"无间",相互对应,寓意深刻。而文中强调的"无为"并不全是不为,有所不为才能有所为,如再进一步就能大有作为。因为人的生命是有限的,每个人的能力和机会也是有限的,有些事情、有些工程又有一定的时间要求。所以在"不为"里也包含着坚忍不拔的精神以及许多轻重缓急的智慧。这些箴言,在防水工程特别是具体个案中,如何去应用与解读,值得大家深入研讨。

7.5 结语

(1)我们在学习古建筑防水技术时,也不要忘记古建筑的一些局限性以及当代结构、材料变化的情况。若干年前,杨振宁先生在人民大会堂举行的"文化高峰论坛"上,做过一个尖锐批评《易经》的报告。杨先生说:"《易经》影响中华文化的思维方式,而这个影响是近代科学没有在中国萌芽的重要原因之一。"杨先生所指出的是,《易经》"一大特色是有归纳法,可是没有推演法"(几何证明是推演法的绝佳例子),从而难以推导出高度抽象的现代科学规律。想想当前防水技术中出现的一些谬论,杨先生的批评可谓一语中的。薛绍祖教授曾明确指出:"防水材料及工艺的创新发展,首要的环节是重视防水理论的研究;防水理论的'概念更新',要有实验基础和切实的技术含量;反之,就变成'概念炒作',后患无穷。"说明防水界中不少有识之士也在考虑这一重大问题。

(2)古代匠师在当时的历史条件下,对于建筑技术的卓越创造令人惊叹。因为这些匠师既是建筑师,又是绘图师与设计师。他们不但参与前期的规划和设计,还要在营建过程中完成建筑的备料和施工。当然,随着现代社会精细化分工,要建成一座大楼,从设计、施工全部由一人负责的做法已不可取,但设计与施工之间相互协调、浑然一体、精益求精的经验还是值得提倡的。

(3)继承和发展包括防水在内的中国建筑文化,不是简单地复古、倒退,而是意在寻根,在广采博收的基础上,让其发扬光大。只有把传统的防水文化作为一种资源继承,让远古的防水文化魅力、现代先进的防水产品与科学构造相结合的模式,通过不断地实践与探究,才能形成防水技术的核心竞争力。

(4)防水文化的本质是科学教化,以文化人,以文化物。因此不断总结实践经验,并升华为科学理论,是一件很有意义的防水文化建设工程。从某种意义上讲,防水文化源于工程实践,而更高于工程实践。读懂"防水文化"不易,践行"防水文化"更难。

参考文献

[1] 张婵.建筑防水创新与发展——叶琳昌建筑防水创新精语解读[M].北京:中国建筑工业出版社,2011:150-162.
[2] 张钦楠.中国古代建筑师[M].北京:生活·读书·新知三联书店,2008:16,163-164.
[3] 房厚泽.凝固的历史·中国建筑故事[M].北京:北京出版社,2007:44-45.

8 防水文化与数字化防水技术

防水文化与人类文明同步。从中国建筑防水发展演变中,我们可以感受到古代防水有厚度,近现代防水讲精度,未来防水显高度。在未来"生态文明"建筑中,必须建立以计算机信息工程技术为基础的"数字化"防水技术,直接参与防水设计、施工、管理和服务全过程,把风险尽量控制在设计阶段,减少人为因素造成的施工缺陷和质量风险,延长防水工程与建筑物的使用年限,并进一步降低建筑总成本。

8.1 概述

研究建筑防水文化问题,离不开"创新"二字。在当今社会中,我们既要有睿智的哲学思想,也要有庖丁解牛的"技进乎道"。而研究"数字化"防水技术,就符合这个大方向,并与上海市政府提出的建立智慧城市的要求一脉相承。

鲁迅在《藤野先生》一文中,曾提及老师的谆谆教诲:"小而言之,是为中国……大而言之,是为学术。"如此区分"小"与"大",对于自幼接受爱国主义教育的我辈,实在是极大的震撼。今日,套用鲁迅的句式,也可称我们从事的建筑防水行业,也是"小而言之,是为建筑""大而言之,是为防水"。这不仅是指我们的视野与责任,更重要的是国家与社会发展的需要,房屋耐用与功能的需要;防水是我们的事业,是我们的生活方式,从某种意义上而言,也是我们的信仰。

今天,我们生活在一个珍视历史和传统的时代,整理和发掘古代建筑与工程防水文化,积极开展近现代建筑防水文化的研究,意义重大,时不我待。现在,我们要用更加开阔的视野研究防水,站在世界和时代发展的前沿为防水的未来定位,勾画出更具特色、更富神韵、更添魅力的宏伟目标。

8.2 中国建筑防水发展历程

图 2-8.1 为中国建筑防水发展历程[1]。

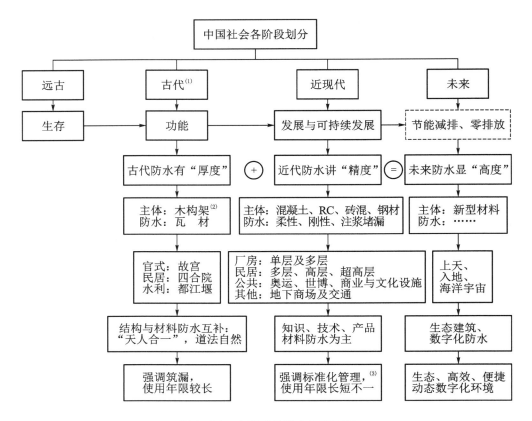

图 2-8.1　中国建筑防水发展历程

注：(1) 古代至近现代社会,历经商、周、秦至晚清,至少有 3 000 年历史。近现代社会从 1840 年开始至今,尚不足 200 年。这种划分是以建筑文化发展史为依据。

(2) 古代木构架建筑素有"墙垮屋不倒"的美誉,其特点是：①墙为围护结构,不受力；②木构架柱网体系,受力明确、合理；③榫卯结构咬合工艺,减少地震破坏力；④柔性基础,可吸收一部分外界能量。

(3) 现代防水受地址、环境、建造等因素的制约,因此工程质量与功能质量有待提高。

8.3　古代防水有厚度

　　防水文化与人类文明同步。从中国建筑防水发展演变中,我们可以感受到古代防水有"厚度"。展开来说,因为在几千年的历史长河中,古代防水所积淀的"儒、释、道"三教学说,是中国文化的精华,其中诸多工程案例,不仅有非凡的思想"厚度",而且蕴涵广泛丰富,常用常新；而先哲老子在强调"道法自然,求其放心"的同时,还提倡"三宝"(慈、俭、不敢为天下先)精神,这是《老子》留下的最大财富和智慧,值得深刻领会。

在这个阶段,我国防水技术在长期发展中有过辉煌的成就。在古建筑中,以木结构为主体、瓦材为防水材料的坡屋顶防水技术,是构造防水和材料防水相结合的范例。如瓦片的搭接与盖瓦的保护,确保在使用过程中伸缩自如;瓦材既有一定的防水性能,又有耐冰冻与抗腐蚀性能,顺应了环境与气候变化的要求;陡坡屋面通常排水迅速、不渗不漏等,都是古建筑物防水的精粹,不仅有效地解决了广大先民居屋的渗漏水困扰,也成就了延续至今的千年不朽的宫殿和庙宇建筑,是世界上第一个解决大跨度房屋渗漏的国家,而西方国家直至16世纪才出现瓦屋面,落后中国至少2 000年。

笔者在深入研究古建筑防水技术后认为,其主要经验是"保护结构、整体防水的辩证思维;顺应自然、以人为本的人文精神;与时俱进、传承创新的科学态度",而这些经验还与当时选用的木结构材料有关(图2-8.2)。其中,北京四合院强调以"原生态"的环境为依托,以倒座、垂花门、正房、后罩房所组成的南北中轴线格局,展现其厚重的文化背景和真实的生活场景。在四合院内,上房下房,东西厢房,前出廊,后出厦,磨砖对缝,花窗棂,红梁柱,青石台阶……描绘出中国特有物化的居住审美理念,记载了流传至今的生活方式和家族观念。另外,古建筑十分强调维修,例如,民居瓦屋面在每年雨季前都要检查筑漏,确保使用安全。

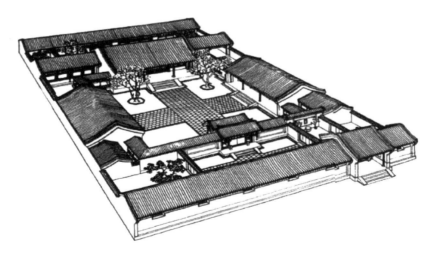

(a) 四合院鸟瞰图

（b）北京故宫

图 2-8.2　古代防水有"厚度"

注：1. 由上古新石器时代"天地根元造式"演变而成的四合院民居，符合"壶中世界青天近，洞里烟霞白日间"的道家思想，也是符合"天人合一"引入自然的一种举措与实证。
2. 目前的北京故宫是清代所建，历史悠久。大屋顶、大挑檐是一大特色，大屋顶中重檐做法对保护木柱结构以及墙面免受或少受雨淋至关重要。

8.4　近现代防水讲精度

近现代防水是把知识技术化和工业化，通过先进产品及其施工工艺，使防水技术更具实用性、可靠性。如英法海底隧道、各国地铁以及各式各样的地下商场，都是地下建筑的典范。从 20 世纪 80 年代开始，中国各地兴建的超高层建筑，如 2008 年北京奥运、2010 年上海世博大型公共建筑等，都离不开防水技术的贡献。而在现代化建设中，选址、环境决定着工程设计方案，防水产品、防水设计应服务于建筑、结构和其他专业工种，并成为这些项目的一部分。为此，在防水产品的研制、防水设计与施工过程中，必须与相关单位以及上、下工序之间搞好协作配合，讲究工作规范与制造"精度"。例如，1953—1957 年"一五"计划建设的 156 项重点工程中，在苏联专家的指导下,装配式结构、沥青油毡屋面曾经辉煌过(图 2-8.3);此种结构形式与防水一直持续至 20 世纪 80 年代。传统的"三毡四油"沥青卷材防水技术,因沥青有优异的防水性能和极强的黏结性,通过"热"法施工,将油毡与沥青玛瑹脂相互融合而成的防水层,实现了在平屋顶和地下防水工程中以材料防水为主的全封闭设防理念,是 20 世纪防水技术史上的一次重要里程碑。

1—柱子根部与现浇基础(杯口处);2—柱子顶部与屋架连接处(支座);3—屋架之间连接支撑;
4—大型屋面板与屋架焊接位置(三点施焊);5—15 t 两台履带吊实施"双机"抬吊

图 2-8.3 装配式结构节点"精度"

(1973 年 10 月摄于重庆 479 厂)

从 20 世纪 80 年代开始,我国引进西方不少新型防水材料(含卷材、涂料、密封膏等),并在一些大型公共建筑及重大项目防水上使用,取得不俗成绩。随着这些材料的不断更新与国产化,特别是环保方面的要求,其应用范围日益扩大。但如何结合工程实际和现代化建筑结构的特点,切实改进设计质量,进一步研究配套的施工技术(含机具),解决当前最紧迫的渗漏水难题等方面,尚有不少工作要做。其中,地铁盾构法施工技术为这方面提供了范例,值得大家好好研究,详见图 2-8.4 和图 2-8.5。

图 2-8.4　地铁盾构法施工讲究"精度"

图 2-8.5　上海地铁有关研究人员正在检查煤沥青环氧树脂砂浆管片防水技术

注：该技术 20 世纪 60 年代用于上海浦东塘桥试验隧道。

8.5　未来防水显高度

　　与自然和解、构建绿色防水和节能减排的"生态文明"建筑（图 2-8.6），是当今社会关注的热点。另外，防水技术的发展有它自身的规律，其重要特征之一是有极强的延续性。因此可以说，古代防水、近现代防水、未来防水的基础，如同一条奔腾不息的大河那样，是一种上、下游的关系，因此就有一个传承创新、不断发展的过程。如何借鉴历代建筑中有关"整体防水，保护结构；综合治理，以防为主；刚柔相济，以柔适变"的防水方略,结合当今新材料、新技术发展趋势,确有许多文章可做,现在重提建筑设计师的重要性和不可替代的作用很有必要。同时,希望在构建绿色建筑和无渗漏防水工程中,有更多优秀的建筑防水设计作品问世。而更为人们关心的,大量的短命建筑引起的公共安全和资源高消耗问题,都与主体结构耐久性有关。因此在未来防水中应避免上述问题的发生。以"大数据+人工智能+物联网"为代表的第四次工业革命新技术,将为未来建筑防水插上智慧的翅膀,这是值得期待的。

图 2-8.6 "生态文明"建筑

8.6 数字化防水大有作为[2]

目前人工智能所处的阶段,是一个容易产生迷茫甚至悲观的阶段,这是大多数颠覆性技术在加速普及之前必然经历的阶段。越来越多的事实证明,人类已经开始进入智能世界的大数据时代。

防水离不开建筑,而建筑拒绝渗漏。如果长期解决不了建筑渗漏顽疾,甚至只是纸上谈兵,而不去解决深层次的根本问题,那么,我国防水行业的前景就岌岌可危了。在这个大背景下,与其担忧,不如担当。在"健康中国 2030"规划中,不仅包括人民的健康,也包含了建筑的生命周期。因此开展智能防水技术研究,其战略意义在于以下几点:

(1)以"智"提"质",推动实现防水施工工艺高质量发展。以"智"图"治",推动渗漏治理能力的现代化。机器学习、算法推理、大数据、物联网等技术,将逐步应用于建筑防水材料制造、设计、施工、管理维护全过程。

（2）建立科学评价体系。树立行业标杆技术产品，带动行业的技术发展，全面提升我国防水行业智能化技术水平和国际竞争力。

（3）数字化防水技术系统，包括它的先进工作理念和方法，可进一步提升防水行业健康和高质量发展，并产生巨大的经济效益和社会效益，同时对我国建筑行业的整体发展也有积极意义。

其主要研究内容可概括如下：

（1）计算模式研究。

可利用设计施工图建立 3D 虚拟模型，通过测试结果反推建筑工程防水效果。同时，结合现有计算理论，研究适合于不同建筑形式、不同工况环境条件下的虚拟模拟方法。

（2）纵向与横向关联研究。

① 不同部位、基层条件下，结合室内模型及有限元仿真技术，研究不同施工条件下的变化规律。

② 考虑横向性等效防水效果研究。结合室内模型和有限元仿真技术，并依托施工期间及运营期间现场检测数据得出等效防水效果。

③ 不同条件下纵横向安全范围研究。拟结合实际工程，采用有限元仿真技术，研究技术与经济最佳效果区间。

（3）建筑工程防水模拟规律与核心参数预测方法研究。

① 数值模型与预测方法研究。在经验法公式预测中，将建筑防水工程虚拟理论与概念、数值模拟方法结合起来，形成一种考虑冗余数值的计算方法，使模拟结果与经验公式的预测结果趋于一致。

② 虚拟模拟与现场测试及规律性研究。

③ 预测方法研究。防水施工关键核心参数的分析，数据库应用体系的建立。

（4）理论预测方法研究。

结合经验公式、数值模拟方法、虚拟模拟与现场实测数据经行对比分析，形成一种修正理论预测方法。

（5）区块链技术赋能研究。

实现防水作业"不可篡改、全程留痕、可以追溯、公开透明"的目标。

8.7 数字化防水之路还很长

在谈及这一问题时，我们应该简单回顾中外建筑理论的发展历史。

在西方，建筑理论是逐步发展的。古罗马杰出建筑家维特鲁威斯在公元 25 年所写的《建筑十书》中提出的"适用、坚固、美观"建筑三要素，只能称之为建筑原则。之后，经过长达 1 400 多年，由意大利建筑师阿尔贝蒂撰写的新的《建筑十书》，才是一本真正的理论文献。他把建筑创作视为一种"公共活动",并从人文主义的角度看待城市与建筑,高度称颂建筑师的业绩。而在 17 世纪,法国布隆代尔出版的《建筑学教程》,是建筑理论发展的又一高峰,影响了两个世纪欧洲的建筑教育。从近现代看,西方建筑理论的研究更加深入,随着建筑规模日益扩大,建筑理论与各专门学科(如社会学、经济学、心理学、行为学、美学、工程学、信息学)之间相互深透、综合发展已成为常态。由上可见,理论是客观事物的本质和规律性的反映,它源于社会实践,并指导人们的实践活动。

与西方相比,虽然我们有《营造法式》那样的宏著,但许多深奥的建筑理论思想是"隐藏"在建筑实践和评论(包括诗文)里面的。从建筑理论的系统性和表达上,我们仍处于相对落后的状态。因此,我们有必要一方面认真汲取国外的理论成果,同时用更大的力气来挖掘自己的建筑理论传统,把"隐性"的理论"显化",创造中国的现代建筑理论。[3]

值得指出,由于防水工程目前还处于经验或半经验状态,许多问题缺少实验数据和理论的支撑。从识别到认知,人工智能(AI)之路还很长。在很多虚拟环境中,机器都能做出正确的选择;但在真实世界中,机器的选择就并非一定正确了。确定和不确定之间的边界是很模糊的,在建筑防水工程中尤为如此。

最近,中国移动通信集团上海有限公司和中国建筑第八工程局有限公司(以下简称中建八局)综合运用了人工智能(AI)、物联网(IOT)、建筑信息模型(BIM)等技术,在中建八局上海虹口区提篮桥项目上,共同打造 5G 智慧工地管理中心系统,为管理层搭建"项目大脑",实现数据实时汇总,过程全面掌握。同时,改变了传统的工地运营管理模式,实现对工地进行 4 K 高清视频监控、劳务(门禁)管理、物料监控、环境监测、视频监控管理、塔吊防碰撞、特种设备监控等多元化智慧管理。但在建筑防水工程中,从国家层面、从标准化管理出发,为建筑师、工程师、承包商、业主及各级管理人员,创建 BIM 共享、共用的工作方式(软件)还不成熟。至今,我们尚未看到这方面有新的突破。

我们可以乐观地估计,数字化防水技术必将推动新一轮信息革命的竞争力,但AI 不会取代人类。在物流、图像识别等有大量数据的黑盒封闭环境下,AI 能通过深度学习,将事件处理得游刃有余,甚至做些"创造"。然而,在白盒开放环境下,AI 做了些尝试,但不是解决问题的灵丹妙药。

黑盒测试是指已知产品的功能设计规格,通过测试证明每个设计的功能是否符合要求。以防水二次优化设计为例,就像一个黑暗的箱子开了两扇门,进去一个初步设计构造方案,出来的是优化后的设计构造方案。这是当前攻关的重点。要提升 AI 解决这类复杂问题的能力,基础理论研究还有很长的一段路要走。在测试中,我们无需考虑箱子里是什么、是怎样优化的。像这样的黑盒子,可以方便平台调用,对外共享,客户只要输入初始防水参数,就可得到智能优化后的结果。

白盒测试也称结构测试或逻辑测试,它是知道内部工作过程后,通过测试证明内部操作是否符合设计规格要求,所有内部成分通过结构测试程序、检验程序中的每条通路,看是否都能达到预定工作流程和质量目标。这种测试并不会改变原有功能,比如防水材料生产工艺、防水工程施工程序、施工工法等。

在未来建筑世界中,数字化防水技术必须做到"融合、集成、互联、共享、创新"等五方面要求(图 2-8.7)。因此,人工智能需要建立真正的跨学科、跨界和全社会的合作,靠一个企业单打独干是无法完成上述使命的。而只有通过科学实验数据建立的数学模型,以及大量工程实践的验证,才能构建防水工程的科学理论,并实现数字化防水技术。

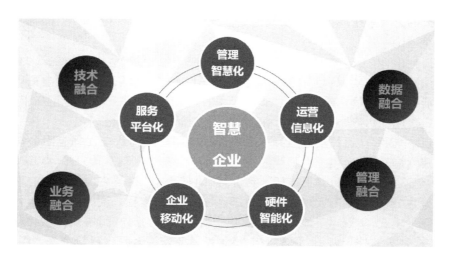

图 2-8.7　企业数字化防水系统

参考文献

［1］叶琳昌.结缘防水 60 春——我的建筑科学生涯［M］.北京:中国建筑工业出版社,2016:223-230.

［2］杨德亮."数字化防水"大有作为［J］.工程质量,2014(1).

［3］张钦楠.中国古代建筑师［M］.北京:生活·读书·新知三联书店,2008:165-167.

9 关于"混凝土结构耐久性与防水功能"一体化研究的思考

当今混凝土结构耐久性问题日益突出。笔者通过查阅有关文献和众多工程实践后认为,混凝土结构与防水中存在的问题,都与水或其他液体(或气体)的侵蚀有关。通过"混凝土结构耐久性与防水功能"一体化的研究,在建立可靠防水屏障的基础上,才能实现提高混凝土的耐久性,从而满足结构安全和延长建筑物使用年限的目标。

9.1 问题由来

进入 21 世纪,混凝土仍然是土木建筑工程中用途最广泛的材料之一,十几年来大量工程实践证明,在各种自然和人为的灾害中,由混凝土结构耐久性问题引起的事故十分突出,造成的经济损失也很惊人。

据《中国房地产报》2010 年 4 月 16 日报道:"中国每年有 20 亿 m^2 新建面积,但这些建筑只能使用 25～30 年。与此同时,中国 30%～70% 的建筑工程在 3 年时间内出现的渗漏水问题也十分突出。造成上述现象除了规划建设没有远见外,还与建设工程的质量密切相关。"混凝土结构质量与房屋渗漏水,已是近年来居民投诉的两大重点,这是需要认真解决的。

混凝土耐久性问题涉及内容较多,影响因素和破坏机理也很复杂,但其共同点是,都与水或其他有害液体(或气体)向其内部传输的难易程度有关。长期以来,在混凝土耐久性方面,国内外都有不少研究成果;随着新型防水材料的不断问世,建立可靠有效的防水屏障,已成为大家的共识。然而这二者有着密切关系的分项工程,因学科与专业的不同,在研究方向、标准制定与工程作业方法上,存在诸多矛盾的地方。

9.2 混凝土结构耐久性问题日益突出

混凝土结构耐久性问题不仅述及混凝土材料,还包括所处的工程环境、建造方法以及工程结构设计等因素。下文重点讨论由混凝土结构裂缝引起的耐久性问题。

混凝土结构裂缝,一直是土木工程界关心和重点研究的课题。当前由于普遍使用早强、高强商品混凝土,因此混凝土结构的开裂越来越普遍,其危害程度不容低估。另外,城市环境污染日甚,气体、雨水中部分有侵蚀性介质,均会加速钢筋的锈蚀,破坏混凝土内部结构,使混凝土开裂时间提早,如不采取有效防范措施,势必影响结构的耐久性。

有关文献指出,混凝土(含采用各种外加剂、防水剂)出现裂缝(指宽度在 0.2～ 0.3 mm 以下的无害裂缝)是不可避免的,并可视为可以接受的事实。由混凝土裂缝 引起的各种不利后果中,渗漏水占 60%。从物理概念上说,当水分子的直径约为 0.3 nm(即 0.3×10^{-6} mm)时,可穿过任何肉眼可见的裂缝。所以从理论上讲,任何 钢筋混凝土结构工程都要对裂缝进行防治,这也是防水工程的基本要求。

当混凝土发生开裂时,各种不同形态的水就会乘虚而入,随之钢筋发生锈蚀、膨 胀,造成混凝土剥离与加速老化现象,当遇到突发荷载(如结构超载、火灾、地震等) 时,房屋(含建筑物或构筑物)就很容易坍塌。另外,长期处于露天、江河湖海等容易 被腐蚀的构筑物,因年久失修引发垮塌事故而造成人员伤亡的案例不胜枚举;近年 来一些新建大桥的质量问题和引发的交通安全事故也值得关注。

另外,从我国长期以来建设工程实践中得知,房屋的使用年限与防水工程设防 标准及工程质量有对应关系。而房屋渗漏及使用年限的缩短,又与防水材料和主体 结构的"结合"条件有关。例如,一些新型防水材料虽然性能优异,但因不能适应主 体结构各种荷载、温度收缩变形和地基不均匀沉降的影响,过早丧失防水功能而提 前报废,并造成资源的极大浪费,这与当前"节能减排"的政策背道而驰。

9.3 西方哲学与科学关系史中的"一体化"特征

哲学与科学关系史是介于科学和哲学、科学史和哲学史之间的交叉学科,它主 要研究科学与哲学之间的历史发展过程及其规律,着重反映科学与哲学的关系在不 同历史时期的特征和表现。

透过西方自然科学理论和哲学理论的发展史,从二者相互联系、相互交叉的角 度来看,经历了从原始一体化关系时期、非正常的关系时期、分化独立的时期、相互 渗透的萌芽时期、高度综合的时期、后综合化时期或新的一体化关系时期等 6 个阶 段(表 2-9.1),而且在不同的发展阶段呈现出不同的基本特征。这些,对我们研究建 筑工程与防水工程在各个不同历史时期的关系问题,有重要参考价值。

表 2-9.1 西方科学与哲学关系史的时期划分

时期	时间	基本特征	主要表现
原始一体化关系时期	古代(5 世纪以前,主要是公元前 8 世纪至公元 5 世纪)	科学与哲学是一体化的关系,具有一体化的特征	(1) 提出的或研究的问题既是"科学问题",又是"哲学问题",具有"科学"和"哲学"双重属性; (2) 对问题的解答是不分哲学层面和科学层面的,即两个层面也是一体化的; (3) 从提出的大量理论学说来看,这些学说的"科学性"和"哲学思辨性"双重特征是非常突出的

（续表）

时期	时间	基本特征	主要表现
非正常关系时期	中世纪（5 世纪至 15 世纪）	宗教神学占据统治地位，不存在真正意义上的科学研究和哲学探讨，科学与哲学的关系难以建立	（1）宗教神学占据统治地位，科学和哲学处于停滞和凋零的处境，二者的关系难以确立； （2）原有的科学和哲学沦为神学的论证工具，科学和哲学没有自己的独立地位，因此也就无法建立二者的关系； （3）不存在真正意义上的科学研究和哲学探讨，"不学无术"是这一时期的整体特征
分化独立的时期	近代前期（15 世纪至 18 世纪中叶）	科学为了自身的独立和生存，不断地从哲学中独立分化出来	（1）科学为了自身的生存和发展，必须冲破宗教神学和经院哲学的禁锢，从其中独立解放出来； （2）科学的各个分支学科，相继从包罗万象的自然哲学中独立分化出来
相互渗透的萌芽时期	近代后期（18 世纪中叶至 19 世纪末）	科学与哲学在高度分化的基础上，出现了相互结合的迹象，呈现出相互渗透的发展趋势	（1）科学不仅要对事物进行单纯的现象描述，而且要对其进行理论综合；不仅要研究空间中的既成事物，而且还要研究时间上事物的发生、发展过程等；这些特点内在地要求哲学的指导； （2）各种形式的哲学在此时期显得异常活跃，都试图在说明、指导自然科学方面一显身手； （3）出现了许多以预见、预言、假说、学说等形式的"科学问题的哲学解"
高度综合的时期	现代（20 世纪初至 20 世纪 40 年代）	科学家和哲学家表现出强烈的思想交流，出现了哲学科学化和科学哲学化的互动现象，科学和哲学具有了高度综合化的特征和趋势	（1）科学发展到现代，所遇到的科学问题已经达到了相当复杂的程度，而且是越来越复杂、自觉地接受哲学的指导，融哲学于科学研究之中，已经成为现代科学研究的一大特色。更有甚者，有些从事自然科学研究的专家、学者甚至自觉地走向了哲学研究的行列，成为著名的哲学家； （2）现代哲学家非常关注自然科学发展的动向和取得的成就，并不失时机地从哲学层面上加以概括和总结，进而形成了现代哲学的科学化走向；更有甚者，有些哲学家受自然科学的影响，特别关心哲学的科学化问题，试图使哲学也成为科学
后综合化时期或新的一体化关系时期	后现代（20 世纪 40 年代至今）	科学和哲学高度综合化趋势进一步发展，再一次呈现出新的一体化特征	（1）科学家和哲学家再度一体化，科学家必须是哲学家，而哲学家也必须是科学家； （2）科学问题和哲学问题相互交叉，越来越多的"问题"既具有科学性，又具有哲学性；因此，这些"问题"也要求从科学和哲学两个层面来回答； （3）越来越多的"科学理论"具有"科学解"和"哲学解"的双重特征

注：摘自刘冠军《科学与哲学关系史时期划分的唯象考察》一文，原载《文史哲》2000 年第 2 期第 116 页。

9.4 "内膜防水"研究新动向

欲解决混凝土结构耐久性问题,主要应从抑制混凝土开裂宽度与防止水的侵蚀着手,二者须臾不可分离。而根据我国西周太史伯"和实生物"和亚利士多德"整体大于它的各部分之和"的观点,结合系统工程理论,笔者提出开展"混凝土结构耐久性与防水功能"一体化研究,其中在混凝土之后加上"结构",而在防水之后增添"功能",不仅是文字表达方式的不同,更主要是在研究方向上更为宽泛,即既有材料方面的问题,还涵盖了设计构造、施工工艺以及管理维修等内容,因而具有前瞻性和现实意义。

另外,在一体化研究中,从时间(指房屋结构全生命周期)、空间(指房屋结构与防水构造层次)两个维度,通过相关的科学实验和工程实践后,有可能获得意想不到的新变化、新属性、新功能,这是值得期待的。现就有关问题简述如下。

在地下建筑工程中,普通的混凝土结构本身是不防水的,这主要因为在混凝土中充满着相互连通的毛细管空隙网络,具有透气性,同时也可让水分渗透穿过;甚至,高性能的混凝土也不能避免它的多孔性这一特征和产生裂缝的缺陷。实践证明,水对混凝土的侵蚀是几十年来地下工程不断渗漏的元凶,同时也是造成混凝土结构劣化、损坏,进而影响地下工程使用年限的主要原因。

保护混凝土免遭水的侵蚀,传统做法是用薄膜防水层隔离,可称为"外膜防水屏障",即在混凝土表面涂刷液态涂料或粘贴柔性防水卷材。这种方法的弊病是防水材料仅仅附着于混凝土表面,很容易遭到穿刺和剥离,导致防水失效。

据薛绍祖先生推荐、翻译的国外文献指出,防止水对混凝土侵蚀的另一种方法是,在混凝土结构内部设置"内膜防水屏障",对这一方法的探索与工程实践已有 20 多年的历史。其核心技术是,通过选择可降低混凝土渗透性的外加剂,在混凝土本体内部创建承受高静水压力的阻水机制,形成"内膜防水屏障"。建立"内膜防水屏障"关键在于结合工程和所处环境条件,选用符合要求的外加剂和相应的渗透结晶工艺,这与晶体结构在混凝土中的发育过程以及形成防水屏障的质量有关。据美国 US Army Corps of Engineers(US-ACE) CAD C48《混凝土的渗透性》文献称,用渗透结晶材料处理的混凝土可承受 123 m 水头压力(1.2 MPa)。

"内膜防水屏障"的形成,主要依赖具有活性的化学物质与渗透结晶工艺,通过与水泥、水的化学反应而生成的硅酸钙水合物堵塞混凝土孔隙,正是这种"虚空而无形"的化学反应与结晶发育过程,并充分利用混凝土固有的"多孔性"这一看似"瑕疵"的特征,从而达到"无有入无间",使防水与结构共融共存、相互补充,最终实现保护混凝土结构免受水的侵入,并获得良好耐久性的目标。

另外,我国台湾一流式防水中心张忠雄父子,在 20 世纪 80 年代开始使用"柏油网喷火技术"发明专利(在美国及中国大陆、台湾都有专利发明权),用于地下防水工程与机场跑道的维修工程,均取得了不俗的成绩,其中利用"高压喷火"工艺,使液态的改性沥青通过附着的麻丝牢固地"渗入"混凝土内部,堵塞混凝土孔隙,同时还对出现的裂缝具有根着性、追踪性、弥合性等功效(图 2-9.1—图 2-9.4)。这从另一侧面说明,在"内膜防水屏障"体系上具有多样性,既可选择渗透结晶型的无机材料,也可使用具有液态的改性沥青有机材料,以及尚未发现的其他材料。

图 2-9.1 柏油网

注:以传统的沥青材料配合麻丝、棉纱编织成"柏油网"(Asphalt Net),用火焰工法和专利技术,将改性沥青根着于结构基层,并跟踪混凝土裂缝的大小与伸缩方向,使裂缝得到弥合,从而在结构基层形成防止渗漏水的"柏油胶黏层"。

1—柏油网;2—瓦斯(煤气)喷灯(供"柏油网"裂缝修补用);3—方锹(划平器);
4—瓦斯桶(有 2,5,10,20,50 kg 等不同规格);5—喷火器;6—剪刀;7—扁钩;8—扫帚
图 2-9.2 "柏油网"及其操作工具

（a）"一流式"喷火法　　　　　　　　（b）"柏油网"使用技术

图 2-9.3　"一流式"喷火法施工实况

　　注：采用"一流式"喷火法，就可使基层表面多余水分瞬间汽化、杂物吹净以及具有适当的温度，因此柏油网与基层能牢固地黏结在一起。这种"防水用火"的诀窍，是其他防水材料与施工工法无法比拟的。

图 2-9.4 修理机场跑道开裂的情景

注：该技术具有根着性、追踪性、弥合性等特点，有效地解决混凝土基层开裂、渗漏等老大难问题，可广泛用于机场跑道、高速公路、地铁及地下建筑等重大工程上。不用凿开裂缝就能修补，这是一流式革新防水技术的亮点。

9.5 结语

"结构是本，防水是表"，只有把二者合二为一、融为一体，才能构筑可靠持久的防水屏障，这是从大量工程实践中得出的结论。

实现上述目标有两种途径：一种是化学结合，即利用混凝土多孔性这个看似"瑕疵"的特征，选择某些防水材料，通过化学反应或其他工艺手段，渗入混凝土内部（一定深度）孔隙中。这种具有"填充"防水机理形成的内膜防水屏障，可有效抑制混凝土裂缝的发展，还能进一步提高混凝土的耐久性。另一种是物理结合，即改善防水材料与混凝土结构基面的条件，通过多道（多层）设防及涂抹、铺贴、密封等施工工法，形成全封闭的外膜防水屏障。例如，传统的以水密性为主要功能，且有良好黏结性能的沥青防水卷材，只要满足相关施工条件，也能获得良好的防水效果。这种方法我们可称之为"黏附"防水机理。

上述两种途径都有各自的特点与功效,不能以偏概全。对于跨学科多专业的建筑防水工程而言,更要求采取"产、学、研、用"联合方式和市场经济手段攻关解决。只有在科学实验中不断探索,在工程实践中不断完善,相互兼容,通过比较,才能取得更多的创新成果,从而促进我国建筑防水技术不断进步和发展,这是值得期待的。

[本文原载:张婵,叶琳昌.关于"混凝土结构耐久性与防水功能"一体化研究的思考[J].新型建筑材料,2016(1)。]

10　绿色建筑与防水之道

绿色建筑不是一种刻板的技术标准,而是一种发展理念。它与 2 500 多年前老子"天人合一""道法自然"的哲学思想是一脉相承的。下文通过对《防水之道非常道》一诗的解析,就当前全面开展绿色建筑行动中的防水问题提出了看法与建议。

10.1　绿色挑战,金色机遇

当今人类社会的发展,面临着资源短缺、环境恶化、气候变暖等巨大困难。在过去相当长的一段历史时期内,人们在考虑发展的同时,很少考虑地球上各类资源的有限性和环境的脆弱性。一直到 20 世纪下半叶,人们才开始认识到如不彻底改变这种状况,人类自身的生存和发展便将受到极大的威胁。如何实现可持续发展,已成为 21 世纪全球共同关心的主题。

建筑作为城市的主要载体,在全寿命周期内消耗了全球能源的 50%,水资源的 42%,原材料的 50%,在空气污染、温室气体排放、水污染、固体废弃物等方面比重均在 50% 左右。有资料显示,当前我国每年新建房屋面积约为 20 亿 m^2,差不多占全世界总建筑量的 45%。全世界 50%(另一说 40%)的钢筋、水泥、玻璃类建材是在我国消耗的。全面开展绿色建筑行动,不仅符合可持续发展的要求,也是中国对世界的承诺与责任。这是一份沉甸甸的绿色挑战,也是加快建筑业发展方式的金色机遇。

关于绿色建筑,并不单纯指一般意义上的立体绿化、屋顶绿化等,可以简单地诠释为:"在建筑的全寿命周期内,最大限度地节约资源(节能、节地、节水、节材)、保护环境和减少污染,为人们提供健康、适用和高效的使用空间,与自然和谐共生。"作为绿色建筑主要功能之一的防水工程,既要满足不渗漏的质量要求,同时还要保护建筑主体结构及其他构造层次的安全和有效运行。它们之间的关系是相依相融、功能兼得。

《老子》一书的核心是论道,以"道法自然""尊道贵德""清静无为"为基本原则,创立了世界思想史上第一个系统探讨世界存在"始源"问题的哲学理论体系,提出了对立统一的辩证思想。对当前全面开展绿色建筑行动,也包括防水工程在内的诸多领域,都有重要的借鉴意义。"承前不泥古",顺应绿色趋势而为,金色前景值得期待。

10.2　绿色建筑防水建造技术行动指南

表 2-10.1 为绿色建筑防水建造技术行动指南。

表 2-10.1　绿色建筑防水建造技术行动指南

顺序	名称	行动指南内容
1	思想方面	树立绿色建筑与"工程防水"一盘棋思想,实施整体设防、全方位防水和"全产业链"的防水工程战略
2	技术方面（举例）	（1）各类防水材料(含不同设防部位、不同结构与防水构造组合)的有关性能、施工工法与实际效果综合研究(注：需科学实验和数字信息技术支持,含计算机辅助设备及软件开发)。 （2）防水构造设计应具科学性与可操作性,确保防水、保温、隔热和节能减排功能,克服设计简单化倾向。重点解决各构造层次之间的相互匹配问题。 （3）细部构造节点设防应确保可靠性、耐久性。其中设防层次与选用材料应通过模拟试验确定。 （4）大力推行绿化屋面与倒置屋面,这对抵御温度应力和延长屋面使用年限有重要作用。 （5）开展屋面结构强度、刚度、抗裂(致密)、耐久综合性研究。 （6）推荐屋面结构找坡。大力采用由废旧建材、再生材料与循环利用的轻质且有一定强度的找坡材料。 （7）在既有建筑屋面渗漏治理中,要兼顾安全、耐久、防火、节能和便民的要求。如屋面长期渗漏危及安全时,宜采取室内结构加固与补强措施,然后在室外采取防水与堵漏技术,只有二者相互结合才能取得成效。 （8）既有建筑节能改造与通信、新能源设施中防水构造与循环回收技术。当前特别要解决好"无机"阻燃更安全、"有机"节能更保温,二者之间科学评价与取舍问题。 （9）在地下工程中重点开展防水、防腐蚀与结构耐久性相结合的研究。 （10）地下工程渗漏水诊断、堵漏注浆技术与结构可靠性研究。 （11）外墙保温防水材料抗风雨(正、负压)与耐久性模型试验。 （12）加强防水施工技术研究。重点是数字化、机械化与构配件装配施工成套技术
3	体制、机制与管理方面	（1）科学界定防水工程范围。"工程防水"可视设防部位,分为主体结构防水与其他材料附加防水两大块。在分包合同中应明确土建总包与专业防水分包单位防水施工范围,并在项目管理上实施无缝对接。 （2）编制防水工程定额与基准价格。根据使用功能与合同年限,实行优质优价。 （3）完善市场竞争机制,修订防水工程招投标办法。其中应明确取消偏离功能与质量的最低价(或低价)中标的规定;也不准出现甲供或指定专供防水材料的霸王条款。 （4）制定防水工程承包合同示范文本。应根据防水工程施工范围,确立有关各方责任与权利,以及发生质量问题后仲裁与赔偿办法。 （5）防水工程应实行单项验收和工程竣工后综合验收两道程序。 （6）对重大防水工程中图纸会审、施工方案以及质量事故诊治等,实施由第三方组织的专家评审制度。 （7）建议成立一个"绿色建筑防水建造技术"研究发展中心,具体规划、研究和组织实施有关行动指南

10.3 《防水之道非常道》一诗解析

2013 年 12 月 10 日至 11 日,在中国国际贸易促进委员会建设行业分会、中德建联、中国房地产技术联盟主办的"2013 中国绿色建筑外围护及防渗漏学术研讨会"上,叶琳昌先生应邀作"试论深化防水改革中的二律背反现象"的演讲,其中提及《老子》一书的哲学思想和《防水之道非常道》一诗。现对该诗内涵作进一步解析,与大家分享。

防水之道非常道

天人合一藏锦绣,上善若水德为先;
有无相生贵"虚空","功能防水"价更高。
整体防水护结构,"工程哲学"指航向;
抗放有度顺天势,刚柔相济至无间。
大小多少始于细,先易后难常无为;
坚持岁修莫若啬,防患未然可长生。
适用环保拒渗漏,传承创新惠四海;
执业修身弃智巧,道法自然道无涯。

1. 全诗中心思想

"防水无小事,质量连民心"。学习古今中外哲学思想和治水、防水技术精粹,对指导当今建筑防水实践和改革,都有重要意义。本诗依据《老子》一书的原旨与精神,结合防水工程特点与质量要求,对防水之道进行了联想,"兴发于此,而义归于彼"。(白居易《与元九书》)诗中文句,在《老子》一书中多有表达。"防水之道非常道"中第一个"道"字,是指自然界的事物运行和发展变化的法则、条理,即人们常说的"道",例如,道路的道、道理的道、伦理道德的道,以及对具体事物的行为原则、方法等。第二个"道"字(常道),是指天地万物的本原和天地万物及社会人生的存在本体和价值本体,它是老子哲学的专有名词,也是老子及道家哲学的最高范畴。"常道"是说永恒存在的道,非永恒不变之道。老子认为,"常道"在空间上是无限的,在时间上是永恒的,因而是有超越性和无限性,加上人类认识的局限性,所以说"道"是"玄之又玄,众妙之门",故有"非常道"之说,即非同寻常之"道"也。至此,"防水之道非常道"也就顺理成章了。

另外,就《老子》全书而言,道论、德论、修身论、治国论是构成老子哲学思想体系的基本内容,自然无为是老子哲学的中心价值,也是贯穿老子哲学思想体系的一条主线。老子的道论是关于"道"以及道与天地万物和社会人生关系的理论,它是老子哲学思想体系首要的理论基础,因为其他如德论、修身论、治国论等,都是以道论为基础和前提并由此展开的。《道论篇》主要回答了道的实有性、道的地位、道的作用特点和运行轨迹、道的本原和本体论意义以及如何认识和把握道等问题。这些是我们在研究"防水之道"时必须要考虑和注意的。

由"工程防水"哲学思想引出的"功能防水"之道,是以建筑物为对象,通过整体防水、功能融合两个主轴,从技术、经济、体制、制度和管理等多措并举的一种新的防水建造方法,它是防水未来的方向。"一沙一世界,一花一天堂。双手握无限,刹那是永恒",这是摘自丰子恺先生翻译的英国浪漫主义诗人威廉·布莱克(William Blake)长诗《天真的预言》中开头的四句话,表达了"宏观与微观,现实与虚幻"这种互相矛盾又互相依附的一种关系,这与"工程防水"中"贵在整体,赢在融合"的观点是一致的。只要我们紧握工程哲学思想武器,一定会在未来建筑世界中再现防水不朽的丰采。

2. 天人合一藏锦绣,上善若水德为先

"天人合一藏锦绣",是说人和自然在本质上是相通的,故世上万物只有顺乎自然规律,才能达到人与自然和谐、永续发展。这与《老子·二十五章》中关于"浑然一体、天地人本原"的思想是一致的。"天人合一"主要指天与人紧密联系、不可分割,强调天道与人道、自然与人为的相通和统一。故在防水工程作业中,如能秉持"天人合一"哲学理念,"乘势利导、因时(地)制宜",切实做到无为而治(即有为而"不违"),就能构建无渗漏的防水工程。

"上善若水德为先",是指防水行业如何发展和定位的问题。应该谨记"建筑防水是一个小行业,目前的建筑防水行业仍处于一个规模小、产品集中度低、市场不规范的不成熟阶段",这与《老子·八章》中"上善若水""水善利万物而不争"是一致的。老子常以"水"来喻"道",主要是水和道一样,具有"利而不争""处卑谦下"的善德。"居下"指水的特性与品质。水滋万物而甘居低洼(暗喻卑下)之处,它泽庇天下苍生,不主宰、不争先、不居功,这与老子所说的道很相近了。自甘居于与人无争的卑下地位,恬淡虚静,如同不受干扰的深渊。这种超然的意境,才可说得上是伟大的至德了。

应该指出,老子所说的"不争",主要是指不与人争名位,不与民争利益;他并没有一概反对为社会正义事业的斗争,特别是为推进生产力发展和社会进步而进行的体制、机制改革和科学技术创新。在《老子》一书中,反复强调和追求的是在对立面尚未分化的状态,以及对立面经过激荡和斗争而达到协调与和谐的状态。他深刻指出,社会与人生最理想的状态是"精之至"(充满生机活力)与"和之至"(极为和谐)。所以说老子哲学既不是"不争哲学",也不是"斗争哲学",故可称之为"和谐哲学"。

防水工程是建筑工程的一部分,必须以精湛的技艺,与其他分部项目一起,共同为百姓提供安全、舒适、无渗漏的环境。同时,防水工程又是房地产业的下游,要以"上善若水"的品德和谦逊、忘我与自强不息的精神,尽其所能,达到"(防水)造价不高功能高,条件不好质量好,行业不大贡献大"的目标。

《老子·六十六章》中有一个著名比喻:"江海所以能为百谷王者,以其善下之也,故能为百谷王。"其意是说江海之所以能成为百川的首领,原因在于它善于处在百川的下游。老子认为,人也要有这种甘居下游的心胸和气度,才能脱颖而出,如此方可成就一番伟业。

3. 有无相生贵"虚空","功能防水"价更高

此二句是防水工程规划、设计的总纲。"道"在老子哲学中既有主观的形上心灵境界之义,也有客观形态的超越的形上实体之义。"有"可以看作从物质形态中抽象出来的哲学概念,而"无"可以看作是从非物质形态的虚无中抽象出来的哲学概念。"有"与"无"虽然表现形式不同,但它们都统一于"道"之中。这是正确理解老子哲学思想的关键节点,也是中国古代哲学史发展到一定阶段后,结合现代科技获得的新的研究成果,我们要倍加珍惜和爱护。

"有无相生"既有物质世界两种不同形态的对立,从事物发展规律(也可谓之"道")而言,又有相反相成、互相转化的道理。老子用"虚"这一得意的隐喻,说明"真正的实在,存在于虚之中",此句中的"虚"实指道也;按现代信息学解释,可以比喻为"虚拟技术"。另外,与"虚"相关联的是"空",诚如在《老子·十一章》中所指出的那样,如果有轮无毂,如何转动;有器不空,成什么器;有房无门窗,如何住用。所以"有"和"无"是不能分离而独存的。实体是具象的物,空虚处起作用,这是"有""无"的辩证统一,是《老子·二章》中"有无相生"的具体说明。我们应该谨记:整体永存,全体永远可以支配部分。因此,在建筑防水设计中,不同构造层次的组合都应随"功能"决定;而加减、分合、有无、虚实等,则由内外不同矛盾所支配,其中"适用性"尤为重要。

防水工程的"适用性"必须遵循以下几点:

(1)相对可靠性。"适用"不是折中,不是中立,不是首鼠两端,也不是"既要、又要"式的全面,而是做出抉择。"适用"的目的,不是用一种材料或一种构造否定另一种材料或另一种构造,而是做出对工程与客户而言都是最优的选择。这意味着"用中",是基于"和"的理念。

(2)"适用"不可"执一"。这与古代《中庸》里"择乎中庸"之语是通"用"的。"适用"的选择,要权衡"两端"之间各种可能性,不可执于"一端";对于所做出的选择,也不可"执一",还要考虑到因地制宜、应时而变。"适用"不是不变,而是要做必要的调整。此时此地的"适用",未必是彼时彼地的"适用"。

(3)变通"用中"。《孟子·尽心上》说:"执中无权,犹执一也。"不懂得"权",人的思维方式就会从"执两"堕入"执一",这也不符合辩证法。因此,重视建筑防水的审图工作,包括内审、外审(审图公司或专家评审)以及防水二次优化设计都是不可或缺的"执中用权"环节。那么,如何判断防水工程的"适用性"? 又如何衡量"权"的对错？这就是"度"的问题了。

在反复学习《老子》一书基础上，根据防水工程特点和古今中外众多案例，提出了"功能防水"新方法、新理念，通过体制机制改革，在一些重大工程上应用取得实效。"功能防水"新方法是汲取"构造防水""材料防水"的优点，强调建筑物或构筑物是一个整体和系统工程，以构造组合为主线，在各构造层次之间相互匹配、优势互补、以防为主、功能兼融的基础上，针对防水工程所处工况和环境，提高防水工程的抗风险能力；同时，在确保防水工程"不渗漏"和满足建筑设计年限的前提下，达到绿色建筑中有关舒适、节能、环保等评价标准，这也是历史和社会发展的必然选择。今后如能进一步利用模型、图像和 BIM 等现代化创新技术，就会把过去"被动"防水转化为"主动"防水，并最大限度地释放防水工程的"功能"价值，这一前景是无限美好的。

从工程哲学角度分析，在防水构造与功能的对应中，还存在着"一构多能""异构同功"的现象。"一构多能"现象，是指一种材料或一个构造层次在不同环境下充当不同的角色，例如，在地下工程中，钢筋混凝土底板既是承重结构，又充当主体防水的角色和责任；但在两个角色之间，由于功能定位和要求的不同（或叫差异性），如何从设计与施工方面协调它们之间的关系，在许多工程上我们显得力不从心，因而常常出现顾此失彼的情况。另外，地下工程防水技术标准强调了主体结构防水与附加材料防水共同作用的重要性，这在哲学上可称为"异构同功"。在此，我们可以把"功能"区分为"基本功能"和"充分功能"两个部分。如果说附加材料防水要发挥它的"基本功能"作用，那么，唯有在主体结构防水达到质量标准并满足附加材料防水要求的施工条件后，才可满足"充分功能"的复合效应。由于"功能防水"新方法的提出，不仅有"工程质量"的要求，还应有"功能质量"的要求，如何在相关技术标准中进行调整，也是值得思考的问题。

由"工程防水"哲学思想引出的"功能防水"之道，是以建筑物为对象，通过整体防水、功能融合两个主轴，从技术、经济、体制、制度和管理等多措并举的一种新的防水建造方法。它是防水未来的方向，贵在整体，赢在融合，从而确保建筑物免受水的侵袭，实现保护主体结构安全和延长建筑物耐久年限的目标。（注："整体防水"是中国古代建筑防水技术的精粹，而"功能融合"是西方现代管理科学的核心。）

4. 抗放有度顺天势，刚柔相济至无间

此二句泛指防水工程的设防要求，也是古今中外防水技术的精粹。

长期工程实践证明："防水好，结构更坚固；结构好，防水更持久。"这里所说的"抗、放"与"刚、柔"之间的关系，对结构与防水工程而言，都是适用的，并贯穿于设计与施工全过程。就结构工程而言，主要是如何结合地基条件与结构荷载，依据"抗、放"有度原则，合理选择结构类型和相关材料，优化节点设计，确保房屋结构的整体性、稳定性和耐久年限，并给防水基层提供一个坚实、平整、无有害裂缝的作业条件。

就防水工程来讲，"防、排"与"抗、放"是相连、相通的。究竟采取以防为主、还是以排为主，或者防排相结合，这些都应视工程具体条件（例如气候、地质、水文以及结构类型等）与部位不同（如屋面或地下）而定。老子说："天下万物生于有，有生于无。"其中的"有"是指宇宙中的现实、以往和未来的一切事物，而"无"又是对这种"有"的抽象。而"天地相合，以降甘露"（《老子·三十二章》），则要求我们"有度"而不违"天势"（不仅指自然界的天文地理条件，还含有天时、地利、人和三者的社会关系）；"顺"者，就是要通过调查研究，探究事物的本原和真实性，同时也强调了防水工程理论与实践相结合的重要性。

例如，从地下工程防水层考虑，采取把"水"排走可以达到防水的目的。但由此会引发其他许多问题，例如地面塌陷造成的灾害等，岂能弃之于不顾？现今，许多城市地下空间过度开发利用，就存在这样的问题，且日趋严重。所以在地下工程中应采取"以防为主"的方法，强调刚柔相济与施工工艺的可靠性。而在屋面工程中，一般宜采取"防排结合，以防为主，先排后防"的措施，并应从设计与施工工艺上，解决好屋面找坡、分水和排水的问题；当然，还有水资源的利用和循环经济问题。实践证明，在屋面中储存一定的水分，对种植屋面的植被生长是有利的；而有一定蓄水深度的结构混凝土，又是抑制开裂、延长使用寿命的重要措施。如何兼得、趋利避害有很多学问可做。

另外，"刚柔相济"既是指物（例如设计构造、材料），也可喻人和事（例如协调工程管理问题）。而"相济"二字大有学问。例如，两种不同材料的组合，并非简单的叠加，而是要做到至"无间"，解决好当前在工程中确实存在的"两张皮"的问题，如此才能做到"善胜""全归"和"高效持久"的最好效果。"刚柔相济"既是智慧，也是解决问题的一种能力。

在此，若把"抗放"与"刚柔"连在一起，作为虚实结合无有之"道"进行分析，可理解为："'无有'者，道之门也，'无间'者，物之坚实而无间隙者也。凡以物入物，必有间隙，然后可入；惟道则出于'无有'，洞贯金石，可入于无间隙者矣。"（范应元《四部要籍注疏丛刊·老子》，中华书局1998年版，第629页）"无有者，至虚之谓也；无间者，至实者谓也。以今日物理学言之：物之至坚者乃因其'密度'之大，凡物之'密度'大至极处，必至于无间（空隙），故'至坚'之极，即是'至实'。"（王淮《老子探义》，台湾商务印书馆1972年版，第179页）此说以无有为至虚，是至柔的发展；以无间为至实，是至坚的发展。确有见地也。如果上述之理成立，我们也可视"抗"与"放"和"刚"与"柔"，是中国古代传承下来的治水、防水文化，是一种非物质的、近乎老子所言的至虚之"道"的一部分，因而对整顿和治理当前不合理的建设环境、协调各种社会关系、推进包括防水在内的绿色建筑，具有更大的施展空间和指导意义。

防水功能关键在于结构本体的质量，地下和屋面工程等概不例外。对于违反事物本原和客观规律的一些做法，"勇于不敢"者大有作为，"勇于敢"者则一事无成，进而还会给国家和人民造成损失。如果能做到以上几点,就可确保百姓安居乐业。

上述二句中"有度""相济"与"天势""无间"都是互为对应的;而"顺"与"至"则把解决防水工程中的有关问题巧妙地联系在了一起,既可引出不穷的智慧,又会产生无限的遐想。这无疑包括了建筑防水构造和防水工程实施的全过程。

5. 大小多少始于细,先易后难常无为

此二句是指防水工程的谋略,也可叫实施方法。《老子·六十三章》:"大小多少,报怨以德。图难于其易,为大于其细。天下难事,必作于易;天下大事,必作于细。是以圣人终不为大,故能成其大。夫轻诺必寡信,多易必多难。"这就是老子所言的行事方式和方法。以上几句可理解为:"大生于小,多起于少;对重大任务要适当分割,以便各个击破。遇事过分谨慎、畏惧和忧伤,所带来的困难将会更多。谋划和实施艰巨的任务,要从比较容易的地方切入。做大事要开始于一点一滴。天下的难事,一定要从容易处做起;天下的大事,一定要从具体事情抓起。所以圣人自始至终不自以为大,而能成就其伟大。轻易承诺往往少了信誉,把事情看得简单,做起来反而很难。"细节决定成败就是这个道理。

近读迈克尔·T. 库巴尔《建筑防水手册》一书,这是一本主要叙述美国和加拿大地区的防水专著,其中有两个观点值得重视:一是所谓"90%/1%原理",是指近90%渗漏水问题都出现在仅占整个建筑物或结构表面积1%的细节部位;二是"99%原理",是指99%的渗漏水都不是由于材料或系统自身的失效而引发的。透过原理的文字表达,不难发现其背后的"玄机",即在防水工程中应高度重视和落实细部处理,后者再怎么强调都不嫌过分。笔者同意前一原理,不重视细部处理,恰是国内防水工程中最容易出现的质量问题和症结所在。第二个原理是讲他们也有重材料而轻视设计、施工与管理维护的问题,中国在这方面情况更为严重,因而出现渗漏水比例更大。其中由于设计不当(包括选材有误、构造层次不相匹配等)引发的渗漏水现象不胜枚举,而要纠正由材料系统与构造设计的错误并非易事,往往需要重新翻修,并造成很大的浪费,这点需要大家特别注意。

在此有必要对"无为"进行引申。老子所说的"无为",并非"不为"或"无所作为"的意思,而是指人应该怎样选择自己的行为原则和行为方式。在此,老子所说的"无为"是与道法自然紧密联系的,他主张的"无为"不是否定正常的为、正当的为、正确的为、符合规律的为;他主张的"无为"是激浊扬清,是止庸、止俗、止暴、止卑,强烈地希望从源头上杜绝许许多多的乱作为。"无为"还是"有为",这是关系事业成败的大事。"辅万物之自然而弗敢为"这句话,揭示了老子"无为"思想的内涵,它要求在"万物之自然"面前,人们既不应袖手旁观、无所作为,也不能越俎代庖、肆意妄为,而必须在顺应事物的固有特性、自身发展规律的前提下发挥作用。

值得指出,防水工程是房屋建筑的一部分,具有综合性、复杂性、滞后性的特点,而绿色防水与防渗漏研究的目标,则要求开发商、设计、材料制造与供应商、施工及监理等单位,应各在其位,各司其职,通力合作,共同朝着既有利于实践主体又有利于客观事物的发展方向,一切循道依理而行。从某种意义上讲,"无为"也就是"无违",即无违于自然也。

6. 坚持岁修莫若啬,防患未然可长生

此二句强调工程建成后管理维修的重要性。值得指出,建于公元前256年、至今已有2270多年历史的都江堰水利工程,历久弥坚,特别是抗御了2008年5月12日的8级大地震,世人无不惊羡,说明该工程具有良好的抗震性。李冰官至太守,其子继承父业,他们善于调动广大民众在建设中的积极性与创造性,并总结出"六字诀"与"八字格言"的治水口诀,还建立了完整的岁修(即每年维修)制度,从而使这一宏伟工程至今还恩泽于四川人民。

当前,我国各大中城市兴建轨道交通方兴未艾,建成之后包括防水堵漏在内的管理维修是一门大学问,上海轨道交通在大建设、大发展中也遇到过这样的问题。特别在运营初期,确实存在管理能力与建设能力并不匹配的问题,防灾、防事故和处理突发事件的能力尚有不小差距,这些从实践中得到的经验值得引起重视。

诚如《老子·五十九章》所云,在"治人事天"(此处也可指"建筑物")中要坚持"莫若啬"的精神,更不能因人、因事而嬗变。另外,只有防患于未然,及早规划和采取措施,不断总结并完善管理制度和维修技术,才能使建筑物保持良好的使用功能,从而达到和超过设计使用年限,此谓"长生"(即持久)也。

7. 执业修身弃智巧,道法自然道无涯

此二句是对防水从业者操守的要求,当然也是对包括政府官员、房地产商及建筑承包商等有关人员的要求。《老子·十九章》曰:"绝圣弃智,民利百倍;绝仁弃义,民复孝慈;绝巧弃利,盗贼无有。此三者,以为文,不足。故令有所属:见素抱朴,少私寡欲,绝学无忧。"其译文为:"杜绝和抛弃聪明巧智,百姓可以得到百倍的利益;杜绝和抛弃仁义,百姓可以恢复孝慈的天性;杜绝和抛弃巧诈私利,盗贼就不会存在。这三者,以文为饰,不足以治理天下。所以,要让百姓有归属之地:显现并坚守朴素,减少私欲,杜绝世俗之学,就不会有忧患。"在老子看来,"智辩""绝义""巧利"的出现,根源在于官民淳朴的自然天性丧失,背离了"道法自然"的原则,而违反这一原则,就必然导致淳朴的民风江河日下,百姓"不治",社会秩序混乱,以及当政者的任意妄为,等等,危害是很大的,故皆应在禁绝或扫除之列。

从《老子·十九章》文字和老子的思想体系来看,老子认为要使"民利百倍""民复孝慈""盗贼无有",绝不能限于"绝智弃辩""绝巧弃利""绝伪弃虑",因为后者只是治标不治本的办法,要从根本上解决问题,就必须高扬和持守道的自然无为和素朴无私的本性,做到"见素抱朴,少私而寡欲",这是釜底抽薪、强本固基的办法。在当今市场经济条件下,我们更要强调"依法治国"和依规办事的总要求。

行笔至此,笔者向大家特别推荐《老子·三十四章》:"大道氾(与'泛'同)兮,其可左右。万物恃(音侍)之以生而不辞,功成而不有。衣被万物而不为主,可名于'小';万物归焉而不为主,可名为'大'。以其终不自为大,故能成其大。"老子在本章告诉我们,大道无所不在,没有私欲,顺应自然,由不主宰万物可以称之为"小",由万物都归依又可称为"大","小"与"大"是事物的两面,相反相成。正因为它不据为己有,不自以为大,没有占有欲和支配欲,所以成就了它的伟大。天道如此,人道亦如此。

在此,还要对"道法自然"做一番解读。"道法自然"此句见于《老子·二十五章》。该章末段为"人法地地,法天天,法道。道法自然",这是董京泉在《老子道德经新编》一书中作的新断句,也是新论点。其译文为:"人要效法地之厚德载物,效法天之公无私覆,效法道之自然无为。道则以自己成就自己为法则。"其中"法道",首先是要效法道的自然无为的特征,其次要效法道的无限博大的胸怀,从而提升人的精神境界;人法天地进而法道,便是人的精神境界由天地精神,进而提升到具有无限性的宇宙精神。如此,"道法自然"的意思是说,"道"以自己成就自己为准绳,排除外在意志和外界力量的干扰。"自然"者,自成也。这与许多近现代学者对老子所说的"自然",解读为自然界或大自然,显然有本质的区别。"吾生也有涯,而知也无涯。以有涯随无涯,殆已。"(庄子语)那些认为现有的知识已经"够用了",只要对照有关规范中某些条文、图例复制,以及不结合实际,随意套用别人技术方案的做法,是很危险的。

总之,"功能防水"不仅是一个属于技术层面的新方法,更是集哲学、文化、伦理、道德于一身的一种新理念,用途无限,前景广阔。而包括"居下""虚空""守柔""从小""长生"等理念,以及由"功能防水"新方法、新理念而引申出的防水之道,至善向上,看似无影无踪,但它超越时空,无处不在,周而复始,对立转化,影响决定着自然、社会和人生的命运。"功能防水"不仅更加科学完整,符合防水工程实际和时代特征,还与中央提出的"绿水青水也是金山银山"的科学发展观相吻合。

最后,我们可把防水之"道"概括为"绿色防水,天人合一;和而不同,道法自然"。再把"防水之道非常道"一诗连在一起,就可解释为在当今防水行业中存在的许多现象(或乱象),如不符合防水工程(广义上可延伸至建筑工程)的特点及防水技术(广义上说是建筑技术)的发展规律时,它就需要不断革故鼎新,不断探索、完善。

防水在高处。人在做,百姓在看。让我们弃智巧和伪诈,同心同德,则防水之路就可坦途。

实践篇

11 重庆某厂 16 t 模锻锤基础防止开裂技术措施

重庆某厂 16 t 模锻锤基础直接坐落在砂岩层上。为减少地基对基础的外约束力，组织了地基弹性综合系数和减振效果原型试验。根据试验结果，这种"刚中寓柔，以柔制动"的设计和施工方案，不仅确保了锻锤基础在长期运行中结构的整体性与可靠性；同时，也有效地削减了 16 t 模锻锤作业时产生的巨大冲击荷载，以及对厂房邻近柱子与精密仪表和设备的影响。

11.1 概述

1972 年建设的重庆某军工企业分为锻造、铸造两个厂区，建筑面积约 8 万 m²。其中 1 号车间是由模锻、自由锻和热处理三个主要工号组成，而 16 t 模锻锤是该厂锻锤群中最大的一台关键设备，在国内还不多见。这台设备体积庞大，从地面算起高达 9 m，设备自重为 422 t。在锻锤工作时，冲击振动荷载相当于 1.2 万 t 水压机的静载负荷，且该锻锤基础直接坐落在砂岩层上，与相邻柱基净距只有 5 m；厂房附近又有对振动反应较敏感的铸工车间的泥芯工部、精密机床及仪表等，因此对设计与施工的质量提出了严格要求。在当时条件下，我们对大吨位锻锤冲击振动带来的危害知之甚少，在无参考文献和相似经验的情况下，决定由建设、设计、施工、科研、院校共同组成试验小组，进行基坑原位模拟试验，为确保设计和施工质量奠定了基础。

经过试验确定的"刚中寓柔，以柔制动"的设计和施工方案，不仅确保了锻锤基础在长期运行中结构的整体性与可靠性；同时，也有效地削减了 16 t 模锻锤作业时产生的巨大冲击荷载，以及对厂房邻近柱子与精密仪表和设备的影响。这种用科学实验与理论指导的实践，又通过实践进一步丰富和发展理论的做法，至今仍有重要参考价值。

11.2 16 t 模锻锤基础设计与施工成果[1]

11.2.1 设计创新

重庆某厂 16 t 模锻锤基础，置于坚固的岩石地基上。为保证结构物的整体性和安全性,以及减少地基对基础的约束作用,削弱大吨位锻锤在工作时,对邻近建筑物和精密仪表的振动影响,故决定于工程位置上进行原型模拟试验。

在试验前,初步选用了图 3-11.1 的缓冲滑动层构造。同时选择高炉矿渣、级配砂石材料(级配砂卵石)、沥青砂浆三种原材料,进行地基弹性综合系数和减振效果的试验(图 3-11.2、图 3-11.3)。通过高低压模拟试验可知,高炉矿渣的竖向刚度较差,沥青砂浆的侧向刚度比其他两种材料要好;而通过减振效果试验说明,级配砂石材料的减振效果十分明显,尤其是对外部振动(外振)的影响大大减弱。这就说明,回填物越松散,冲击能量吸收也多,减振效果越明显,但其强度较差。

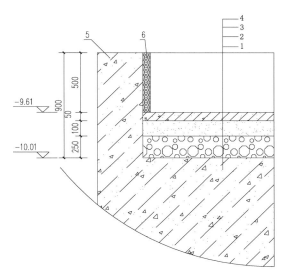

1—地基(中风化岩);2—级配砂卵石 250 mm 厚;3—沥青砂浆 100 mm 厚;
4—钢筋混凝土保护层 50 mm 厚(双向 φ12@200);5—减振箱;6—点贴两层油毡

图 3-11.1　16 t 模锻基础缓冲滑动层构造(单位:mm)

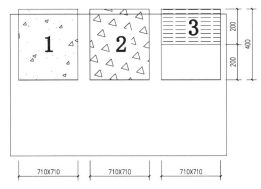

1—高炉矿渣;2—级配砂石;3—沥青砂浆

图 3-11.2　用高低压模测定不同材料自振频率(单位:mm)

(a) 实景

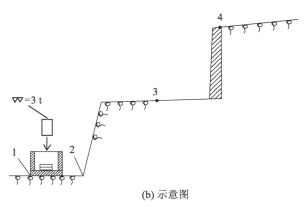

(b) 示意图

1—滑动层近旁;2—基坑外围;3—地面上,距离锤击中心33 m;
4—挡土墙上,距离锤击中心70 m

图 3-11.3　缓冲滑动层减振效果试验

　　由以上两项试验成果进行综合分析,认为沥青砂浆水平和垂直刚度均较大,但减振性能差;级配砂石材料的减振效果好,但水平方向刚度差。最后经过比较,综合上述两种材料的优点,在实际工程中建议选用复合材料组成的缓冲滑动层构造。有关试验成果见表 3-11.1—表 3-11.3。根据试验结果与理论计算,最终提交的设计构造见图 3-11.4。

表 3-11.1　滑动层自振频率

材料种类	高压模/(次·s^{-1})	低压模/(次·s^{-1})
高炉矿渣	15.1	23.4
级配砂石	20.8	25.8
沥青砂浆	24.3	35.2

表 3-11.2 C_0 与 D_0 值

材料种类	C_0	D_0
高炉矿渣	1.34	0.85
级配砂石	3.87	0.83
沥青砂浆	3.87	1.72

注：C_0 与 D_0 是计算地基综合系数（C_Z，C_X，C_φ）中的相关系数，计算公式从略。

表 3-11.3 缓冲滑动层减振效应试验结果

种类		第 1 点	第 2 点	第 3 点	第 4 点
无垫层（混凝土）		750	大于 32.4	5.8	0.71
沥青砂浆（200 mm 厚）		大于 195	67	4.9	0.58
砂卵石 （400 mm 厚）	第一击	96.5	2.7	0.4	0.13
	第二击	54.2	1.7	0.2	0.06

注：1. 表中所列各点振幅的单位均为 1/1 000 mm；

　　2. 试验面积均为 2×2 m²。

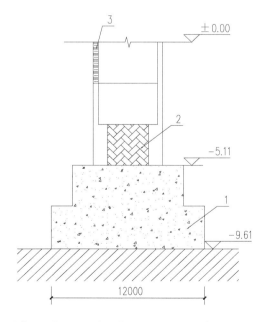

1—C20 大体积混凝土；2—多种惰性材料组成的缓冲滑动层；3—减振箱

图 3-11.4 16 t 锻锤基础构造（单位：mm）

为了检验级配砂石材料的强度,还在无侧向变形的试验槽内,按通常地基静载试验方法进行测试:当加载到 0.6 MPa 时,总沉降量仅为 1.93 mm。这一试验数据对换土地基也有一定参考价值。

值得指出,由试验结果设计的缓冲滑动层构造,是一项重大的技术创新。它不仅可减少岩石地基对基础的约束作用,并减轻了大吨位锻锤在使用时对邻近建筑物和精密仪表的振动影响,同时也确保了钢筋混凝土结构基础的使用安全。

这次科学试验给我们一个重要的启示,就是如何解决建设中的工程技术问题:有些技术问题,从设计、施工内部可以自行解决;但有些重大问题,如这次基坑原位振动载荷试验,就必须集中设计、施工、科研、大学等单位协同作战。这种合作,彼此可以发挥各自的优势与专长,而学术上又可集思广益,发扬学术民主、求同存异的精神,以试验结果取得共识。而采用缓冲滑动层的构想,是在一次晚上玩桥牌时不经意提出来的;而选用级配砂卵石(250 mm 厚)与沥青砂浆(100 mm 厚)两种材料进行组合,则是根据它们的自振频率、地基弹性综合系数及减振效果的测试数据,经过计算分析而确定的。从这点上讲,有时候科学发现与构想,并非是先有计划的;但好的发现与构想,却必须通过研究、试验来证实。把握这二者之间的关系,在处理其他工程技术问题上,也是有用的。

11.2.2　施工创新

1973 年 8 月底,在完成模板、钢筋绑扎及预埋测试仪器之后,我们就组织了16 t模锻锤基础混凝土的施工。在施工中,我们针对大体积混凝土中水泥用量高,水泥在硬化期间会放出大量水化热,使混凝土内部温度显著上升,且容易出现温度裂缝情况,决定除了使用低热水泥、控制水泥用量以外,还采取在混凝土内加入冰水的技术措施。当时施工气温为 36～41℃,用冰水搅拌混凝土,可使入模的混凝土温度降低 8～10℃。

在混凝土浇筑中,为确保施工的连续性,我们在现场准备了 5 台 400 L 的搅拌机,同时配足了混凝土缓降器(漏斗与串筒)及振动设备,使搅拌、下料、振捣几道工序的作业,能有条不紊地进行。经过近 40 h 的连续奋战,终于完成了近 500 m³大体积混凝土一次连续浇筑任务。半个月后拆模检查,混凝土里实外光,且无裂缝发生,混凝土试块强度全部合格。而砧座的表面平整度共检查 47 点,最大偏差为 4 mm(仅有 4 点),其余均在 0～3 mm 范围内,全部符合设计要求。

施工创新的最大亮点:一是 4.5 m 厚底板混凝土一次连续浇筑,这在当时尚无泵送混凝土的情况下实属不易;二是在盛夏季节,没有采用传统的"降温"养护方法,即在混凝土内部预埋管子,在浇筑成型后通过循环冷却水降温。而是通过温度应力计算,改为"保温"法施工,即在混凝土浇筑成型后,采用覆盖塑料布、草袋等保温材料(保温层厚度应通过理论计算与实际测温随时调整),借以延迟混凝土表面温度的散失,从而减少与混凝土内部最高温度之间的差值(二者温差一般控制在 20～25℃ 以内)。事实证明,这种科学、实用又经济的养护方法,在大体积混凝土夏季施工中 具有推广价值。

在基础混凝土施工时,正值重庆盛夏季节。200 多名工人坚守工作岗位(实行 双班制),不怕炎暑高温、不怕疲劳、不计报酬、连续作战的精神是十分感人的,也体 现了那个年代的精神风貌。

11.3   实践效果[2]

2014 年 6 月,当年参加试验和建设的老同志 41 年后重访该厂锻工车间时,一 块宣传橱窗吸引着大家驻足观望,忽见写有"16 t 模锻锤投产至今仍安全运行,并 发挥着巨大作用"时(图 3-11.5),大家惊喜不已。在车间参观时,当看到 16 t 吊锤 从高空脱钩,突然向下锤击,近在咫尺的工人,却从容不迫地操纵着仪表,把一个 又一个火红的工件推向指定的位置时,这种经过不断工艺革新、安全文明的生产 环境,让人欣慰,也倍感亲切。而参观者在靠近作业点 3～4 m 时,也全无一般锻 工车间那种常有的"振动"感觉。经仔细察看,厂房内部结构完好无损。当年用 "三顺一丁"排列,"一块砖,一铲灰,揉一揉"(又称"三一"砌砖法)砌筑起来的砖 墙,横平竖直,灰浆饱满,勾缝均匀,历经岁月沧桑和振动的考验,至今仍未发现脱 落和开裂现象。

图 3-11.5   宣传橱窗

　　"16 t 模锻锤基础设计与施工"科研项目获得成功,关键是采取了当时倡导的"科研、设计下楼出院,教学与实践相结合"这一跨学科联合攻关的正确决策。通过基坑原位模拟试验,在设计中又增加了"缓冲滑动层"与减振箱构造等防范措施,加之精心组织、科学施工,才确保 16 t 模锻锤基础施工质量达到设计与工艺要求。此次回访考察又进一步证实,这种"刚中寓柔,以柔制动"的技术方案,不仅确保了锻锤基础在长期运行中结构的整体性与可靠性;同时,也有效地削减了 16 t 模锻锤作业时产生的巨大冲击荷载(相当于 1.2 万 t 水压机的静载力),以及对厂房邻近柱子与精密仪表和设备的影响。1978 年 8 月,该项目荣获四川省重大科技成果奖,也是实至名归(图 3-11.6),而它的科研成果至今还在不少工程中使用。

(a) 1978 年四川省重大科技成果奖奖状　　　　(b) 41 年后建设者工程回访时留影

图 3-11.6　16 t 锻锤工作正常,厂房内部结构完好无损

参考文献

[1] 叶琳昌,沈义.大体积混凝土施工[M].北京:中国建筑工业出版社,1987:150-152.
[2] 叶琳昌.建筑防水纵论[M].北京:人民日报出版社,2016:119-120.

重庆世界贸易中心5层地下室钢筋混凝土超长薄壁结构无缝防水设计与"逆作法"施工

12

重庆世界贸易中心5层地下室的侧墙、底板与岩石紧贴连成一体,其结构尺寸大且未设伸缩缝,为减少二者之间的约束系数,设置了滑动层构造。工程实践证明,在山区岩石地基中应遵循"减少约束、防止开裂、多道防线、刚柔结合"的设防原则,可防止结构混凝土开裂,达到无渗漏的质量要求。

12.1　概述

重庆世界贸易中心建筑物共65层(含地下室5层),总高度为266 m,是西南地区目前最高的建筑物。其中地上裙房10层,塔楼为60层,总建筑面积约13万 m²。该建筑物及裙房为整体浇筑的钢筋混凝土框架结构,塔楼核心为钢筋混凝土框筒结构。框架柱采用挖孔嵌岩桩基础,塔楼采用筏式底板基础,剪力墙及侧墙均为带形基础。

重庆世界贸易中心地下室共5层,深约23 m,防水施工面积为1.23万 m²。由于本工程地处市中心解放碑邹容路与中华路之间,场地十分紧张。因此地下室只能与周边岩石紧接,连成一体。在设计时,在建筑物周长近300 m范围内,亦未考虑设置伸缩缝。如何防止地下室底板及侧墙混凝土的开裂,确保地下室无渗漏,是设计与施工单位共同面临的技术难题。现将设计与施工情况介绍如下。

12.2　设防原则

在工业与民用建筑的地下工程中,一般长宽比很大的侧墙、底板等,在施工阶段易发生因温度应力(包括混凝土干缩与冷缩)而引起的贯穿性裂缝(图3-12.1),并随之出现渗漏水。

大量工程实践与研究表明,欲解决超长钢筋混凝土结构开裂问题,除提高材料性能、改进施工操作

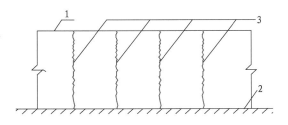

1—侧墙或底板;2—地基;3—贯穿性裂缝

图3-12.1　混凝土因连续约束产生裂缝

工艺外,重点应放在改善约束条件,即减少地基对侧墙或底板的约束应力。按有关设计规范要求,对薄壁的超长结构,一般宜在 20～30 m 范围内设置伸缩缝或后浇带。但因这类构造处理难度较大,施工工期较长,且对混凝土的整体性及防水效果均有一定的影响,所以很难收到预期的效果。若采用无缝防水设计,则首先要解决结构混凝土的开裂问题。试验研究表明,当混凝土在自由场中自由变形时是不会引起内应力的。但在工程实践中,混凝土结构物在胀缩变形时都会受到不同程度的约束,从而产生内应力。当混凝土的拉应力大于其抗拉强度时就必然会开裂。因此设置滑动层,降低约束程度,就成为避免混凝土开裂的重要措施。由于本工程的侧墙、底板与基岩紧贴相连,结构尺寸大且未设置伸缩缝,因此为减少二者之间的约束系数,设置滑动层的构造作法是必不可少的。

有关研究还表明,在普通防水混凝土中,由于水泥的化学减缩,在混凝土内部产生孔缩缝的数量极为可观。如每 100 g 水泥水化后的化学减缩值为 7～9 mL,假定混凝土中水泥用量为 350 kg/m³,则形成的孔缝体积为 24.5～31.5 L。在有压力水的情况下,部分大孔缝就成为渗水的通道。而采用 UEA 补偿收缩混凝土新技术,不仅可以增加混凝土的密实性与抗渗性,还因在混凝土内部掺入膨胀剂,使混凝土在硬化阶段可以产生 $(2～4) \times 10^{-4}$ 限制膨胀率,同时在混凝土中还建立起 0.2～0.7 MPa 的自应力值。用限制膨胀来补偿混凝土的限制收缩,抵消钢筋混凝土结构在收缩过程中产生的全部或大部分拉应力,从而使结构混凝土不开裂,或把裂缝控制在无害裂缝的范围内(一般裂缝宽度宜小于 0.1 mm)。为此将 UEA 补偿收缩混凝土作为结构自防水的首选材料,这是实现无缝防水设计的另一个重要措施。

应该指出,在混凝土中掺入微膨胀剂后,早期膨胀压应力虽能显著松弛,但后期在空气中,混凝土的干缩和冷缩仍可能引起较高的拉应力。另外,考虑到混凝土在施工时有许多不利因素,所以仍然决定选用高分子防水涂料作为附加防水层,这种"双保险"的防水作法,在重要的地下防水工程中无疑是必要的。

综合上述几点,在重庆世界贸易中心地下工程中逐步形成了"减少约束、防止开裂、多道防线、刚柔结合"的全封闭无缝设防体系,并贯穿于设计与施工的全过程。

12.3　防水设计

12.3.1　滑动层

由于本工程地下室底板与侧墙置于坚硬的基岩上,此时虽无地基不均匀沉降的影响,但它必然会产生很大的外约束力。王铁梦的研究认为,对于工业与民用建筑的整体筏式基础和混凝土长墙等结构,温度伸缩缝的允许间距可按式(3-12.1)计算:

$$[L] = 1.5\sqrt{\frac{EH}{C_x}} \cdot \text{arccosh} \frac{|\alpha T|}{|\alpha T| - \varepsilon_P} \qquad (3\text{-}12.1)$$

式中　$[L]$ ——允许伸缩缝间距(mm)；

E ——混凝土弹性模量(MPa)；

H ——混凝土长墙或底板的厚度(mm)；

$|\alpha T|$ ——约束体与被约束体的相对自由温差变形(mm)，取绝对值，其中 α 为混凝土线膨胀系数，取 $1 \times 10^{-5}/℃$，T 为降温温差(此处包括收缩当量温差)(℃)；

ε_P ——混凝土极限拉伸值(mm/mm)，在不良养护和材质低劣条件下，ε_P 为 0.5×10^{-4}，在正常条件下为 $(0.8 \sim 1.2) \times 10^{-4}$，在优质材质、良好养护(缓慢降温、缓慢干燥)条件下，可增加至 $(2.0 \sim 2.5) \times 10^{-4}$，后者包含了混凝土蠕变的影响；

C_x ——约束系数，偏安全地取：软黏土 $(1 \sim 3) \times 10^{-2}$ N/mm³，

一般砂质黏土 $(3 \sim 6) \times 10^{-2}$ N/mm³，

坚硬黏土 $(6 \sim 10) \times 10^{-2}$ N/mm³，

风化岩、低强度素混凝土 $(60 \sim 100) \times 10^{-2}$ N/mm³，

配筋混凝土 $(100 \sim 150) \times 10^{-2}$ N/mm³；

cosh ——双曲余弦函数，即 ch。

在上述公式中，弹性模量是常量，侧墙或底板厚度一般较小，也可视为常量，而混凝土极限拉伸值的影响也是有限的。在这种情况下，如设法使约束程度下降，即可增大伸缩缝的间距；如果 $C_x \rightarrow 0$，则 $[L] \rightarrow \infty$，即建筑物任意长度均可取消伸缩缝。

滑动层构造设计宜因地制宜，既要考虑地基土的约束系数，又要考虑底板结构的厚度，并要兼顾于方便下道工序的施工。

因此，根据以往的工程实践经验，本工程选用一层 350 号油毡作为滑动层的主体材料，并用斌斌牌 951 改性沥青厚质水性防水涂料作胶黏剂，将油毡花贴于涂膜防水层上。由于 951 防水涂料系单组分，无须搅拌即可在潮湿基面上刮涂成膜。另外，这种涂料不仅有较好的黏结性和防水性，而且还有一定的蠕动性，作为油毡材料的胶黏剂是极为合适的。

12.3.2　附加防水层

根据工程地质勘查报告，该工程在建范围内无地下水存在，但从覆土层及岩石裂缝渗出的间隙水甚多。且这些水还含有酸、盐、碱及其他有害物质，对钢筋混凝土结构有腐蚀作用。因此，对于上述间隙水的侵蚀，在设计中必须考虑防范措施。

在重要地下防水工程中，涂膜防水层宜选用高分子反应型防水涂料，比如焦油

聚氨酯(851)或非焦油聚氨酯(斌斌牌 911)防水涂料。前者仅适用于干燥基面,后者则可在潮湿基面上作业。鉴于重庆地区气候潮湿,加之施工工期较紧,因此本工程选用了 911 非焦油聚氨酯防水涂料,其材料的主要性能如表 3-12.1 所示。

表 3-12.1 911 防水涂膜的主要性能

检验项目	技术条件	性能指标
拉伸强度/MPa		≥1.65
断裂时延伸率/%		≥350
低温柔性	−30℃	涂膜无裂缝
不透水性	0.3 MPa, 30 min	不渗漏
固体含量/%		≥94
涂膜表干时间/h		≤4
涂膜实干时间/h		≤12
黏结强度/MPa	表面潮湿	≥0.5

另外,在过去的地下工程防水设计中,传统的油毡防水层的设计层数由地下水的压力大小而定。当选用防水涂膜材料时,其涂膜厚度亦宜参照上述要求,并结合施工条件与材料性能等多种因素确定。

上海建筑防水材料研究所庄松研究认为,各种柔性防水材料的不透水性及抗冲击性,与防水层的厚度密切相关。试验数据揭示,当聚氨酯防水涂料的涂膜厚度为 2.15 mm 时,其各项性能均优于传统的"三毡四油"(厚度为 9 mm)沥青卷材防水层,而其他防水涂料(如氯丁胶乳沥青涂料、水性石棉沥青涂料)的性能,则大大低于"三毡四油"沥青卷材防水层。

根据表 3-12.1 的有关性能,结合地下工程防水设计的有关规定,可确定在地下工程中选用聚氨酯防水涂膜的厚度,如表 3-12.2 所示。

表 3-12.2 地下工程聚氨酯防水涂膜的厚度

最大计算水头 /m	防水层所受经常水压力 /MPa	涂膜厚度 /mm
≤3	0.01~0.05	2
4~6	0.05~0.10	2.5
7~12	0.10~0.20	3
>12	0.20~0.50	3.5

注:"水头"指设计最高地下水位至地下室地面的垂直高度。

12.3.3 防水节点大样

节点部位是应力比较集中的地方,也是防水的薄弱环节。一旦发生渗漏,其修补和堵漏所需费用就很大。因此,为避免此类问题的发生,在设计中除遵循前面提到的设防原则外,还应做到"连续、封闭、加固、密封"的要求。

（1）侧墙与底板连接处,如图 3-12.2 所示。

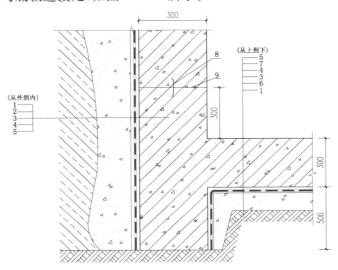

1—基岩;2—C20 细石混凝土封闭;3—2 mm 厚 911 聚氨酯涂膜防水层;4—951 水性防水涂料胶黏剂花贴油毡(350 号滑动层);5—整浇钢筋混凝土侧壁或底板;6—100 mm 厚 C15 细石混凝土垫层提浆抹光;7—20 mm 厚 1∶2 水泥砂浆保护层;8—BW-91 遇水膨胀止水条;9—施工缝位置

图 3-12.2 侧墙与底板连接处防水大样（单位:mm）

（2）柱与侧墙连接处,如图 3-12.3 所示。

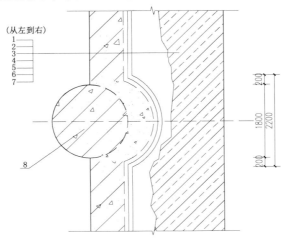

1—地下室侧墙;2—20 mm 厚 1∶2 水泥砂浆保护层;3—951 胶黏剂花贴油毡滑动层;
4—2 mm 厚 911 聚氨酯涂膜防水层;5—20 mm 厚水泥膨胀珍珠岩背衬材料;
6—C20 细石混凝土封闭岩石侧壁;7—基坑岩壁;8—柱子

图 3-12.3 与侧墙连接处防水大样（单位:mm）

（3）钢管混凝土柱与底板连接处、集水坑防水构造大样都应遵上述要求，从严设防，此处从略。另外，其他部位如管道穿墙（或底板）处采用预埋套管加设止水翼环，在接口处设置遇水膨胀橡胶条以及油膏密封等措施。

12.4　施工操作工艺

12.4.1　细石混凝土找平层

基坑开挖达到设计标高后，经检查符合地基强度时，应及时浇筑细石混凝土找平层。

对底板而言，在细石混凝土找平时应及时提浆抹光，以便在其上面直接施工 911 聚氨酯涂膜防水层。对侧墙而言，则应在一定距离内埋设锚杆，与围岩紧密结合。这里应注意的是，开挖成型后要及时将风化或松动的岩石清除。另外，对大股裂隙水也要采取引排或封堵措施，以确保找平混凝土的施工质量。

12.4.2　911 聚氨酯涂膜防水层

聚氨酯涂膜防水层保证质量的关键是：配合比准确，搅拌充分，根据气候条件随拌随用；薄涂多刷，确保厚度，涂刮均匀，养护充分。具体情况如下。

（1）基面处理：基层表面应做到平整、干净、表干（即无明水）。如有泥土、油污等必须清除，低凹破损处要修补平整。

（2）911 聚氨酯防水涂料系双组分反应型涂料，甲液（黄色透明液）与乙液（黑色黏稠液）按 1∶2 比例配料，经充分搅拌，3～5 min 后即可涂布使用。为确保混合均匀，本工程选用手电钻改制的电动搅拌器（转速 200 r/min）进行搅拌，效果良好。

（3）涂抹：将混合均匀的胶料用橡皮刮板分次涂抹于基面上。当防水层厚度为 2 mm 时，一般可分 2～3 次完成。每次涂抹要厚薄一致，其材料用量可控制在 0.8～1 kg/m²。待第一道涂料固化干燥后再涂抹第二道涂料，但涂抹方向应与第一道方向相垂直。

这里必须注意，确保防水层厚度是施工质量的关键，施工时一般以材料用量来控制，比如 911 聚氨酯防水涂料的密度为 1.20～1.25 g/cm³，加上施工损耗，则每涂抹 1 mm 厚的防水层，其用量为 1.3 kg/m²。

（4）节点构造：节点构造处除遵照有关设计要求外，对于阴阳角、管根等部位，还需要用 911 聚氨酯防水涂料进行增强涂抹。其增强厚度一般为 1 mm，涂刮宽度应大于 100 mm。

（5）成品保护：911 聚氨酯防水涂料施工后，应自然养护 3～6 d 方能达到最终强度，此时才可上人步行或进行后续施工。由于涂抹防水设计厚度较薄，在后续施工时,仍应加盖油毡或其他保护材料,避免重物直接撞击防水层。

12.4.3 油毡滑动层

油毡滑动层宜选用350号或500号的粉面油毡,胶黏剂采用951厚质水性防水涂料。施工要求在911聚氨酯防水层完成3 d后进行。油毡与防水层之间采用点粘法铺贴,黏结面积为30%左右。951防水涂料为水性单组分涂料,无须搅拌,可直接用橡皮刮板涂抹,将油毡点粘于防水层上。一般侧墙的黏结面积应达到30%,而底板则可适当减少。但在油毡的搭接处,仍应采用满粘法,其搭接宽度必须遵守有关规范的要求,即短边搭接宽度为150 mm,长边搭接宽度为100 mm,如果油毡滑动层质量好,也可视为一道补充防水线。

12.4.4 侧墙支模

侧墙支模是一个非常复杂的问题。既要考虑固定内侧模板的对拉螺栓(其一端必须先埋设于细石混凝土找平层中,使侧墙模板构造是有足够的强度和可靠的稳定性,避免混凝土在浇筑时产生变形或漏浆),同时也要仔细分析由于设置了对拉螺栓是否会引起新旧混凝土之间的锚固与约束作用,从而导致侧墙混凝土产生开裂的问题。侧墙模板构造如图3-12.4所示。

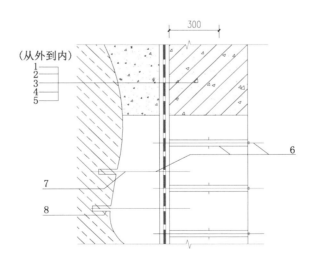

1—基岩;2—C20细石混凝土封闭;3—2 mm厚911聚氨酯涂膜防水层;4—951水性防水涂料胶黏剂花贴油毡(350号滑动层);5—300 mm厚C30钢筋混凝土侧墙;6—对拉螺栓及止水撑拉套管@700 mm×600 mm;7—封闭层施工完后割掉;8—掺UEA水玻璃水泥砂浆

图3-12.4 地下室侧墙模板构造

有关研究认为,地基与结构物的约束影响,与它们之间的接触状态有关。例如,在设备基础底部如全部或大部分设置滑动层,则地基产生的外约束力接近于零;但只在两端各 1/5～1/4 范围内设置滑动层,则可大大削减水平剪应力,此时基础的计算长度可折减一半。

另外,大量的屋面工程实践也告诉我们,如果遇到基层接触的第一层卷材采用条粘或点粘法铺贴工艺,就可防止屋面温度应力引起的卷材防水层开裂。因此,固定模板时使用的对拉螺栓,如同卷材铺贴中点粘法一样,不会成为混凝土开裂的危险因素。

在金属物理研究方面,材料的"断裂韧性"有明确的定义和定量的表达。所谓"韧性"是指使材料达到破坏时单位体积所需的功,也就是单位体积破坏必需的能量。也有把韧性看作是材料的"黏结强度",其含意是材料不仅需要足够的强度,而且还必须有良好的变形能力,变形包括弹性和黏性(塑性和徐变)。但是在钢筋混凝土结构中,如何表示材料的韧性参数、如何测量、如何定量计算等尚没有理想的结论。

因此在钢筋混凝土结构中,对于主要由变形变化引起的抗裂能力和裂缝扩展程度,在有关文献中建议采用极限拉伸与约束拉伸之比作为评估结构物的抗裂能力,其公式如下:

$$K_0 = \frac{\varepsilon_P}{(\alpha T + \varepsilon_y + \varepsilon_s) \cdot R} \tag{3-12.2}$$

式中　K_0——结构物抗裂度因子,如表 3-12.3 所示;

ε_P——混凝土或钢筋混凝土裂缝控制部位的极限拉伸(mm/mm);

αT——相应部位的自由相对降温温差变形(mm/mm);

ε_y——相应部位的自由收缩相对变形(mm/mm);

ε_s——由差异沉降或其他变形因素在结构相应部位引起的相对拉伸变形(mm/mm);

R——约束系数,$0 \leqslant R \leqslant 1$,其精确值由约束变形及自由变形之比确定,一般情况下作为估算 R 值如下:轻微约束为 0.1～0.2,中等约束为0.4～0.6,强约束为 0.8～1.0。

现将有关工程计算结果列于表 3-12.4,说明约束条件起决定作用,也说明本工程侧墙支模方法在理论上与实践结果是一致的。

另外,在模板拆除后,应将伸出混凝土外面的对拉螺栓用电焊切除。这里有必要强调,对于穿过防水层的锚杆钢筋,在涂膜防水层施工时,必须用密封材料进行密封处理,并在侧墙绑扎钢筋与支模时,再仔细检查修整。

表 3-12.3　K_0 与结构抗裂能力关系

K_0	抗裂能力	裂缝状况
<0.5	很低	严重开裂
0.5～0.8	较低	开裂
0.8～1.0	一般(中等)	轻微开裂
>1.0	较高(良好)	无宏观裂缝

表 3-12.4　不同工程结构抗裂因子(K_0)的比较

工程名称	结构物与基面接触条件	约束系数(R)	抗裂因子(K_0)	实践结果
重庆世界贸易中心底板	油毡滑动层	0.1 (轻微约束)	3.2 (抗裂能力良好,无宏观裂缝)	未见裂缝
重庆世界贸易中心侧墙	油毡滑动层 (但模板对拉螺栓有部分约束)	0.2 (轻微约束)	1.6 (抗裂能力较好,无宏观裂缝)	未见裂缝
另一工程侧墙	水泥砂浆找平层	0.5 (中等约束)	0.64 (抗裂能力较低,预计混凝土出现开裂)	每隔 6～9 m 出现一条贯穿性裂缝

注:在计算假定施工质量良好,温差为 25℃,C30 混凝土 15～20 d 时,极限拉伸 ε_P 为 $0.8×10^{-4}$,$\varepsilon_y=0$(采用补偿收缩混凝土),$\varepsilon_s=0$(无差异沉降)。

12.4.5　UEA 补偿收缩混凝土

1. 配合比

在混凝土配合比设计中,应根据设计要求和重庆地区采用细砂的具体情况,首先满足混凝土的强度等级;其次通过掺入混凝土膨胀剂,尽可能提高混凝土的抗裂防渗性能。

地下室侧墙与底板混凝土设计强度等级为 C30,坍落度为 160～200 mm,采用泵送,施工混凝土配合比见表 3-12.5。

表 3-12.5　地下室底板及侧墙混凝土配合比　　　　　单位：kg/m³

重庆矿渣 水泥 525R	渠河特 细沙	小泉碎石	水	FND 减水剂	UEA 混凝土 膨胀剂
321	378	1 398	195	3.21	44
1	1.18	4.36	0.61	0.01	0.137

注：1. 渠河特细砂细度模数为 1.1～1.3；
　　2. 小泉碎石颗粒为 5～20 mm，其中 5 mm 以下的颗粒占 18%；
　　3. 上述配合比中还另掺入粉煤灰 75 kg/m³，系重庆发电厂干排Ⅱ级；
　　4. 本试验配合比由重庆市建筑科学研究院提供。

根据试验结果，其 3 d 抗压强度为 13.0 MPa，7 d 已达到 29.7 MPa。从 UEA 混凝土有关试验得知，当在混凝土中掺入 12%～15% 的 UEA 时，可使混凝土 28 d 的自由膨胀率达 $(3.77～4.05)×10^{-4}$，而相应不掺的混凝土却可收缩 $0.1×10^{-4}$。在限制作用下，掺 12%～15% 的 UEA 混凝土，其 28 d 的限制膨胀率为 $(2.83～3.38)×10^{-4}$，可产生 0.77～0.92 MPa 的自应力，对提高混凝土抗裂缝防渗性能十分有利。试验结果表明，表 3-12.5 所示的混凝土抗渗等级可达 P12。

另外，根据泵送混凝土施工要求，在混凝土配合比中掺入了 FDN 高效减水剂，其施工坍落度可达 226 mm，效果良好。同时在混凝土内还掺入 23.36% 的粉煤灰，可降低水化热，对减少温度应力也十分有利。

2. 施工注意事项

（1）施工缝。底板采取无缝施工方法，而侧墙则采取分层分段的施工方法，比如侧墙与底板连接处，其施工缝留在距底板以上 300 mm 处（图 3-12.2）。侧墙的竖缝及水平施工缝均未留设止水带或止水条。

（2）混凝土搅拌与输送。混凝土由距现场 15 km 的搅拌站供料，通过搅拌车直接送到现场。混凝土搅拌时，应按石子、砂子、水泥、粉煤灰、UEA 等顺序投料，先干拌 30 s，然后加入水和减水剂，加水后的搅拌时间应比普通混凝土延长 45 s。此外，混凝土泵送应及时，不得随意停泵，以保持混凝土浇筑的连续性，并避免堵管。

（3）振捣。混凝土振捣应均匀密实，不漏振，不过振，振捣时间的确定应以混凝土表面呈现浮浆为度，并及时用铁板压光。

（4）养护。根据施工时的气温情况，在混凝土浇筑后 3 d 左右拆除侧墙模板，并开始浇水养护。底板及侧墙均用麻袋铺设或铺挂，使混凝土始终处于潮湿环境中，养护时间不小于 14 d。有关施工照片如图 3-12.5 和图 3-12.6 所示。

1—采用泵送混凝土浇筑钢筋(细石)混凝土封闭层,便于滑动层施工;
2—底板;3—钢管柱挖孔桩;4—基坑外围岩石渗漏水,先行注浆堵漏,这是关键的一步

图 3-12.5   重庆世贸中心 5 层地下室施工现场

1—已涂刷具有一定蠕动的 951 厚质防水涂膜;2——层 350 号油毡作为滑动层主体材料

图 3-12.6   向参观者介绍"逆作法"构造,并对"滑动层"作用进行点评

12.5　实践效果与体会

通过"精心组织,精心设计,精心操作",经过半年多的施工,在5层地下室完成后进行全面检查,底板与侧墙混凝土结构未发现一处开裂,各层室内墙面与地面干燥,无渗水或湿渍现象。另外,因采用"逆作法"革新工艺,还减少开挖土石方1.5万 m^3,缩短工期30 d,加上免去地下室施工侧墙模板等费用,总共节约50万元。更因地下室采用原槽浇筑混凝土,每层地下室尚可增加使用面积约600 m^2,从而给业主带来数百万元的经济价值。地下室完工2年后,重庆市土木建筑学会为此还专门召开专题研讨会,对有关创新技术给予充分肯定。

2008年7月,住建部派出专家组对该工程进行质量验收,一致认为包括地下室防水项目在内的新技术整体水平达到"国内领先水平"。同年8月,该工程获住建部颁发的"全国建筑业新技术应用示范工程荣誉证书"。在时隔17年后考察,5层地下室投入使用后滴水不漏,墙面整洁如新,至今没有维修,达到"防水、适变"的预期目标。

应该指出,该工程地下室底板与侧墙置于坚硬的基岩上,会产生很大的外约束力,因此在解决"外约束力"的构思上,与16 t锻锤基础是相似的,但在做法上有同有异。其区别在于,前者主要考虑锻锤在长期工作时,因巨大冲击荷载可能给基础混凝土结构引起破坏,以及对邻近柱子和精密设备和仪表的震动影响,重点放在"减振"上。而在该工程中,主要防止超长结构在施工时因混凝土收缩应力引起的开裂,重点放在"抗裂与防水"上。科学实验与工程实践证明,这一"刚中寓柔,以柔适变"的滑动层构造,完全适用于山区地下工程超长结构无缝防水设计与逆作法施工,具有可复制、可推广价值。而同时建设的附近另一个高层地下室侧墙,虽经我们再三劝说采用滑动层构造,但因故未能如愿,结果每隔6~9 m就出现一条贯穿性裂缝,其教训是十分深刻的(表3-12.6)。

由此延伸,在重庆世界贸易中心5层地下室防水工程中,既有借外脑之力,实施变革的战略思想,又有借外物之力,虚实相间、因地制宜的设计与施工措施。这种"抗放结合,以柔适变"的方略,在该工程中发挥到极致,而在其他工程中使用,也屡试不爽。

表3-12.6 滑动层构造实践效果分析

顺序	工程名称	结构形式	设计要求	基础持力层	滑动层构造	实践效果分析	建造时间
1	重庆某军工厂16 t模锻锤基础	独立基础,坐落于装配式结构间内的车间内	(1)锻锤工作时不影响邻近建筑物结构安全与精密仪器的正常使用;(2)确保混凝土大体积一次浇捣成功,强度合格,不开裂;同时在-5.11 m处邻座,平整度偏差不大于1.5‰	坚固中风化板岩	级配砂卵石与沥青砂浆组成的复合滑动层	(1)滑动层材料通过现场振动测试,并经计算后优选的;(2)混凝土施工后,全部满足设计要求;(3)投产后运行良好;该科研项目曾荣获1978年四川省科学大会重大科技成果奖	1973年8月
2	重庆世界贸易中心5层地下室	钢管混凝土与梁组成的框筒结构	(1)地下室采用原槽浇捣混凝土、逆作法施工;(2)外防水与结构混凝土同步施工;防水质量合格,不开裂,不渗漏	持力层为强风化岩石,且裂隙发育,间隙处渗漏水多,包括地面雨水,生活污水,城市地下管道渗漏水等,且这些水中含有害酸盐、碱及其他有害物质,对钢筋混凝土结构有腐蚀作用	(1)951高分子水性厚质防水涂料,粘贴350号油毡一层,有一定的隔离作用;(2)柱子与侧墙,柱子与底板间另有特殊脊衬材料和防水密封措施	(1)地下室全部完工后经严格检查、底板与侧墙无一处开裂,无渗水或湿渍现象,完全满足无缝防水设计要求;(2)因采用逆作法施工,节约工期30 d,缩短工期;基础土石方1.5万m³,节约50万余元;(3)增加地下室使用面积可观,其价值更为可观	1997年上半年
3	大连市中山九号地3标工程3层地下室底板	主塔楼为框架剪力墙结构,基础为整浇筏式底板	该底板厚度多数为2~2.6 m,大体积防水混凝土(C40,S8)质量符合要求,不开裂,不渗漏	持力层为中风化板岩,施工中发现板岩裂隙发育,有丰富的地下水存在	一层350号油毡,20 mm厚中砂	室外气温平均约为-10℃,极端气温为-19℃,曾遇一场大雪。因采用保温蓄热法保护了冬期施工新技术,不仅保证了工程质量,还提高了结构耐久性(详见《中国建筑防水》2003年9期,10期,11期)	2002年年底至2003年年初

参考文献

［1］王铁梦.建筑物的裂缝控制[M].上海：上海科学技术出版社,1987.

［2］叶琳昌,薛绍祖.防水工程[M].2版.北京：中国建筑工业出版社,1996.

［3］叶佐豪.房屋建筑学(下册)[M].上海：同济大学出版社,1990.

［4］叶琳昌,沈义.大体积混凝土施工[M].北京：中国建筑工业出版社,1987.

13 大连某地标工程保证防水施工质量的几点体会

13.1 概述

2002 年 8 月,在大连市中山九号地标工程(双子座 30/32 高层商住楼,建筑面积为 63 554 m²)中,组织开展"以防水施工'三要素'(即施工程序、施工条件、成品保护)为抓手,创建无渗漏工程为目标"的全面质量管理活动。经过 2 年多的努力,在该工程的地下室、屋面及厕浴间等防水工程上,均取得显著成效。其主要体会是:只有把技术和管理完美地结合起来,强化总包管理和土建对防水工程质量负总责这一主线,针对防水项目中存在的设计、材料与施工等问题,提出预防和改进措施,才能使防水施工走上科学、有序的正确轨道。这是在市场经济和社会专业化分工不断细化的情况下,确保现代建筑防水工程质量的一条可行之路。

本文对大连市中山九号地标工程开展防水施工"三要素"实践活动的总结。由"防水工程特点"研究中引出的防水施工"三要素",通过强化总包管理和土建对防水工程质量负总责这一主线,有关施工单位各司其职,共担风险,不仅保证了防水工程质量,同时取得了显著的经济效益和社会效益。

13.2 防水施工"三要素"的由来

防水工程的特点归纳起来主要有综合性、复杂性和滞后性三个方面,具体如下。

(1)"综合性"。既要求从防水设计、选材与施工方面,充分考虑防水功能质量和工程质量的有关问题,又要求根据防水工程各构造层次之间相互依存又相互制约的情况,解决好影响防水工程质量的"湿涨干缩"和"热胀冷缩"两种自然现象。

(2)"复杂性"。是指防水工程不仅受到外界气候和环境的影响,还与地基不均匀沉降和结构的变形密切相关。而防水层要求百分之百成功,与其他分部分项工程或相邻部位施工缺陷、允许偏差之间的矛盾,不仅给防水工程质量带来严峻考验,而且还存在极大的风险。特别在一些特殊的地下工程中,因"先有荷载,后有防水",施工中不确定的因素增多,如何保证防水质量和基坑安全确非易事。此外,建筑防水中发现的问题还要考虑反复与叠加的因素,包括一些次生灾害方面的问题。

(3)"滞后性"。这是防水工程另一个鲜明的特点。即问题孕育在施工过程中,待到一年后甚至更长的时间,在各种变形及变化因素基本完成后,是否渗漏水才会显现出来。因此防水工程的质量效果要待工程竣工 1~2 年后或经过大风暴雨、寒暑以及最大地下水压力的考验后才能定论。

如果我们将防水工程特点与治理建筑物渗漏原因结合起来考虑,这样,就可将防水工程质量"关口"前移,把过去出了质量问题后的"事故追究",变为在施工前的"隐患追究",对确保工程质量有重要意义,其中抓好保证防水质量的"三要素"尤为重要。另外,治理防水质量通病还要学习古代中医"治未病"的理论与临床经验。"治未病"的概念最早出现于《黄帝内经》,在《素问·四气调神大论》中:"是故圣人不治已病治未病,不治已乱治未乱,此之谓也。夫病已成而后药之,乱已成而后治之,譬犹渴而穿井,斗而铸锥,不亦晚乎。"这段文字生动地描述了"治未病"的重要意义。就防水工程而言,如能"拒水于结构层之外",那么对保护与延长主体结构的使用年限,乃至提高相邻项目工程质量都是有益的。

综上分析,"防水工程特点"研究具有独创性。这一成果是笔者根据长期工程实践,在经年累月的时间中,由认识的理性发展到行动的理性,再进行到现实的理性这样漫长的过程中得出的结论,是集体智慧的结晶。

13.3 防水施工"三要素"的实践活动

防水施工"三要素",包括"施工程序、施工条件、成品保护"三个方面,是保证工程质量的关键。现结合该工程实践活动的情况,就有关问题分述如下。

(1)施工程序。施工程序应有科学性和可操作性。既要考虑在具体工程中,主体结构防水与其他材料附加防水的施工程序,还应根据防水工程的特点与质量要求,安排好相关项目的施工,例如,降低地下水位的起止日期,室外回填土等有关项目的穿插施工等。图 3-13.1、图 3-13.2 是该工程 3 层地下室和厕浴间防水工程编制的施工程序,其中粗线框中的内容为影响防水工程的主导工序。从图 3-13.1 中看到,该地下室是一个由防水混凝土主体结构与柔性防水附加层组成的外包全封闭防水工程,通过框图明确了相关项目的先后次序。在整个施工过程中,"人工降排水"必须从基础验槽开始,直至室外回填土完成为止,这是保证质量的先决条件。有些工程忽略了这点,而发生质量事故也不在少数。另外,室外回填土不能马虎,且应与市政配套工程交叉进行,否则对防水工程质量也有影响;与此同时,为确保明挖法基坑在施工中的安全、稳定,在基础底板混凝土浇筑后,应先对该部位回填土方,并予以夯实。

(2)施工条件。应包括各类防水材料对基层的共同要求,例如,坚实、平整、干净、干燥;也有不同材料对外部环境与温度的一些要求;当然也包括需要设防部位的土建工程应达到有关质量验收的标准,否则就需要修补甚至返工重做;等等。

需要指出的是,在任何时候都应把地下主体结构的防水质量放在第一位,在北

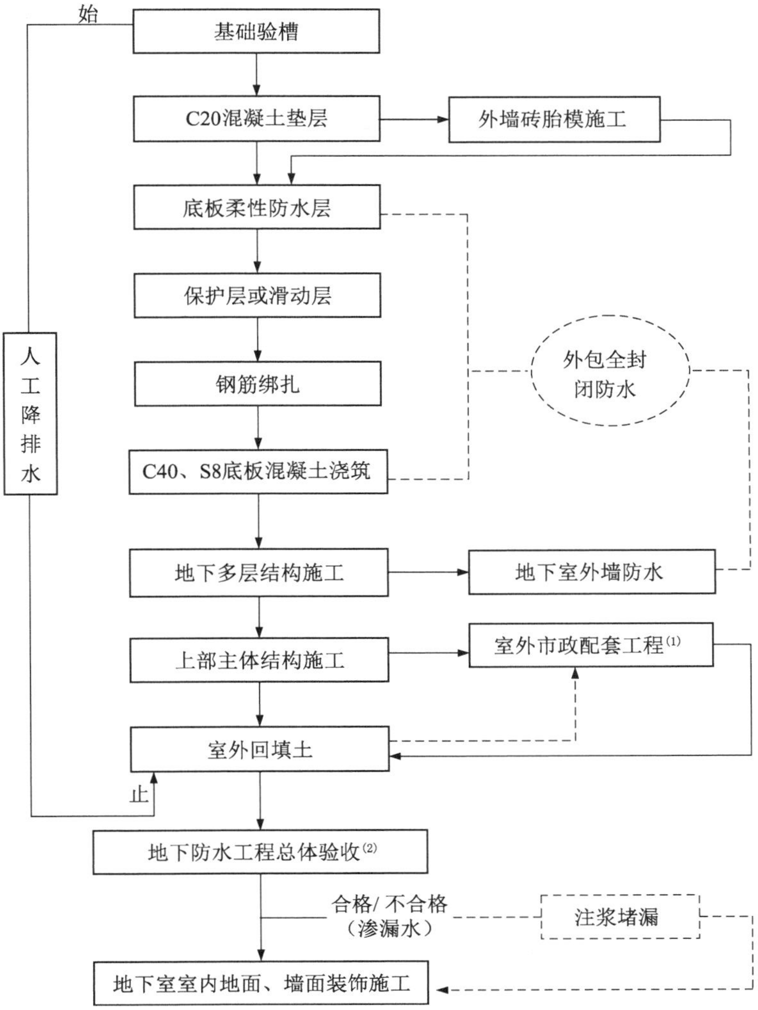

始

基础验槽

↓

C20混凝土垫层 → 外墙砖胎模施工

↓

底板柔性防水层

↓

保护层或滑动层

↓

钢筋绑扎

↓

C40、S8底板混凝土浇筑

↓

地下多层结构施工 → 地下室外墙防水

↓

上部主体结构施工 → 室外市政配套工程[1]

↓

室外回填土

止

↓

地下防水工程总体验收[2]

↓

合格/不合格（渗漏水） ← 注浆堵漏

↓

地下室室内地面、墙面装饰施工

人工降排水

外包全封闭防水

图 3-13.1　地下室防水工程施工程序

注：（1）含给排水、电、煤气、通信等各类配套设施。
　　（2）此项工作分两步实施：第 1 步应在防水混凝土结构、柔性防水层（以上均含底板及外墙）完成后按
　　　　有关规范及时进行质量验收；第 2 步应在室内装饰工程施工前进行，此时主要检查地下各层室内
　　　　地面与墙面是否渗漏水。

方冬期施工中，防止混凝土冻害尤为重要。该工程实践证明，当地下室底板混凝土
较厚（如 1 m 以上）时，只要技术措施得当，混凝土浇筑至养护期满后，即使出现一些
表面裂缝或深进裂缝（宽度小于 0.2 mm），在一般情况下不至于出现渗漏水现象。
但在冬期负温下，如果混凝土内部空隙充满水分或补入新的水源（如施工用水、消防

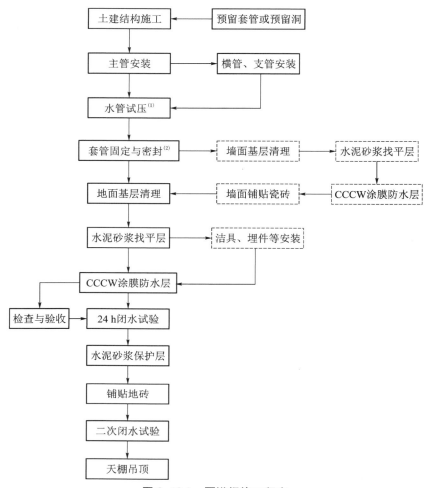

图 3-13.2 厕浴间施工程序

注：（1）有压管采用水压试验,无压管采用灌水试验；
　　（2）套管固定与密封指包括预留洞支模、浇筑混凝土以及采用混凝土建筑接缝密封胶进行密封等
　　　　工序；
　　（3）虚线框为次要工序,视进度安排穿插进行。

试压水等）,此时由水结冰产生的体积膨胀,会使原有裂缝不断扩大、串通,而成为新的贯穿性裂缝。一旦气候变暖,地下水位上升时,贯穿性裂缝与混凝土内部的空洞就成为地下渗漏水的通道。该工程在时隔 1 年后出现渗漏水具有典型意义,裂缝具有"发展性"在这里得到很好的证实。该工程由于事先已有对策,所以没有造成更大的危害。

　　（3）成品保护。防水工程完成后,必须与土建单位（或下一道工序、专业分包施

工单位)在总包或监理工程师的监督下,办理相关交接验收手续,并对成品保护方面制定相关的约束措施。成品保护,人人有责。该工程共有 679 套厕浴间,根据"抓进度先研究工序交叉,抓质量应注重成品保护"的原则,制定了科学施工程序和相应的成品保护措施,克服了过去在类似工程中因计划不同、盲目施工、管理失控、野蛮作业等陋习,从而使厕浴间防水项目质量套套合格,一次验收,并得到建设单位的嘉许。作为一个反面案例,附近施工的大连名仕国际大厦 600 多套厕浴间,在涂膜防水层施工后,虽经闭水试验全部合格,但因成品保护不力,因此竣工后竟有 90% 以上的厕浴间出现渗漏,全部地砖及部分墙面瓷砖被迫返工,这个教训极其深刻。

13.4 结语

(1)强化总包管理。防水施工"三要素"既是保证工程质量的关键,也有赖于各单位、各工种之间相互配合和监督,而强化总包管理是确保实现无渗漏工程的基石。另外,只有恢复和落实土建总包单位对防水工程质量负总责的要求,树立"工程防水"的科学理念,才能克服当前工程建设中普遍存在的"防水重要而又不重视"的陋习,也是心灵上的一次洗礼;而对打假治乱、惩治商业贿赂与腐败等,更是一种鞭策和整肃。在此,我们必须提醒大家,欲解决当前建筑渗漏水居高不下的困境,从战略层面主要有赖于外部环境的改变,体制、机制进一步改革。防水问题外在表象则是低价中标与压缩工期,而实质是行业的腐败。过低的标价,不仅表明投标者已渐失去了搞好工程质量的诚意,也成为采用伪劣材料和粗放施工的借口。如果进一步分析,腐败主要来自工程建设招投标中的违规违法行为,而总包"独大"是问题的元凶。从战术层面而言,开展防水施工"三要素"实践活动,为解决上述问题提供了一条切实可行之路。

(2)建章立制。该工程从一开始就明确了土建总包单位总工程师挂帅,各分包单位(含有关专业工种技术或生产负责人)为第一责任人,从而使各种活动高效有序地进行,这在其他工程上并不多见。由于强调自查、互查、交接检查,因此发现的不少问题,例如设计不当,专业工种配套设计滞后,预留孔洞及预埋件有误,冬期施工已完防水项目保护不力等,都能得到及时整改,故而减少了常见的防水工程完工后多次凿孔、打洞甚至返工重做等乱象。

(3)各司其职,共担风险。由于明确了总包与各分包之间分工协作关系,统一了对防水施工"三要素"重要性的认识,因而正确处理了质量与进度之间的关系,从而克服目前多数项目存在的"开工前讲质量、开工后讲进度"的通病。同时也进一步解决了防水分包单位在技术、质量问题上"事先不能(或不敢)说,出事后无话说"的不合理现象。"事后无话说"是指防水工程发生渗漏水时,防水分包单位必须承担不应该属于自己专业范围内的责任,这是在市场经济下防水单位缺少"话语权"的必然恶果。

（4）分清因果与主次关系。英国著名哲学家伯特兰·罗素在其《人类的知识》一书中指出："在我们观察一个事件系列时，如果诸多因果线同时发生作用，相互干扰，则我们很难有效地推出结论。我们必须假定，各个因果线可以彼此分开，也就是说，我们可以专注于某一条因果线而暂时忽略其他的因果线，并得到近似正确的结论。"

由于防水工程涉及工序和工种较多，施工周期较长，在众多复杂多变而不确定的因素中，罗素的"因果律"假设，与该工程提出的"以防水施工'三要素'为抓手，创建无渗漏工程为目标"的要术相吻合；而罗素的观点，又与我们通常分析、处理各类工程质量事故的方法相一致。因此，在防水施工"三要素"中，它们之间既有独立性，又有相关性，其中"施工程序"是主要因素，也是保证防水工程质量的核心。

（5）彰显防水科学价值。应该指出，防水施工"三要素"是始于工程建设之初，末于工程收尾之后的全过程。防水工程的最终质量，从一个方面也反映了建设、设计、施工（土建与各分包单位）、监理等单位的综合工作成果。目前，建筑防水工程质量不尽如人意，房屋渗漏水比例居高不下的严峻现实，让我们痛定思痛，既要看到解决问题的复杂性、长期性，又要看到解决问题的可能性、迫切性。据有关部门不完全统计，当前建筑防水问题有 80% 属于质量通病，其中 80% 又是常见病、多发病，这从客观上为防治质量通病而设计的防水施工"三要素"活动，提供了切实可行的操作平台。如能全面推广这一先进管理经验，其经济效益、社会效益和科学价值，是显而易见的。

榜样的力量是无穷的。从上述案例中我们可以看到，如果能坚持开展防水施工"三要素"活动，把防水施工"三要素"的有关内容，落实于工程合同文本，体现于设计图纸会审、施工组织设计、网络进度计划和工程质量检查（含竣工验收）等每一个环节，那么保证防水工程质量就有了坚实基础，而大幅度减少建筑渗漏水也就有了希望。

最后指出，在市场经济条件下，防水工程不仅是技术与管理的结合，更是智慧和人情的博弈。回首该防水实践活动，虽有艰辛与曲折，但更多的是发现与收获。

（本文原载：叶琳昌.建筑防水纵论［M］.北京：人民日报出版社，2016：152-159。）

14 关于深坑酒店地下防水方案的研讨

建造"绿色与美景共长天一色"的地下现代化酒店，考验每一名建设者的智慧和水平。根据"亲水"建筑的理念，在防水设计与施工中，应注入"融合共生"、道法自然的创新元素。本章就该工程防水设计构造提出的几点看法，值得引起重视。

被誉为"世界建筑奇迹"的上海天马山世茂深坑酒店，地处上海市松江区佘山脚下 −80 m，依附深坑崖壁（利用废旧的采石场）而建的。该酒店拥有 370 间客房，包括地上 3 层、地下 14 层、水下 2 层，能为 1 000 名客人提供会务和休闲服务。根据设计，酒店的所有客房都设有露台，可以直接看到对面百米飞瀑。瀑布旁还有一个类似科罗拉多大峡谷国家公园悬空透明玻璃观景廊平台，让游客俯瞰深坑全貌，体验"人在景中游，如在画中走"的奇妙感觉。而建造这一世界性建筑，无论在地下空间、地质稳定性和建成后的使用管理，都无经验可循，尤其是由"深度"带来的消防、防水（防潮）、抗震等建筑技术难题，值得关注。现就水下 2 层（负一层及负二层）建筑防水构造方案提出以下看法（图 3-14.1—图 3-14.3）。

（a）建筑模型　　　　　　　　　　　（b）施工实景（为确保山体岩石稳定，
　　　　　　　　　　　　　　　　　　　四周崖壁已经喷锚支护）

图 3-14.1　深坑酒店

图 3-14.2 深坑—80 m 处施工实景

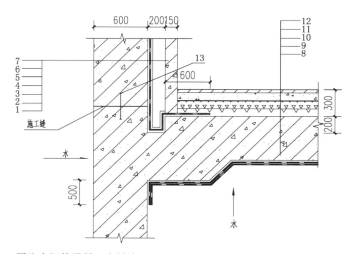

1—150 mm 厚防水钢筋混凝土内衬墙;2—200 mm 厚空腔,内设排水沟及地漏;3—20 mm 厚1:2.5 水泥砂浆;4—贴 3+4 厚二层 SBS 改性沥青防水卷材;5—H30 塑料疏水板与暗钉圈焊接牢靠,界面剂;6—玻璃丝布缓冲层采用暗钉固定在基面;7—防水钢筋混凝土侧壁;8—水泥基渗透结晶型防水涂料(用量不少于1.5 kg/m²,且厚度不小于 1 mm),遇箱型基础的墙体,延墙体垂直向下延 500 mm;9—现浇防水钢筋混凝土底板;10—30~100 mm 厚细石混凝土找坡(1‰),H30 塑料疏水板;11—170~100 mm 厚 C20 素混凝土回填;12—面层;13—成品橡胶止水带

图 3-14.3 负一层及负二层防水设计构造(单位:mm)

14.1 地下工程未形成全封闭设防体系

基于混凝土材料组成和施工工艺等因素,现场浇筑的 C35、P8 施工质量难以达到如实验室那样的效果,特别是致密性。更因施工阶段由"温度与收缩"叠加应力的作用,混凝土结构出现 0.2～0.3 mm 的不规则裂缝是难以避免的,这类在规范上允许的非贯穿性裂缝,虽然对结构无害,却为水的入侵打开了方便之门。

14.2 混凝土结构自防水效果评鉴

在地下混凝土结构中,还必须考虑地下水的有害作用,其中包括毛细作用、渗透作用和侵蚀作用。当地下工程埋深超过地下水位线时,由于水位差的存在,将产生渗透压力;地下工程埋得越深,地下水位越高,渗透压力也越大。另外,地下水是一种相当复杂的溶液,常含有溶解的气体、矿物质和有机质等。当酸、盐及有害气体的含量超过一定限度时,地下水就会侵蚀以致损坏地下工程结构。因此,地下工程采取全封闭做法,除了防渗漏功能外,还有防止地下水中有害物质对混凝土的侵蚀作用。而在设计中设置排水空腔(通道),也是在混凝土结构自防水以及附加防水层失效后的一种备用措施,主要针对慢渗而言。

14.3 迎水面不设附加防水层的危害性

地下负一层及负二层结构长期处于水中,对水的各种腐蚀介质(特别是酸、盐及其他有害物质)应有足够的防范措施,即便是"防排"结合的方案也应如此。现侧墙迎水面不设附加防水层,那么,带有腐蚀介质的水分侵入混凝土内部之后,势必会引起钢筋锈蚀、膨胀,破坏混凝土内部结构,并进一步影响混凝土结构的耐久性和使用年限。

14.4 对背水面卷材防水效果的质疑

按常规"外防外贴"做法,有保护层的防水卷材因紧贴于混凝土结构外侧,故有较好的抗水压能力,且不易遭到破损。而在本例中,设计要求在厚度 600 mm 的外墙背水面,将二层(3＋4)改性沥青卷材粘贴于 H30 塑料疏水板上,而疏水板是用暗埋于混凝土中的钢钉固定,在有侧向水压力和材料重力叠加作用下,因卷材(含砂浆保护层)与塑料板的线膨胀系数的差异,导致变形不同,仅靠界面剂的作用,其构造整体性和材料之间的夹持力(主要靠钢钉)受到质疑。特别是在长期服役过程中,随着卷材与塑料板之间黏结力下降,砂浆和卷材的脱落、毁坏等现象是难以避免的。另外,把卷材防水层粘贴于塑料板上,似同"夹心饼干",不仅起不到防水作用,还违反了构造常理。若换位思考,如果取消卷材防水层,而改抹渗透结晶型防水砂浆,则可达到"融合共生"的增量效应;随后再固定塑料疏水板,其构造更趋合理、经济。如选择改为防水涂料,则需考虑在长期潮湿环境下有关性能降低的影响。

如上所述,侧墙背水面设置排水道(空腔)是一种后备措施,此时对混凝土结构自防水的施工质量丝毫不能放松。另外,在设计上还应提出要求,背水面附加防水层及疏水板的施工,需待混凝土蓄水检查达到设计荷载后(如无条件也可对混凝土采取无损检测),确认混凝土无渗漏的情况下才可进行;如在检查中发现质量问题应及时修补,若有严重漏水时还需堵漏,这既是常识,也是经验之谈。

14.5 建议与结语

笔者在考察工程时地下工程主体混凝土结合已经完成,在迎水面设置附加柔性防水层已无条件。故建议在侧墙迎水面上增加 20 mm 厚刚性防水砂浆,这也算是一个弥补措施。其构造作法如下:第一道打底、找平层,掺外加剂防水砂浆,平均厚度 10 mm,须采取多层抹压施工工艺;第二道主防水层,采用聚合物水泥砂浆,厚度不少于 6 mm;第三道保护层,掺外加剂防水砂浆,厚度约 4 mm。

最后指出,在废弃的采石深坑内,建造"绿色与美景共长天一色"的现代化酒店,考验每一名建设者的智慧和水平。而长期处于水中的地下防水技术,涉及建筑、结构、地质、水文、给排水、材料、施工工艺等跨学科、多种专业的诸多问题,我们尚缺乏实践经验。根据该工程"亲水"建筑的理念,以愚之见,在防水设计与施工中,应注入"融合共生"、道法自然的创新元素,才能达到设计功能要求。鉴于该酒店的地下结构工程已经封顶,很多防水问题只能引以为鉴。而上述建议如能取得共识,并付诸实施的话,尚可弥补原设计方案不足,并进一步提升防水功能价值,确保主体结构长期安全使用。上述案例再次说明,在施工之前加强图纸会审和优化防水设计方案的重要性。

15 港珠澳大桥珠海一侧交通中心地下室顶板防水设计方案评审记述

　　港珠澳大桥珠海一侧交通中心的道路工程，置于地下室钢筋混凝土结构顶板上，由于设计时套用传统的工民建构造图集，故设计方案及选择的防水材料，无法满足道路工程的使用功能要求。通过两次专家评审，最终形成了"提升防水性能，简化构造层次，满足道路行车使用要求"的优化方案，这是构造防水与材料防水相结合的又一成功案例。

　　2017年2月13日下午，港珠澳大桥珠海口岸一侧交通中心地下室顶板防水方案专家评审会在鲜花盛开的"百岛之市"举行。来自上海、广州等地的5位专家，在踏勘现场后走进会议室时，只见会议室内已有几十人静候在那里，他们分别来自业主、监理、设计、施工（总包及分包）、材料经销商等单位以及市建设系统有关部门。这次会议由监理方主持，并采取全程公开辩论，听取各方不同意见。这一非同寻常的举措，不仅考验每位专家的知识、能力和职业操守，而且会议能否达成共识，评审意见是否科学、公正并有可操作性，都是大家期盼和担心的。

　　会议开始，各单位分别介绍了设计、施工、监理情况（图3-15.1、图3-15.2），而主持会议的总监还强调指出，针对地下室顶板、侧墙已经出现的裂缝（图3-15.3），以及

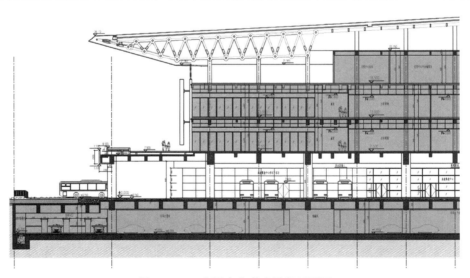

图 3-15.1　交通中心道路局部剖面图

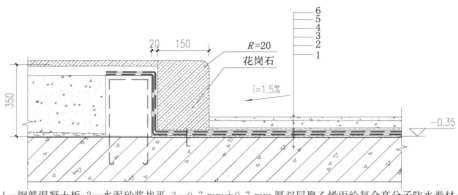

1—钢筋混凝土板;2—水泥砂浆找平;3—0.7 mm+0.7 mm 厚双层聚乙烯丙纶复合高分子防水卷材;
4—1:2 水泥砂浆找平,大于 35 mm 厚 C30 细石混凝土找坡;5—80 mm 厚粗粒沥青混凝土;
6—40 mm 厚细粒沥青混凝土

图 3-15.2　交通中心原道路节点(单位: mm)

（a）侧墙

（b）顶板

图 3-15.3　侧墙与顶板开裂情况

今后在使用中可能发生的诸多质量隐患,又因第一次专家评审会上确定的防水涂料延伸性差,能否改为 SBS 改性沥青防水卷材,希望各位专家提出真知灼见。在此情况下,是沿着替换防水材料的老路走,还是结合实际,另辟新径,从源头上探究和解决防止渗漏水和保护结构使用安全等重大问题,让人思考良久,如果方法不对,有可能会带来相反的结果。

为了防止会议走偏方向,有专家首先从工程哲学观点,以"功能"防水为题,用多媒体向大家介绍了这方面的研究成果,其主要观点是:"功能"防水是把结构、材料与构造组合联系在一起,强调建筑物或构筑物是一个整体和系统工程,而只有通过各构造层次之间相互匹配、优势互补、以防为主、功能兼融,才能确保工程质量和使用效果。它为工业与民用建筑各类防水工程提供了新的防水理念和技术手段,同时也进一步扩大了其他领域(如交通、水利水电、垃圾填埋场等)防水技术的应用范围。其中更新观念、勇于探索,改进和完善防水设计方法是关键。

"功能"防水方法的提出,让大家思想豁然开朗。通过与会人员和专家之间的互动,在不断争议、交换和反复比较中发现,该工程地下室顶板防水设计是沿袭工民建有关图集的传统做法,与实际使用的道路结构有很大差别,为此原有设计构造必须调整。此时,另一位资深材料专家也亮出了自己的观点,他认为"适用性"是选用防水材料的基础,而工程好坏关键是看防水材料与设计及施工工艺能否匹配。与此同时,长期从事防水材料应用技术研究的一位专家,也向大家介绍了道路工程相关防水材料的品种和性能。

最后,由专家评审组组长作了总结,并达成如下共识:

(1)从使用功能考虑,该地下室顶板上既要承受行车荷载的垂直力、水平力和震动冲击力的作用,又要考虑设置良好的柔性防水层,从根本上切断水的来源,确保道路行车安全和结构耐久性;防水构造设计与选材应满足城市道路相关规范的要求。

(2)原设计方案中,由于沿袭工民建防水构造做法,选用了水泥砂浆找平层及细石混凝土找坡层,此类刚性材料因与柔性防水材料的线膨胀系数不同,不利于发挥柔性防水材料延伸性较好的特点,当外界出现周期性温度收缩变形时,二者之间容易出现开裂、剥离、层间窜水等质量通病,并引发渗漏水。

(3)建议将细石混凝土找坡层改为粗粒料沥青混凝土,这不仅减少了地下室顶板的上部荷载,而且承上启下,有利于与防水层和路面沥青混凝土形成一个整体,功能互补。

(4)鉴于在施工中已出现超长结构开裂问题,除注浆封堵外,应对防水材料提出严格要求。参照城市道路建设经验,柔性防水材料必须满足以下几点:一是具有良好的不透水性及耐高温和低温性能;二是与地下室顶板和沥青混凝土之间有足够黏结力;三是在沥青混凝土碾压时无破损性。为此,建议选用路桥专用聚合物改性沥青防水涂料及与之配套的路桥专用防水卷材。会议最后形成的"提升防水性能,简化构造层次,满足道路行车使用要求"的优化方案见表 3-15.1。还特别指出:"根据现场踏勘及设计介绍工程情况,建议合理增加地下室顶板现场排水措施,减少基面及路面积水。"这既是经验之谈,也是确保工程质量和延长使用年限必不可少的重要条件。

表 3-15.1 交通中心地下室顶板防水构造方案比较

顺序	原设计（自下而上）	第一次专家建议方案	第二次专家建议方案
1	主体防水层：200 mm 厚钢筋混凝土顶板（P6、C40）	同原设计	同原设计
2	找平层：20 mm 厚，1∶3 水泥砂浆	同原设计	找平层取消，基面不平处进行修补
3	柔性防水层：0.7 mm + 0.7 mm 双层聚乙烯丙纶复合高分子防水卷材	（1）1 mm 厚（1.5 kg/m² 水泥基渗透结晶防料）；（2）1.5 mm 厚路桥专用聚合物改性沥青防水涂料（Ⅱ型）	（1）2 mm 厚路桥专用聚合物改性沥青防水涂料（Ⅱ型）；（2）4 mm 厚路桥专用聚合物改性沥青防水卷材
4	找坡层：i = 1.5%，1∶2 水泥砂浆找平，如厚度超过 35 mm 时须用 C30 细石混凝土找坡	同原设计	（1）找坡层与路面垫层合并，均采用粗粒料沥青混凝土；（2）施工时，先摊铺 80 mm 厚相粗粒料沥青混凝土，碾压后垫平，再用相同材料按 1.5% 找坡，这样做法有利于保护已施工的柔性防水层不被破坏
5	路面垫层：80 mm 厚粗粒料沥青混凝土	同原设计	
6	路面面层：40 mm 厚细粒料沥青混凝土	同原设计	同原设计
设计依据	参照工民建地下室顶板防水设计构造	设计依据不变，考虑底板、侧墙及顶板施工后已出现裂缝等缺陷，仅增强防水措施，以应对运动车辆对防水层的影响	参照路桥防水设计构造，强调构造组合的整体性与简约性，确保防水材料之间相互兼融、匹配，真正实现"刚柔相济，以柔适变"的要求

　　纵观不少专家评审会议，像这一次别开生面的组织形式，让人耳目一新。既可发扬学术民主，又让专家的决策在纠错中不断接近真理，这种分享大家智慧的做法，本身也是一种创新，对确保专家评审的科学性、公正性和权威性很有帮助。另外，该工程案例还进一步说明，加强对设计人员有关专业知识的培训，改革现行防水工程设计体制，提升防水工程设计水平，清理和整顿工程建设标准、图集中存在的问题，也是十分紧迫而需要解决的大事。

附：工程反馈意见（摘录）

港珠澳大桥珠海口岸工程在 2017 年 2 月进行第二次地下室顶板等区域防水做法的专家论证会，当时您作为专家进行了全程参与。会议上经过包括您在内的所有专家的辩论，提出了关于珠海口岸一系列防水做法的指导意见，其中包括将地下室顶板的防水方案调整为 2 mm 厚的路桥专用聚合物改性沥青防水涂料及 4 mm 厚路桥专用防水卷材及室外其他区域的防水建议。后根据专家建议修改了设计和施工方案，实施效果良好，现场无渗漏现象。

据住建部 2019 年 12 月 10 日公告，包括防水项目在内的港珠澳大桥珠海口岸交通中心工程荣获"国家鲁班奖"。对该防水项目评价是"构造合理，功能清晰，选材适用，施工简便，质量可靠"。（中建三局珠海公司副总经理兼珠海口岸项目经理孙国华）

附图：2017 年 2 月 13 日专家组成员合影

左起分别为广州市一建副总工程师邵泉，上海市绿化协会副会长张婵，
叶琳昌教授，同济大学丁文其教授，广州市建研院副院长徐海军

16 高分子自粘胶膜防水卷材"预铺反粘法"设计与施工技术

　　上海国际金融中心地下室底板防水工程,除钢筋混凝土自防水外,在迎水面还采用高分子自粘胶膜防水卷材,并在背水面辅以渗透结晶型防水涂料,实施"内外设防,多道防线,刚柔相济,防排并举"的做法。因高分子自粘胶膜防水卷材,可与后浇的混凝土底板满粘结合,对防止层间窜水、确保工程质量有明显优势。本节结合上海国际金融中心工程地下室底板工程实例,介绍高分子自粘胶膜防水卷材"预铺反粘法"设计与施工技术。

16.1　概述

　　上海国际金融中心位于上海浦东世纪大道,占地面积 55 287.2m²,总建筑面积 516 808 m²,包括甲级写字楼、酒店、公寓及商场的综合大楼。该工程地下为 5 层,地下一、二层为商业、餐饮,地下三、四、五层为停车库和设备用房。地面以上为 3 幢"品"字形布置的独立超高层办公楼,3 幢塔楼在七层至八层设有"T"字形连廊,将 3 幢塔楼连成整体。地上设计为 22～32 层,建筑高度 143～200 m(图 3-16.1)。

　　该工程地处浦东新区,扼长江入海处,东临东海,西濒黄浦江,地下水位很高,对地下防水工程设计与施工有严格要求。在设计中经过反复论证、比较,对地下室底板采取"内外设防,多道防线,刚柔相济,防排并举"的综合措施,除了卷材与底板之间采用"预铺反粘法"创新技术外,还对底板、侧墙、顶板等不同部位构造,进行了优化处理;而在施工中,实施全面质量管理,加强成品保护,实践证明,这些做法和措施是成功的。

图 3-16.1　上海国际金融中心

16.2　防水设计

　　基于该工程的特殊重要性,地下室防水设计等级为Ⅰ级。地下室底板主体结构采用 P10 自防水钢筋混凝土,在迎水面采用 1.2 mm 厚非沥青基高分子自粘胶膜防水卷材,背水面采用水泥基渗透结晶型防水涂料;同时,在底板内侧还设置疏排水层,以提高防水系统的可靠性(图 3-16.2)。

　　地下室侧墙为"两墙合一"结构,连续墙为 P12 混凝土。连续墙内侧附加防水层,采用水泥基渗透结晶型防水涂料,同时设置排水空腔,并在混凝土砌块墙内侧,增加聚合物水泥防水砂浆防潮层(图 3-16.3)。

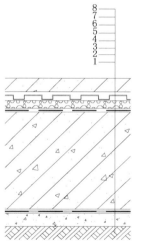

1—素土夯实;2—150 mm 厚 C15 混凝土
　垫层;3—1.2 mm 厚高分子自粘胶膜防水
　卷材(预铺反粘);4—钢筋混凝土底板;
5—PCC-501 水泥基渗透结晶;6—轻集料
　找坡层;7—排水层;8—混凝土面层

图 3-16.2　地下室底板构造

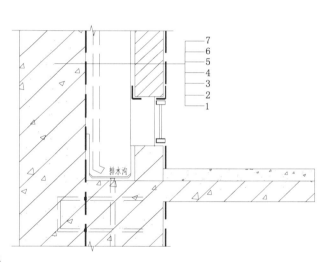

1—饰面层;2—聚合物水泥防水砂浆防潮
　层;3—找平层;4—内衬墙;5—排水空腔;
6—防水层:PCC-501 水泥基渗透结晶;
　　　　　　7—钢筋混凝土

图 3-16.3　地下室侧墙构造

16.3　材料性能

　　本工程产品执行《预辅防水卷材》(GB 23457—2017)预铺 P 类要求,见表 3-16.1。

表 3-16.1　材料性能要求

序号	项　　目		技术指标
1	拉伸性能	拉力/[N·(50 mm)⁻¹]	≥600
		拉伸强度/MPa	≥16
		膜断裂伸长率	≥400
2	钉杆撕裂强度/N		≥400
3	抗穿刺强度/N		≥350
4	抗冲击性能(0.5 kg·m)		无渗漏
5	抗静态荷载		20 kg,无渗漏
6	耐热性		80℃,2 h无滑移、流淌、滴落
7	低温弯折性		主体材料-35℃,无裂纹
8	渗油性/张数		≤1
9	抗窜水性(水力梯度)		0.8 MPa/35 mm, 4 h不窜水
10	与后浇混凝土剥离强度/(N·mm⁻¹)	无处理	≥1.5
		浸水处理	≥1.0
		泥沙污染表面	≥1.0
		紫外线处理	≥1.0

16.4　预铺反粘法施工技术

高密度聚乙烯自粘胶膜防水卷材及其预铺反粘法技术是从美国引进的,在 10 多年的国内地下工程及地铁工程中得到广泛使用,并首次在暗挖地铁区间隧道进行样板铺设。因与后浇混凝土形成有效黏结,并有无窜水隐患等优点,受到业界广泛赞誉。

16.4.1　防水构造

《地下工程防水技术规范》(GB 50108—2008)中,对高分子自粘胶膜防水卷材有明确的定义,该材料是在一定厚度的高密度聚乙烯膜上涂覆高分子胶料,复合制成的自粘性防水卷材,用于预铺反粘法施工。高分子自粘胶膜防水卷材构造如下: HDPE 主防水层,高分子自粘胶层,弹性涂膜保护层/反黏结层,隔离膜,如图 3-16.4 和图 3-16.5 所示。

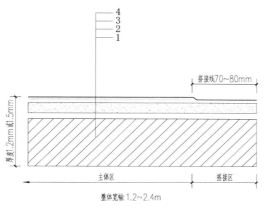

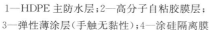

1—HDPE 主防水层；2—高分子自粘胶膜层；
3—弹性薄涂层（手触无黏性）；4—涂硅隔离膜

图 3-16.4　下室底板防水构造

图 3-16.5　自粘胶膜防水卷材紧贴于基层

16.4.2　预铺反粘法技术特征

　　高密度聚乙烯自粘胶膜防水卷材在底板施工中采用预铺反粘法施工工艺，即先铺设防水卷材，卷材的自粘面朝上，然后在卷材的自粘层表面上浇筑混凝土结构层。在混凝土结构浇筑后，随着龄期增长，卷材自粘面会与混凝土基面形成紧密的黏结效果（图 3-16.5），从而解决了传统卷材无法与结构底板满粘带来的窜水隐患；与此同时，由于卷材与混凝土结构紧密黏结，当建筑物发生沉降时，二者可以保持同步变形，避免卷材发生位移、开裂等现象。预铺反粘法优点如下：

　　（1）高分子自粘胶膜防水卷材预铺反粘法施工工艺，对基层施工条件要求不高，仅需进行适当处理：一是基层坚实、平整，表面无突起尖锐物，承台或基坑转角部位应平缓，呈圆弧形；二是对基层含水率无严格要求，只要求无明显湿渍水时即可施工。

　　（2）卷材高密度聚乙烯主防水层，通过塑性的高分子自粘胶层、反黏结层与混凝土结构附着在一起。当防水层受到外力作用时，因高分子自粘胶层的塑性特征，主防水层可在凝胶层内发生相对位移，从而发挥出主防水层的高强度、耐硌破、耐撕裂等优异性能。另外，当混凝土结构因各种外荷载（包括静荷载、动荷载和其他荷载）和变形荷载（如温度、收缩及不均匀沉降）出现裂缝时，自粘胶层也可产生塑性变形，抑制结构开裂给防水层带来的危害，确保防水系统整体安全、可靠。

　　（3）预铺反粘法施工工艺，使卷材自粘层与结构层永久性地黏结为一体，无窜水隐患。当主体卷材破损后，塑性高分子自粘胶层能够抵抗压力水的侵蚀作用，且能够把水限制在破损区域，减小外界水渗入混凝土结构内部的概率，同时也可准确寻找渗漏点，使维修简便、迅速。

（4）由于高分子自粘胶膜防水卷材主防水层，有高强的物理力学性能（表 3-16.1），更具抗穿刺、抗硌破等特性，因此卷材施工后无需另作保护层，可直接绑扎钢筋，浇筑混凝土，缩短工期，节约资金。

16.5　预铺反粘法施工工艺

16.5.1　施工流程

清理基层→卷材试铺→桩头、阴阳角等节点部位处理→检查验收→大面铺设高分子自粘胶膜防水卷材（空铺）→卷材搭接处理（长边自粘搭接，短边专用搭接胶带黏结，搭接处另增贴专用盖口条）→揭掉卷材隔离膜→检查验收→绑扎钢筋→浇筑混凝土。

16.5.2　施工要点

（1）卷材大面积铺设及搭接处理。高分子自粘胶膜防水卷材自粘面朝上展开平铺，与弹线对齐，卷材铺设平展、顺直。卷材长边搭接宽度 70 mm，施工中确保搭接区部位干净、干燥。辊压搭接边以保证搭接边的良好黏结；短边用专用搭接胶带黏结，搭接宽度大等于 80 mm，搭接处增贴专用盖口条。

（2）桩头细部处理。清除桩顶表面酥松混凝土，并用水清洗；涂刷水泥基渗透结晶型防水涂料，厚度不小于 1 mm，涂刷至桩周边 300 mm 范围内；涂刷 2.5 mm 单组分聚氨酯防水涂料，300 mm 宽，待最后一遍涂料时，铺贴高分子自粘胶膜防水卷材，卷材须铺贴至桩头根部；桩头部位处的钢筋根部，用金属丝绑扎遇水膨胀止水条（图 3-16.6）。

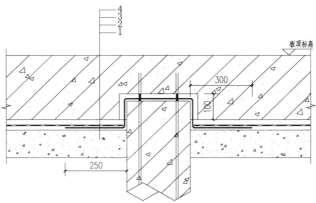

1—垫层：基坑土层上做 200 mm 厚 C20 细石混凝土垫层（原浆收光）；2—1 mm 厚 PCC-501 水泥基渗透结晶防水涂料；3—预铺 1.2 mm 厚 PMH3040 高分子自粘胶膜防水卷材；4—结构层：自防水混凝土底板

图 3-16.6　底板与桩头交接处细部处理（单位：mm）

（3）底板与侧墙交接处细部处理。地下室连续墙与底板连接部位,是设计重点与难点。由于这一部位钢筋密集,如何使底板外防水卷材与连续墙内侧水泥基渗透结晶型防水涂料实施无缝对接,实现全封闭防水,是确保防水工程成败的关键。为此将连接部位的底板下沉至一定深度,然后将卷材上翻至连续墙内 100 mm 高,在卷材与涂料交接处,通过加强、增涂、密封等措施,提高收头部位的抗渗漏能力。待上述工序完成后,地下连续墙即可分两层涂刷水泥基渗透结晶型防水涂料,厚度不小于 1 mm（图 3-16.7）。

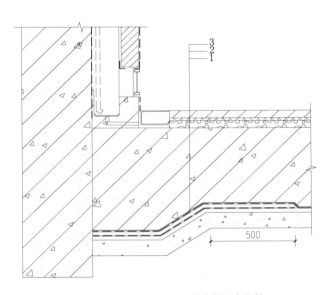

1—1.5 mm 厚 SAM-920 无胎自粘防水卷材;
2—预铺 1.2 mm 厚 PMH3040 高分子自粘胶膜防水卷材;3—结构层:自防水混凝土底板

图 3-16.7 地下室连续墙与底板交接处细部处理

（4）其他构造细部处理。在阴阳角、底板高低差斜面、后浇带等部位,应增设 1.5 mm厚无胎自粘改性沥青防水卷材一道,自粘卷材铺贴宽度应超出阴阳角边或施工缝水平外延 500 mm（图 3-16.8）。

（5）成品保护。高分子自粘胶膜防水卷材虽具有高强度、耐穿刺、耐硌破等优异的材质特性,但在施工中因成品保护不力,卷材被破坏的情况时有发生。因此在防水施工中,有关作业人员需穿软底鞋,经常走人的地方要作铺跳板、盖草袋等临时保护。卷材防水层施工完毕后,应及时安排验收,并尽快进行钢筋绑扎施工;同时,在后续施工中应加强检查,发现损坏部位应及时修补。

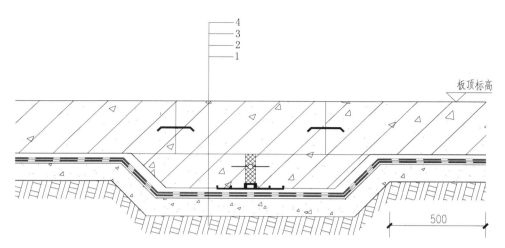

1—垫层:基坑土层上做 200 mm 厚 C20 细石混凝土垫层(原浆收光);2—2 mm 厚
SAM-920 无胎自粘防水卷材;3—预铺 1.2 mm 厚 PMH3040 高分子自粘胶膜
防水卷材;4—结构层:自防水混凝土底板

图 3-16.8　后浇带细部处理示意

16.6　结语

　　上海国际金融中心地下室底板外防水(即迎水面防水),采用高分子自粘胶膜防水卷材"预铺反粘法"技术,并辅以渗透结晶型防水涂料内防水(即背水面防水)的做法,通过完善的防水设计和构造、可靠的施工工艺、严格的施工管理以及妥善的成品保护等措施,最终达到质量优良、缩短工期、降低成本、绿色环保等预定目标。据建设单位告知,该工程竣工后 5 年间,未发现渗漏水现象,这是值得称道的。

　　在地下工程中,确保底板防水混凝土(又称结构自防水)质量是第一位的,在此基础止,完善附加柔性外防水技术也是必不可少的。而高分子自粘胶膜防水卷材预铺反粘法施工技术,因其独特的防水机理及施工工艺,使防水工程质量可靠性大幅度地提高,并取得显著的技术经济效益和社会效益。目前,这一先进技术已在上海国际金融中心、上海科技大学、苏州博览中心三期等国家重点工程中使用,均取得圆满成功。

　　(本文原载:上海《建筑施工》2016 年第 4 期,作者燕冰、张婵。)

17 水泥基渗透结晶型防水材料在地下防水工程中使用效果分析

本节结合混凝土渗透性的一些特征,指出水泥基渗透结晶型防水材料(以下简称 CCCW)在混凝土中的渗透结晶作用机理与试验数据有诸多不实因素;同时根据国内一些典型工程案例分析,对如何执行现行国家规范中有关防水标准和设防要求进行探讨,并提出改进意见。

17.1 概述

近年来,许多文献指出了世界各地因混凝土结构耐久性不足而引起的巨大经济损失:美国 1975 年由于腐蚀造成的损失达 700 亿美元,1985 年则达 1 680 亿美元;1991 年美国境内仅修复由于耐久性不足而损坏的桥梁就需耗资 910 亿美元;英国每年用于修复钢筋混凝土结构的费用达 200 亿英镑;日本每年仅用于房屋结构维修的费用就达 400 亿日元以上;至 20 世纪末,我国已建成的房屋有 50% 进入老化阶段,有 23.4 亿 m^2 的建筑物面临耐久性问题。[1]当前,我国正投入大量资金用于基础设施及大型公共建筑等重大工程,混凝土耐久性已成为土木工程界最为关注的热点问题之一。

大量研究表明,混凝土的渗透性与其耐久性密切相关,通常认为渗透性是评价混凝土耐久性的最重要指标。因此,从材料性能考虑,提高混凝土的强度、抗渗性和抗裂性十分重要。同时,在地下钢筋混凝土结构工程中,还应增加防水措施,防止各类有害介质的侵蚀,从而满足建筑物使用年限的要求,这是工程界长期以来得到的共识。但在选择无机类防水涂料时,必须考虑混凝土渗透性的因素,并选用相适应的施工方法,使二者发挥更好的互补作用。

自从《水泥基渗透结晶型防水材料》(GB 18445—2001)强制性国家标准发布后,CCCW 在全国各地地下工程中的应用持续增加,但多年的工程实践效果与一些试验研究证明,该材料并非是商业宣传中那样完美无缺的。随着对 CCCW 的进一步研究和认识,特别是新编《地下工程防水技术规范》(GB 50108—2008)颁布实施,这一材料如何使用的问题已提到议事日程上来。为此笔者根据一些工程实践结合参考文献提出一些看法,希望通过争鸣取得共识,防止 CCCW 因使用不当而影响工程的使用效果和耐久年限,并给国家和人民造成更大的损失。同时也希望通过争鸣,恰如其分地宣传 CCCW 的适用范围,严格其施工工艺,确保工程建设质量,从而促进 CCCW 市场的健康发展。

17.2　混凝土渗透性

17.2.1　混凝土渗透性的含义

　　渗透性是多孔材料的基本性质之一,它反映了材料内部孔隙的大小、数量、分布以及连通等情况。混凝土是一种多孔的、在各种尺度上多相的非均质复合材料。概括地说,混凝土的渗透性是指气体、液体或离子受压力、化学势或电场作用,在混凝土中渗透、扩散或迁移的难易程度,它衡量的是混凝土抵抗各种介质入侵的能力。混凝土因耐久性问题而遭到破坏以及与渗透性的关系如图 3-17.1 所示。

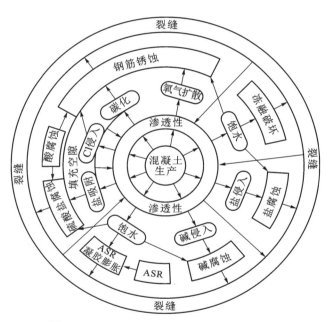

图 3-17.1　混凝土耐久性与渗透性的关系[1]

17.2.2　荷载情况下混凝土的渗透性

　　众所周知,混凝土的渗透性与其微观结构(尤其是孔结构)有密切关系。一般测量混凝土的渗透性都是在无荷载作用下进行的,但地下工程的钢筋混凝土结构,在施工与建成后的不同阶段,因环境与气候条件不同承受的荷载也各不相同,而荷载作用会影响混凝土内部微结构的变化与发展,并影响混凝土的渗透性。这一特性在工程实践中非常重要。

大量研究证明,荷载对混凝土渗透性的影响,主要是通过荷载引起混凝土微裂缝的发生与发展实现的。目前已知,由于泌水、收缩、温度梯度、冻融以及碱-骨料反应等原因,浇筑后的混凝土在使用前就已经存在微裂缝,而外部荷载和环境条件的作用,进一步导致混凝土产生了更多的微裂缝,并使混凝土中的原始裂缝扩展和相互连通。这些微裂缝可以形成潜在的传输通道,使侵蚀性介质更容易进入混凝土内部。

国外对荷载情况下产生混凝土裂缝及渗透性的影响研究成果颇丰。有关文献报道,当荷载引起的微裂缝宽度小于 $50~\mu m$($1~000~\mu m = 1~mm$)时,微裂缝对渗透性的影响很小;但当荷载引起的微裂缝宽度增大到 $50\sim200~\mu m$ 时,混凝土的渗透性明显增加;裂缝宽度大于 $200~\mu m$ 后,混凝土的渗透性显著增大,并趋于稳定。[1]总的来说,裂缝平均宽度、裂缝长度、裂缝面积、裂缝网络的连续性等参数,对混凝土的渗透性都有不同程度的影响。但试验研究方法和理论模型还有待进一步完善。

Aldea[2, 3]等应用控制反馈加载方法在混凝土中引入了宽度为 $50\sim400~\mu m$ 的裂缝,研究了荷载引起的裂缝对混凝土的水渗透影响。试验结果表明,水的渗透对裂缝宽度的敏感性要比氯离子渗透的敏感性更高:裂缝小于 $200~\mu m$ 时,水的渗透量已经明显比无裂缝的混凝土高;而当裂缝大于 $200~\mu m$ 后,水的渗透量则会急剧上升。这是因为水的渗透量与裂缝宽度的 3 次方成正比,而氯离子渗透量只与裂缝宽度的 1 次方成正比。

国内近 20 多年地下工程的大量兴建,已证明由施工过程中出现的微裂缝(通常指缝宽度小于 0.2 mm 的不贯通结构断面的表面裂缝或浅层裂缝),如果不采取有效的外防水附加措施,在各种外荷载的不利条件下,发生渗漏水的情况并不鲜见。而防水工程一旦发生渗漏,其治理费用及经济损失的代价是十分昂贵的,一般可达原防水费用的 $5\sim10$ 倍。因此国内不少防水专家早就指出,在地下工程中,不应采用单一混凝土结构自防水的做法。但在地下防水工程中选用何种附加防水材料,需视建筑物的使用功能及其重要性,结合工程结构、环境与气候条件等因素确定,不能一概而论。

17.2.3　混凝土表面防水处理与渗透性关系

防水工程是一个系统工程,混凝土表面处理是否得当,直接影响防水材料的使用效果,特别是 CCCW 因具有渗透结晶的特性。国外 CCCW 多数用于背水面防水与堵漏工程。相关研究指出,在背水面防水前,必须清除混凝土表面的化学养护膜、模板隔离油、浮灰等,使混凝土的毛细管道通畅。另外,支设混凝土模板时所使用的对拉螺栓孔、有缺陷的施工缝、裂缝、蜂窝麻面等,必须事先清理,并用相应材料填充。对于混凝土表面,常用的是高压射水法、湿法喷砂以及对表面进行酸洗处理,其中高压射水法是一种较好的方法,并可借用混凝土的"预湿润"特点,确保 CCCW 涂抹后的技术效果。

另外,日本在有关资料中指出,在地下构筑物的底板中,CCCW 不宜用于迎水面防水。[4]这与现在国内有的厂商推荐将 CCCW 干撒于底板下(即干撒后浇筑混凝土)的做法显然存有异议,其实践效果当然会有影响。

17.3　CCCW 作用机理与材料特性

CCCW 是由硅酸盐水泥、石英砂、特殊的活性化学物质以及各种添加剂组成的无机粉末状防水材料。关于 CCCW 作用机理,通常解释是该材料与水作用后,CCCW 中含有活性的化学物质通过载体向混凝土内部渗透,并在混凝土中形成不溶于水的针状结晶体,填充毛细孔道。但其作用机理,应由科学的试验验证,用数据说话;有关资料"多样化"的报道,离散性很大,使工程应用的有关人员,不知该相信哪一家说法。例如,有一篇文献指出,与空白水泥砂浆试件比较,涂有两遍 CCCW 防水涂料(用量为 1 kg/m²)的试件,其抗渗性能有明显提高:如空白试件 28 d 抗渗压力为 0.4 MPa,而 CCCW 的试件抗渗压力可达 1.5 MPa;空白试件的第二次抗渗压力为 0.1 MPa,而 CCCW 的第二次抗渗压力则高达 1.3 MPa。另一文献又指出,在混凝土试件表面涂刷 CCCW 材料后,所产生的物化反应,逐步向混凝土结构内部渗透,将其试件放置在室外半年,其渗透深度可达 10~15 cm,且渗透的深度会随着时间逐渐增大。但多数文献指出,CCCW 深层的渗透深度只能在表面形成,其深度一般为 0.4~1 mm。[5]至于在混凝土中掺入 CCCW 后,能使混凝土表面和内部裂缝自愈一说,更难以令人信服。

17.4　典型工程案例分析

下文共提到三个案例。其中,前两个为建筑地下室案例,主要从工程实践效果,提出今后改进的意见,其中涉及如何遵守国家技术标准、正确理解地下工程设防原则以及尊重设计单位的意见等重大原则问题。而最后一个为水电站工程案例,涉及面广,使用数量又多,很多经验值得我们借鉴。

17.4.1　大连雅景华庭工程[6]

1. 工程简介

大连雅景华庭工程位于大连市中山区繁华的商业街,是由两幢分别为 30 层和 32 层的双子座建筑组成的高级公寓,建筑高度分别为 93.5 m 和 99.5 m。该工程地下为 3 层,埋深约 15 m,总建筑面积(含地下室)为 63 554 m²。地下筏式底板边长尺寸 A 区为 36.4 m×51.5 m，B 区为 42.3 m×45.5 m，中间设置后浇带。底板厚度除电梯井坑为 5.4～5.6 m 外，其他部位分别为 1.4 m（约占 16%）、2.0 m（约占 70%）、2.4 m 或 2.6 m（核心筒）不等。该工程浇筑混凝土数量总计为 8 200 m³，其中 A 区为 3 900 m³，B 区为 4 300 m³。

地质资料揭示，该工程基础持力层为中风化板岩，地下水位埋深为 5.2～10.2 m，场地内有基岩裂隙潜水。根据设计规定，地下工程防水等级为一级。地下防水主体材料除选用防水混凝土结构（C40，P8）外，还在迎水面设置了 CCCW 防水涂料。

该工程地下室底板于 2002 年 12 月至 2003 年 1 月间施工。在混凝土浇筑前，在底板上干撒 CCCW（国外进口 FORMDEX），材料用量为 1 kg/m²。此时大连市室外平均气温约 −5℃，极端最低气温曾达到 −17～−15℃，期间还遇到一场多年不遇的大雪，积雪厚度约 15 cm（图 3-17.2）。由于当时采取的技术措施得当，施工组织与管理严密，加上事先开展了一系列针对性的科学试验，因而施工进展顺利，工程质量达到预期效果。其各项技术指标如下：

图 3-17.2 工人在电梯井内除冰排水

（1）混凝土抗压强度。通过现场取样 42 组，最大值为 55.9 MPa，最低值为 47.4 MPa，A 区试块平均值为 52.7 MPa，B 区试块平均值为 50.8 MPa。根据《混凝土强度检验评定标准》（GBJ 107—97）有关混凝土强度统计方法，该工程底板评定为合格混凝土。

（2）混凝土抗渗等级。现场制作的 A 区及 B 区共 10 组抗渗试件，在 90 d 后进行实验，其抗渗压力均大于 0.9 MPa，评定该混凝土"抗渗性 P8 合格"。

（3）裂缝检查。该工程利用底板结构厚度和水泥水化放热效应，采取蓄热法养护及缓慢降温方案，并将混凝土养护时间延至 28 d 后，直至表面温度与大气温度相一致后才拆除保温材料。通过上述措施在时隔 90 d 后进行全面检查，除部分区段有一些宽度小于 0.2 mm 的表面裂缝外，未见有贯穿性裂缝；且在 1 年多时间内（整个建筑结构到封顶以及地下工程其他工序全部完成），仍未见地下室底板出现渗漏。这进一步证实，地下室底板浇筑的混凝土质量是合格的，建筑结构是安全的。

2. 渗漏水情况与治理措施[7]

2004 年 2 月初,距该工程地下室底板浇筑后约 2 个月,地下三层地面即出现渗漏水。因时值冬季,地面积水遇寒结冰,然混凝土内部有孔洞部位的渗漏水点清晰可见;随着天气转暖,地下三层底板渗漏水逐渐增多,地面积水达 70~80 mm;又因毛细管作用,内墙面渗水痕迹高达 500~600 mm。2004 年 6—7 月间,通过在地下三层地面中设置盲沟等排水措施,渗水情况有所好转,但未能根治;又过了 5 个月左右,地下三层墙面仍可见湿渍与水珠,同时地下二层墙面也发现湿渍与水锈。根据上述情况,逐对底板结构混凝土采用水溶性聚氨酯注浆材料堵漏,才恢复其使用功能。有关渗漏水情况与治理措施见表 3-17.1 及图 3-17.3—图 3-17.5。

图 3-17.3　地下三层因地面积水遇寒结冰,渗水点随处可见

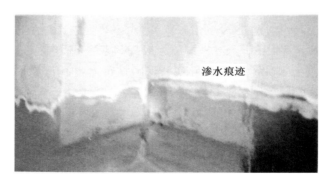

图 3-17.4　因地下三层底板渗漏由毛细管作用引起内墙湿渍

注:1. 地下三层底板渗漏,地面积水 70~80 mm,此时墙面渗水高度仅为 500~600 mm(摄于 2004 年 2 月 5 日)。

　　2. 另外,时隔 5 个月,地下三层墙面全部可见湿渍与水珠。时隔 6 个月,地下二层墙面可见湿渍与水锈。

表3-17.1 大连雅景华庭工程三层地下室渗漏水情况与治理措施

顺序	渗漏水部位	发现或检查时间	原因分析	治理措施	实际效果
1	东塔楼地下三层地面积水7～8 cm（已结冰）	2004年2月5日	(1) 防水混凝土施工时因有冰屑且未融化除尽，施工后结构内部留有孔洞、深进裂缝等。 (2) "渗晶"材料在负温度下不能与水泥产生化学反应，从而失去其防水功能	2004年6—7月在地面上每隔4×4 m设置φ50 mm PVC盲沟（沿墙四周为明沟），与设计的集水井相连通，并用潜水泵定期排水	大面积积水可以排除；但地面长期处于潮湿状态
2	后浇带渗水	2004年2月5日	(1) 混凝土接缝部位的污泥、垃圾等未清理干净。 (2) 浇筑后浇带混凝土时未按规定掺加膨胀剂以及铺撒"渗晶"防水材料	检查裂缝，并用水溶性聚氨酯注浆材料堵漏	效果良好
3	东塔楼地下三层内墙面渗水	2004年2月5日	(1) 底板与墙面水平施工缝处有明显渗漏水，在裂缝处有冰线。其主要原因是建筑垃圾清理不干净，止水钢板处混凝土浇筑不密实。 (2) 钢纤维防水砂浆与回填土质量不好	室内墙面抹压10 mm厚1:2水泥砂浆	经过半年后检查，内墙面基本干燥
4	西塔楼地下三层地面渗水及内墙面渗水	2004年5月30日	(1) 底板与墙面水平施工缝处有明显渗漏水，在裂缝处有冰线。其主要原因是建筑垃圾清理不干净，止水钢板处混凝土浇筑不密实。 (2) 钢纤维防水砂浆与回填土质量不好	室内墙面抹压10 mm厚1:2水泥砂浆	大面积积水可以排除；但地面长期处于潮湿状态。墙面修补后基本干燥
5	东西塔楼地下三层地面及沿墙四周仍有明显水迹	2005年7月	由于底板内部已有众多贯穿性裂缝，在地下水不断补充情况下，架在水泥炉渣垫层内的水泥炉渣垫层经长达15个月的自然通风与机械排风（包括定时抽水）仍难蒸发干燥	先将混凝土面层与水泥炉渣全部铲掉，然后普查底板裂缝，并用水溶性聚氨酯注浆材料堵漏，最后再恢复水泥炉渣垫层及混凝土面层	灌注聚氨酯浆液约800 kg，耗时12 d，堵漏费用约22万元，加上其他返工费用，共计损失约55万元。2006年10月调研时发现，地下三层地面及墙面完全干燥，建设单位对返工整治表示满意

注：1. 2004年7月31日，用两台7.5 kW的鼓（排）风机连续作业5 d，将地面剩余积水吹散，干调。

2. 2004年8月4日一场大雨后检查（已被鼓（排）风机吹干的地面积水再次出现大面积渗水，平均积水达2～3 cm（图3-17.3）。经分析，主要是铺设的盲沟施工不良以及水泥炉渣存水的缘故。故在主体结构、回填土尚未完成之前止施工降水后，由于地下水位剧上升，使结构内部的缺陷与裂缝进一步扩大，因此地面反复出现渗漏水是必然的。

3. 2004年12月，正处于枯水季节，地下三层地面渗漏水情况有明显好转，但仍未彻底根除。

挖出废渣堆

裂缝

　(a) 室外回填土野蛮作业。5 t自卸汽车倒渣土;　　(b) 未经验收就盲目做炉渣(水泥)垫层及混凝土地
　　　回填土内石块、木块、垃圾比比皆是　　　　　　坪,后因底板渗漏只能"开肠破肚",清除废渣、
　　　　　　　　　　　　　　　　　　　　　　　　　寻找裂缝、堵漏、复原

图 3-17.5　违章作业使质量问题更趋严重

3. 原因分析

该工程发生渗漏原因主要包括选用防水材料不当、违章作业和越冬保护措施考虑不周。

(1) 材料选用不当。

根据《地下工程防水技术规范》(GB 50108—2001)有关规定,CCCW 作为防水涂料,可广泛用于各种等级的地下防水工程。另外,CCCW 产品说明书中还强调,作为混凝土的一种表面涂层材料,不仅可显著提高混凝土的抗渗性能(无论是迎水面还是背水面)和抗冻性能,同时还能显著提高混凝土的抗压强度和劈裂抗拉强度,这一说法在后来出版的有关文献中也可查到[8]。正因为上述介绍的特性,CCCW 最后才被推荐使用,并直观认为,CCCW 在底板下采用"干撒法"施工工艺,也能保证工程质量。

《地下工程防水技术规范》(GB 50108—2001)在"防水混凝土设计规定"中特别强调,"裂缝宽度不得大于 0.2 mm,并不得贯通"。然后,大家公认的有一个前提,这些无害裂缝虽然在结构上是安全的,但由此引起的钢筋锈蚀、混凝土剥落、降低结构承载能力和耐久性问题不可低估。有关文献指出,由混凝土裂缝引起的各种不利后果中，渗漏水占 60%，从物理概念上说，水分子的直径约为 0.3 nm 时，可穿透任何肉眼可见的裂缝。所以从理论上讲，任何混凝土结构在施工与使用过程中产生一些微细的无害裂缝是不可避免的，但这些裂缝必须进行防治，才能确保工程不出现渗漏水现象，这是地下防水工程的基本要求。

应该指出，CCCW 是一种刚性的无机粉状防水材料，即使在规范中把它列入"防水涂料"类，也不能改变它的基本属性。CCCW 有一定的抗渗性能和渗透结晶的功能，但要指望它在工程中起到防止裂缝进一步扩大或使原有的裂缝自愈的说法，是经不起大量的工程实践和时间的考验的。而《地下工程防水技术规范》(GB 50108—2008)在第 3.1.4 条、表 3.2.1-1 及表 3.2.1-2 中(下面所引用的条文均指该规范)，强调在主体结构的防水措施中，除了防水混凝土应选外，其他防水材料包括 CCCW 在内的防水涂料也列入了应选的范围(以上属于强制执行的条文)；但在第 3.3.4 条中却说明，在"结构刚度较差或受振动作用的工程，宜采用延伸率较大的卷材、涂料等柔性防水材料"，特别在第 4.4.2 条中又加注了这样的规定："无机防水涂料宜用于结构主体的背水面，有机防水涂料宜用于地下工程主体结构的迎水面。"这种规定看似正确但从整体而言是自相矛盾的，为一些不明事理的人打开了"自由"之门，并给地下工程埋下了渗漏水的隐患。这在我们承接的许多工程中是无法违避的事实。而工程一旦发生渗漏水，则完全由防水分包商负责，这显然是不合理的。

值得重视的另一个问题是，目前许多防水专家已意识到，CCCW 中活性化学物质在向混凝土内部"渗透""结晶"的化学反应中，还与混凝土中的水泥品牌和外掺材料有关。如选用矿渣水泥或在防水混凝土中掺加粉煤灰时，与选用硅酸盐水泥或不掺加粉煤灰相比，其抗渗效果就受到影响。然后，"双掺"(即掺加外加剂和粉煤灰)技术在大体积防水混凝土中，又被列为防止开裂的有效措施之一。由于防裂比防渗更为重要，因此在地下工程特别是大体积防水混凝土结构中，选用 CCCW 理应受到严格的限制。当然，这些情况在该工程防水方案论证时是难以预料的。

(2) 违章作业。

违章作业主要有两点：一是违反施工程序。地下三层底板未经质量验收就盲目做炉渣(水泥)垫层及混凝土地坪，后因底板渗漏只能"开肠破肚"，清除废渣、寻找裂缝、堵漏、复原。二是室外回填土野蛮作业。采用 5 t 自卸汽车倒渣土，回填土内石块、木块、垃圾比比皆是，整个回填过程中没有经过人工夯实。

(3) 越冬保护措施不力。

关于混凝土冻融破坏机理，在早期主要被认为是由水结冰时体积增加 11% 所引起的；当混凝土孔内溶液的体积超过孔体积的 91% 时，溶液结冰产生的膨胀压力就会使混凝土结构产生开裂、表层剥落、强度降低、结构疏松乃至破坏等现象，从而降低建筑物的使用年限。通过后来者的研究认识到，混凝土的受冻破坏，还存在着复杂的动力学机理，一种是静水压假说，另一种是渗透压假说。静水压假说认为，在冰冻过程中,混凝土孔隙中的部分孔溶液结冰膨胀,迫使未结冰的孔溶液从结冰区向水泥浆体迁移。孔溶液在可渗透的水泥浆体结构中移动,必须克服黏滞阻力,因而产生静水压力。而渗透压假说认为,由于混凝土孔溶液中含有 Na^+,K^+,Ca^{2+} 等盐类,大孔中的部分溶液先结冰后,未冻溶液中盐的浓度上升,与周围较小孔隙中的溶液之间形成浓度差。在这个浓度差的作用下,小孔中的溶液向已部分结冰的大孔迁移。此外由于冰的饱和蒸气压低于同温下水的饱和蒸气压,这也使小孔中的溶液向部分冻结的大孔迁移。但上述两种假说目前不能试验确定,也很难用物理化学公式准确解释。当然,一般认为水胶比大、强度较低以及龄期较短、水化程度较低的混凝土,静水压力破坏是主要的;而水胶比较小、强度较高及含盐量大的环境下冻融的混凝土,渗透压可能起主要作用。[1]从上述研究分析,该工程出现渗漏水主要是由于施工中融冰措施不到位,在浇筑混凝土前底部冰块(或冰屑)未能全部清除以及整个施工期间越冬措施保护不力而造成的;同时也可以推断,该工程的渗漏水是由渗透压力导致裂缝的扩展在地下水位骤然上升而形成的,且符合渗透压假说的理论。

混凝土表面裂缝或深层裂缝,在一般情况下不会出现渗漏水。但在冬期负温下,若混凝土内部孔隙充满水分或补入新的水源(例如施工用水、消防试压水等),此时由水结冰产生的体积膨胀,会使原有裂缝不断扩大、串通,而成为一些贯穿性裂缝。该工程在时隔 1 年后出现渗漏水有典型意义,裂缝具有"发展性"在这里得到更好的证实。

17.4.2　某省一大型会展中心工程

该展中心位于某江口湿地,建设规模 38 万 m²,可容纳 4 000 个标准展位。该会展中心呈椭圆形,长约 200 m,宽约 110 m,地上 3 层,地下 1 层。地下 1 层内设1 080 个车位的停车场和 8.2 万 m² 的商业用房,地下防水工程面积约 18 万 m²。该工程因所处地理位置特殊,功能重要,体量庞大,又采用人工砂土地基,加上地下室部分长期处于有水环境中,对防水技术及质量要求极高。

根据工程特点与重要性,按照《地下工程防水技术规范》(GB 50108—2001)的规定应定为一级防水,即在防水混凝土主体结构外,还须增设 1～2 种其他防水材料,例如防水卷材、防水涂料等。有关业主对防水方案及材料选用也算"重视",并做过工程调研和专家论证,决定选用 CCCW 防水涂层;此后不久,设计单位又对上述防水方案再次进行专家论证,并推翻了业主召开专家论证会的意见,建议改用 SBS 改性沥青防水卷材。在多种因素权衡之下,业主最终仍选用了 CCCW 防水方案。对于此决定,关心这一重大工程的人都表示异议。2008 年 10 月中旬,有位资深专家曾向主管该工程的领导发出书面建议,指出该工程系人工砂土地基、沉降较大、地下室底板厚度仅 450 mm、结构刚度又差等情况,因此,在迎水面采用 CCCW 防水涂层在技术上存在重大失误,对今后可能发生渗漏水现象以及由此带来钢筋腐蚀、混凝土剥落及降低使用年限等作了详细论述。并认为要把今后可能出现的"事故追究"变成目前的"隐患追究",才能确保功能与工程质量。然而这一重要建议却在拖延了2个月后才被告知,并说他们的做法无可非议,既符合国家规范,又启动了专家论证会的正常程序。而这位专家在收到此答复时,该会展中心的底板防水已全部完成,今后即使发生渗漏水问题也无法追究。后来,该工程地下室结构与迎水面防水虽已全部完成,但地面积水达 30 cm 左右,不论今后如何治理,而混凝土长期浸水后钢筋腐蚀等隐患却难以避免。

17.4.3   水电站工程

近年来我国大量兴建水电站工程,采用碾压混凝土工艺的大坝质量,始终是一个备受关注的问题。其中突出的是施工缝与混凝土冷缝的处理,也有大坝混凝土在施工时预埋的冷却管,因遭受破损而引起的开裂和渗漏水现象。为此不少大坝都考虑过在上游面(即迎水面)设置防水涂层的构造,包括 CCCW 采用迎水面、背水面和在变态混凝土中内掺等防水措施。

2006 年 3 月,有关部门提供的调研报告认为,最早采用 CCCW(国外引进XYPEX)施工的有新疆石门子 110 m 高水库(防水面积为 22 000 m²)、福建省溪柄水电站(防水面积为 60 000 m²)、大朝山水电站廊道、宜昌木鱼槽隧洞、吉林东辽白泉水库泄洪隧洞、云南某碾压混凝土坝等工程。通过各种实验和施工经验分析,CCCW 在上述大坝防渗中起到一定作用,但最终防渗效果尚待进一步考验。该调研报告还对 CCCW 各种施工方法进行了评价,对我们有一定的启发,现摘录如下。

(1) CCCW 用于背水面防渗处理效果甚好。被调查的某右岸大坝、大朝山大坝虽在上游面增设了聚乙烯烃合成高分子涂料防渗层,使用后效果不理想,且在碾压混凝土的各层廊道均出现不同程度的点、线和面渗漏水现象,有的坝一部分混凝土已开始溶蚀,并留下明显的钙化物质。2005 年 4 月初,某坝曾用 CCCW 在廊道内部进行防渗处理,有较好效果。这再次说明 CCCW 在混凝土背水面进行防水堵漏还是可行的。

(2) CCCW 在混凝土中采用内掺法不仅成本高,还增大了混凝土开裂的危险性。云南某水电工程大坝在变态混凝土中内掺 CCCW,经试验其最佳使用量为胶凝材料总量的 1.5%,如果按 45.5 元/kg 材料单价计算,在每立方米混凝土中仅此一项材料费用就高达 200 元以上。另外,由于 CCCW 主要成分是由硅酸盐水泥、石英砂、特殊的化学物质等组成的无机粉末,因此与水发生反应后,会进一步增加水化热,不利于混凝土的防裂。

(3) CCCW 用于迎水面防水时要考虑被水溶解、扩散的影响。福建溪柄水电站碾压混凝土薄拱坝已运行了 10 多年,发现多处沿碾压混凝土水平层间的冷缝漏水,致使下游坝面潮湿,虽经 3 次化学灌浆处理,仍然渗漏。该坝设计单位清华大学水利水电工程系李鹏辉及刘光延认为,"CCCW 防水层对于冷缝渗水是没法堵漏的"。因为 CCCW 如果作为上游面的防渗层,由于涂层长期浸泡于水中,其活泼的化学物质可能被水溶解,并向水中扩散,从而减少 CCCW 渗入混凝土内部形成"结晶"体。有专家还建议,如果必须将 CCCW 用于迎水面防水,则可考虑在大坝表面防渗处理后,再增贴保温防渗板,作为永久性模板,这对一些地处气温较低地区的水库,也是一项较好的混凝土防裂措施。

17.5　结语

(1) 从水泥基系列防水涂层材料的发展来看,大致可分为 3 个阶段:第一个阶段是由 1900 年硅酸盐水泥发明后,1906 年就有人在水泥中掺入金属氧化物,当与水拌和后,氧化物颗粒遇水膨胀,并形成一个与混凝土表面相结合的整体不透水涂层;第二阶段是从 1942 年开始,CCCW 的发明及在工程上的应用;第三阶段是从 1960 年开始,聚合物水泥防水涂层涂料的研究和开发。每一阶段新材料的问世,都与当时建设工程结构的发展密切相关,并由低向高的方向不断前行。

值得注意的是,在 20 世纪 90 年代,我国不少地方从国外引进一种微晶(Microlite)细骨料配置成微晶砂浆与微晶混凝土,进行堵漏与防水处理,也取得过一定的效果,其作用机理与 CCCW 是相似的。而 CCCW 在我国的大量使用和发展过程中,最为突出的问题是它在混凝土中渗透和结晶的形成过程,以及在何处部位应用最为恰当,尚存在诸多概念不清甚至过头的说法。因此正确认识 CCCW 的特性,规范它的使用部位是有现实意义的。

必须指出,当前 CCCW 出现严重的信任危机,从技术层面分析,主要是标准指标低、机理难置信、使用效果不明显。

(2) 从混凝土裂缝的产生与发展来看,我们既要看到地下工程大体积防水混凝土控制裂缝技术已有很大的突破,但从目前的研究水平、设计指南、施工工艺上来讲,混凝土发生裂缝仍是不可避免的。当然从结构使用上,我们可以把它分为有害裂缝和无害裂缝两种,土木工程师的专业技术水平,要体现在能把混凝土结构的裂缝控制无害范围内,即杜绝有害裂缝的发生,确保结构安全;同时通过其他防水与排水的综合措施,减少无害裂缝的影响,避免出现渗漏水现象。

同时,我们还注意到,有害裂缝与无害裂缝不仅是宽度大小(一般以 0.2 mm 为界线)、表面、深层或贯穿程度的不同,还有一个随着时间、环境条件和作用力大小,裂缝有一个发展、变化和稳定的过程,也就有死裂缝和活裂缝之分。而从防水角度考虑,在设计与施工过程中,对于裂缝的发展与危害必须有足够的估计,很多工程实例为今后正确使用 CCCW 提供了宝贵的经验。

（3）从混凝土渗透性和提高混凝土结构耐久性出发，地下工程的防水技术应采取以混凝土结构主体防水（即"结构自防水"）为依托，在迎水面采用全外包柔性防水层相结合，形成一个刚柔并济的整体全封闭防水体系，通过混凝土结构自防水与其他防水材料之间的有机结合与合成，提升整体防水结构的集成效应，并释放更大的防水能量。由此带来的技术经济效益（特别是建筑物的耐久年限与结构安全性）将会逐步显现。这个观点是《地下工程防水技术规范》（GB 50108—2008）主要起草人张玉玲教授在多篇文章和会议上一再强调的。

（4）地下工程外防水（即迎水面防水）应首选改性沥青防水卷材，它在地下工程使用中不仅性能优异，且施工方法成熟，并有长期工程实绩。而 CCCW 是一种刚性材料，它不能取代柔性防水材料，这是国内外大量工程实践所证明的。我国的一些大型工程，草率地修改卷材防水设计，业主方强制将 CCCW 用于迎水面防水而造成的若干危害实例令人痛心，有关方面应关注这一不正常的现象。（本文选自《工程建设防水技术》，北京：中国建筑工业出版社，2009：397-408）

参考文献

［1］赵铁军.混凝土渗透性［M］.北京：科学出版社，2006：1，2，116，140-141.

［2］Aldea C M，Shah S P，Karr A. Permeability of cracked concrete［J］. Materials and Structures，1999，32：370.

［3］Aldea C M，Shah S P. Effect of cracking on water and chloride permeability of concrete［J］. J Mater in Civil Eng，1999，11(3)：181.

［4］薛绍祖.地下建筑工程防水技术［M］.北京：中国建筑工业出版社，2003：98，119，117.

［5］叶琳昌.防水工手册［M］.3 版.北京：中国建筑工业出版社，2005：115.

［6］叶琳昌，等.大体积防水混凝土冬期施工实践与认识［J］.中国建筑防水，2003(9)：4-7，2003(10)：1-4，2003(11)：4-7.

［7］叶琳昌，叶筠.建筑物渗漏水原因与防治措施［M］.北京：中国建筑工业出版社，2008：307.

［8］叶琳昌.建筑防水纵论［M］.北京：人民日报出版社，2016：238-240.

18 武汉市火神山医院、雷神山医院防渗工程纪实

2020 年 1 月 23 日,武汉市政府决定参照北京小汤山医院模式,建设一所专门收治新冠肺炎患者的医院——火神山医院。然而面对不断扩大的疫情,武汉市政府在两天之后又果断决策,再建一座规模更大的雷神山医院。本节介绍这两所医院防渗工程设计与施工情况。

18.1 工程概况

武汉市火神山医院位于蔡甸区知音湖大道,是参照 2003 年"北京小汤山医院"模式,在武汉职工疗养院建设的一座专门集中收治新型冠状病毒肺炎患者的医院。医院总建筑面积为 3.39 万 m^2,共设床位 1 000 张;分别设置重症监护病区、重症病区、普通病区,以及感染控制、检验、特诊、放射诊断等辅助科室,不设门诊。武汉市雷神山医院总建筑面积 7.99 万 m^2,共设床位 1 600 张,采取模块化设计,包括医疗隔离区、医护人员生活区、综合后勤区三大区域。

雷神山与火神山医院两个项目建设规模与施工条件略有不同:一是选址不同。火神山医院是在一块荒地上开建的,雷神山医院则是在军运村 3 号停车场上开建的。二是建筑规模不同。雷神山医院从初期 5 万 m^2、7.5 万 m^2 规模,一直扩大至 7.99 万 m^2,床位从 1 300 张增加至 1 600 张,仅仅用了 6 天就交付使用,其总体规模超过两个火神山医院,但工期却与火神山医院相当,可见难度极大。

18.2 防渗设计方案

鉴于新型冠状病毒的传染性强,医院的污水处理工艺标准也高于普通传染病医院。在运营设计上,污水处理站采用双回路、双保险系统,即使其中一组设备出现问题,另外一组设备也能将整个医院产生的废水全部进行处理。在消毒处理上,火神山、雷神山医院消毒剂的投加量,均高于国家要求的传染病医院消毒剂量,且消毒接触时间超过 4.5 h,远高于标准的 1.5 h。

火神山、雷神山医院每天最多会产生 800~1 000 t 污水,而每所医院的污水处理最大能力可达到 80 t/h,每天最多可处理 2 000 t 污水。为保证医院排出的污水不渗漏至周围土壤,污染和损害周围环境,因此对防水防渗系统工程设计、选材与施工

有严格要求。根据《生活垃圾卫生填埋场防渗系统工程技术规范》(CJJ 113—2007)
要求,通过对硬质基层、防渗系统和钢筋混凝土地面等三层防护,确保污水排入指定
区域后能及时消毒处理,且不得渗漏影响和破坏周围环境。

防渗系统工程参照垃圾填埋场标准施工,采用"两布一膜"防渗构造,即"两层土
工布及一层 HDPE 防渗膜"。施工时,在平整好的混凝土地面上,首先铺筑厚度为
200 mm 的砂子,并与预埋管道穿插施工;随后在上面铺设"两布一膜"防水防渗材
料,最后再铺设 200 mm 厚的干拌砂浆,因而整个系统具有较强的防水防渗功能(图
3-18.1 及表 3-18.1)。

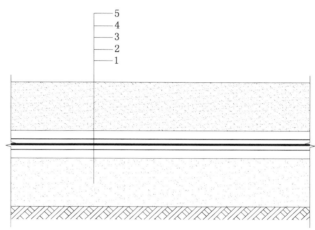

1—200 mm 厚砂子;2—600 g/m² 长丝土工布上保护层;3—2 mm HDPE 双糙面土工膜;

4—600 g/m² 长丝土工布上保护层;5—200 mm 厚干拌砂浆

图 3-18.1　防渗构造示意图

表 3-18.1　火神山、雷神山医院防渗方案优化

项目名称	面积/m²	原设计构造	实际施工构造	备注
火神山医院	33 900	200 mm 厚砂子; 600 g/m² 土工布; 2 mmHDPE 土工膜; 600 g/m² 土工布; 200 mm 厚砂子地面; 地面	200 mm 厚干拌砂浆; 600 g/m² 土工布; 2 mmHDPE 土工膜; 600 g/m² 土工布; 200 mm 厚砂子; 地面	由于混凝土地面养护期太短,抗压强度不足,为确保"两布一膜"工程质量,故在最顶层使用 200 mm 厚干拌砂浆替代原设计细砂材料,从而增加了防水防渗层的耐压性和耐久性
雷神山医院	79 950			

火神山、雷神山医院防渗系统设计具有以下特点：

（1）HDPE 土工膜采取可靠有效的双缝焊接，能有效阻止渗漏液透过，以保护地下水不受污染；

（2）上、下两层 600 g/m² 土工布，可保护 HDPE 土工膜避免被石子或尖锐的物体戳破；

（3）"两布一膜"均选用具有较强的防渗性能、抗化学腐蚀能力、抗老化性能的优异材料；

（4）防渗系统设计覆盖医院场地底部和四周边坡，形成完整的、有效的防渗屏障；

（5）防渗系统最顶层构造改用 200 mm 厚干拌砂浆，替代原设计的细砂材料，因而增加了防渗层系统构造的抗压性和耐久性。

18.3 所采用的材料优点

18.3.1 长丝纺粘针刺非织造土工布（600 g/m²）

长丝纺粘针刺非织造土工布是聚酯长丝经铺网、针刺加固而成的非织造布，无须热处理，不含任何化学添加剂，是一种环保的建筑材料。它具有优异的力学性能，良好的抗老化性、耐腐蚀性和极佳的透水性；能适应凹凸不平的基面，施工方法更加安全、简单，效率更高，可更经济、更持久地解决建设工程的基本问题。产品执行《土工合成材料 长丝纺粘针刺非织造土工布》（GB/T 17639—2008），见表 3-18.2。

表 3-18.2 土工布基本技术要求

序号	指标项目	规格									备注
		100	150	200	300	400	500	600	800	1 000	
1	单位面积质量，≥	95	142.5	190	285	380	475	570	760	950	
2	厚度/mm，≥	0.8	1.2	1.6	2.2	2.8	3.4	4.2	5.5	6.8	
3	幅宽偏差/%	-0.5									
4	断裂强力/[N·(20 cm)⁻¹]，≥	900	1 500	2 000	3 000	4 000	5 000	6 000	8 000	10 000	纵横向
5	断裂伸长率/%	40~80									
6	CBR 顶破强力/N，≥	800	1 600	1 900	2 900	3 900	5 300	6 400	7 900	8 500	

（续表）

序号	项目 指标	规格									备注
		100	150	200	300	400	500	600	800	1 000	
7	等效孔径 O_{90}，O_{95}/mm	0.07～0.2									
8	垂直渗透系数/(cm·s^{-1})	$K \times (10^{-1} \sim 10^{-3})$									$K = 1.0 \sim 9.9$
9	撕裂强力/N，≥	140	210	280	420	560	700	820	1 100	1 250	纵横向

注：1. 规格按单位面积质量，实际规格介于表中相邻间时，按内插法计算相应考核指标，超出表中范围时，考核指标有供需双方协商确定。

2. 参考指标，作为生产内部控制，用户有要求的按实际设计值考核。

长丝纺粘针非织造土工布的外观质量分为轻缺陷和重缺陷（表 3-18.3），每一种产品上不允许存在重缺陷，轻缺陷每 200 m^2 应不超过 5 次。

表 3-18.3 外观疵点的评定

序号	疵点名称	轻缺陷	重缺陷	备注
1	杂物	软质，粗≤5 mm	硬质；软质，粗>5 mm	
2	边不良	≤300 cm 时，每 50 cm 计一处	>300 cm	
3	破损	≤0.5 mm	>0.5 cm；破洞	以疵点最大长度计
4	其他	参照相似疵点评定		

长丝纺粘针非织造土工布具有以下产品特性：

（1）抗老化，产品具有非常高的抗紫外线照射能力，不易降解。

（2）高强度，在同等克重下，纵横向强力均高于其他针刺土工布。

（3）高延伸，产品在一定的应力作用下具有良好的延伸率，能使土工布适应凹凸不平的基面。

（4）耐高温，沥青料铺放在土工布上的温度一般为 150～165℃，而土工布专用聚酯纺粘针刺布在 210℃ 以上才开始软化，此时，产品仍然能保持结构完整性和物理性能不变。

（5）耐腐蚀，产品能耐土中常见化学物质及汽油、柴油等的腐蚀。

（6）耐摩擦，产品的摩擦系数高于其他常规土工布。

（7）耐蠕变，产品的耐蠕变性好，功能长效。

18.3.2　HDPE 防渗膜

HDPE 防渗膜是一种柔性防水材料,连接采用热熔焊接,焊缝强度高,焊接性能好,具有很高的防渗系数(1×10^{-12} cm/s);具有良好的耐热性和耐寒性,其使用环境温度为$-70 \sim 110$℃;具有很好的化学稳定性能,能耐 80 余种强酸、碱等化学腐蚀;具有很高的抗张力强度,具有很高的抗拉强度,能满足高标准工程项目需要;具有很强的耐候性,有很强的抗老化性能,能长时间裸露使用而保持原来的性能;整体性能好,具有很强的抗拉强度与断裂伸长率,能够在各种不同的恶劣地质与气候条件下使用,地质不均匀沉降应变力强。

HDPE 防渗膜选材、检测及施工主要参照以下技术标准:《土工合成材料 聚乙烯土工膜》(GB/T 17643—2011)、《聚乙烯(PE)土工膜防渗工程技术规范》(SL/T 231—1998)、《土工合成材料应用技术规范》(GB/T 50290—2014)、《土工合成材料测试规程》(SL/T 235—2012)、《垃圾填埋场用高密度聚乙烯土工膜》(CJ/T 234—2006)。

防渗设计中 HDPE 防渗膜材料的主要性能应满足表 3-18.4 要求。

表 3-18.4　HDPE 防渗膜材料主要性能指标

序号	项　目	指　标	
		CH-1	CH-2
1	拉伸强度/MPa	≥17	≥25
2	断裂伸长率	≥450%	≥550%
3	直角撕裂强度/(N・mm^{-1})	≥80	≥110
4	碳黑含量	≥2%	
5	耐环境应力开裂/F$_{20h}$	—	≥1 500
6	200℃时氧化诱导时间/min	—	≥20
7	水蒸气渗透系数/[g・(cm・s・Pa)$^{-1}$]	≤1.0×10^{-12}	
8	-70℃低温冲击脆化性能	通过	
9	尺寸稳定性	±3%	

注:CH-1—普通中(高)密度聚乙烯土工膜;CH-2—环保用高(中)密度聚乙烯土工膜。

18.4 "两布一膜"施工工艺

工艺流程：混凝土地面（基层）夯实（局部开挖埋管）→200 mm 厚砂子平整压实→铺贴第一道 600 g/m² 土工布→2 mm 厚 HDPE 双糙面土工膜（焊接施工）→铺贴第二道 600 g/m² 土工布 →200 mm 厚干拌砂浆压实。如图 3-18.2、图 3-18.3 所示。

质量要求：基层平整、压实、无裂缝、无松土，表面应无积水、石块、树根及尖锐杂物。防渗系统的场地基层，应根据渗漏液收集导排要求设计纵、横坡度，且向边坡基层平缓过渡，压实度均大于 93%。防水防渗系统的四周边坡基层结构稳定，压实度均应大于 90%。

（a）铺贴第一道土工布

（b）铺设 HDPE 土工膜

（c）HDPE 防渗膜搭接边施工

（d）铺贴第二道土工布

图 3-18.2 "两布一膜"现场施工图

图 3-18.3　"两布一膜"大面完成后实景图

18.4.1　土工布安装程序及工艺要求

1. 土工布安装程序

土工布检测→土工布拼接、检验→铺设土工布→铺设位置检测→质量验收→进入下道工序。

2. 土工布工艺要求

(1) 尺寸设计。

根据设计要求,尽量选用宽幅,根据目前厂家生产能力,土工布来料幅宽一般为4 m,这样的幅宽并不能直接满足施工铺设的需要,必须在地上进行缝接拼宽,土工布横向地上缝接宽度应满足设计要求。

(2) 土工布拼接。

① 采用"丁缝"拼接。首先将两块各为4.0 m的布铺开,在横边各折叠出20 cm布宽。将这两层20 cm布用手提缝纫机穿涤纶线缝合后,按照缝过的线痕折叠,再在10 cm宽度处缝两条线,缝制针距控制每10 cm在13针左右,缝制强力不小于土工布断裂强力的60%。两块布缝接完成后,再依次拼缝第三块、第四块布、第五块布,扣除土工布的搭接,最后形成每张19.2 m宽的布幅。

② 拼幅完成后,用卷扬机将钢管作轴卷起,然后贴上标签,登记后存放待运。

（3）质量保证措施。

① 材料要求。

土工布采用 600 g/m² 长丝纺织针刺非织造土工布。

② 进场材料质量保证技术措施。

a. 每一批材料到场，都要进行抽样检验，经检验合格后才能使用。检查来料包装是否完好、外观及表面有无破损、数量是否有缺少，不允许有裂口、孔洞、裂纹或退化变质等材料；检查来料有无质检单、合格证、测试单、出厂日期、批号、厂名、布幅、布长及规格型号；检查来料测试单中的各项指标是否满足设计要求。每批来料中随机抽查 1～2 件，做简单的肉眼和手工检测，以判断其大致是否合格或良好。

b. 土工合成材料运输过程中和运抵工地后应妥为保存，避免日晒，防止黏结成块，并应将其储存在不受损坏和方便取用的地方，尽量减少装卸次数。

c. 拼接缝必须符合设计技术要求。

③ 施工质量保证技术措施。

土工布铺设时安排专人负责铺放过程的描述记录和每块铺放的位置尺寸记录。记录者负责签名并由质检员负责校核。

检查的主要内容是：布与布之间搭接是否严密，相邻片（块）搭接宽度不小于 200 cm（人工铺设搭接宽度不小于 100 cm）；布的铺设是否平整，铺放应平顺，松紧适度，并应排除空气，与滩涂面密贴，铺设过程如有损坏处，应修补或更换。

18.4.2　HDPE 土工膜安装程序及工艺要求

1. 土工膜安装应具备的条件

（1）材料到场且技术指标符合相关要求；

（2）机械设备已检修调试完毕，电源已接通；

（3）前一道工序已施工完毕并经检查，验收合格；

（4）施工技术方案已获得批准；

（5）已经召开过现场协调会议，各配合单位已准备就绪；

（6）气候条件符合土工膜施工的要求。

2. 土工膜安装程序（图 3‑18.4）

3. HDPE 土工膜的施工方法

土工膜的施工焊接主要包括双缝热合焊接和单缝挤压焊接两种方法，其操作应符合相关规范要求。该项目采用双缝热合焊接法，其施工程序和工艺要求如下。

（1）施工前的准备工作。

在正式焊接之前所要进行的准备工作包括以下几个方面：

① 对铺膜后的搭接宽度的检查：HDPE 膜焊接接缝搭接长度为 80～100 mm。

② 在焊接前，要对搭接的 200 mm 左右范围内的膜面进行清理，用湿抹布擦掉

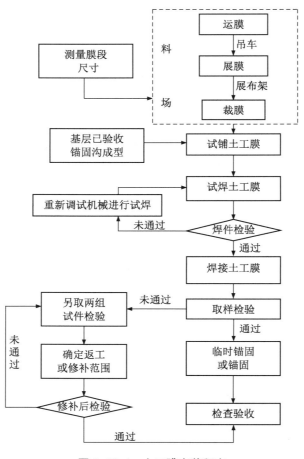

图 3-18.4　土工膜安装程序

灰尘、污物,使这部分保持清洁、干燥。

③ 焊接部位不得有划伤、污点、水分、灰尘以及其他妨碍焊接和影响施工质量的杂质。

④ 试焊:在正式焊接操作之前,应根据经验先设定设备参数,取 300 mm× 600 mm 的小块膜进行试焊。然后在拉伸机上进行焊缝的剪切和剥离试验,如果不低于规定数值,则锁定参数,并以此为据开始正式焊接。否则,要重新确定参数,直到试验合格时为止。当温度、风速有较大变化时,亦应及时调整参数,重做试验,以确保用于施工的焊机性能、现场条件、产品质量符合规范要求。

试焊成功或失败的评定标准:对黏结的焊缝进行剪切和剥离检验时,只能膜被撕坏,不能出现焊口的破坏(即 FTB),如图 3-18.5 所示。

图 3-18.5　对黏结焊缝进行剪切和剥离检验

⑤ 当环境温度高于 40℃或低于 0℃时不能进行土工膜的焊接。

⑥ 水平接缝与坡脚和存有高压力地方的距离须大于 1.5 m。

（2）热合焊机焊接土工膜时应遵守相应程序，如图 3-18.6 所示。

（3）热合机焊接的操作要点。

① 开机后，仔细观察指示仪表显示的温升情况，使设备充分预热。

② 向焊机中插入膜时，搭接尺寸要准确，动作要迅速。

③ 在焊接中，司焊人员要密切注视焊缝的状况，及时调整焊接速度，以确保焊接质量。

④ 在焊接中，要保持焊缝的平直整齐，应及早对膜下不平整部分采取应对措施，避免影响焊机顺利自行。遇到特殊故障时，应及时停机，避免将膜烫坏。

⑤ 在坡度大于 1∶3 的坡面上安装时，司焊和辅助人员必须在软梯上操作，且系好安全带。

⑥ 在陡坡或垂直面处作业时，司焊人员要在吊篮里或直梯上操作，均应系牢安全带。必要时，在坡顶处设置固定点，对焊机的升降进行辅助控制，以便于准确操作，并确保焊机的安全运行。

⑦ 司焊人员必须监控焊机的电源电压是在 220 V±11 V 之内，否则应即时停机检修。

⑧ 从事环境工程作业的 HDPE 土工膜焊接的司焊人员，必须是中级或中级以

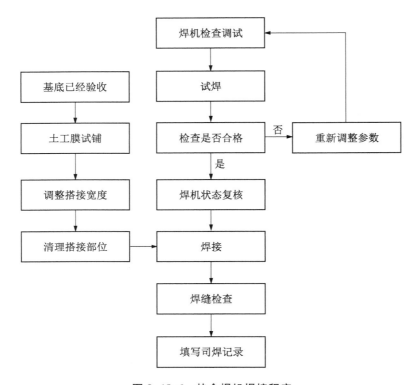

图 3-18.6　热合焊机焊接程序

上职称的焊工。如果是初级焊工操作,必须有中级或中级以上职称的焊工在一旁指导、监视,并由监视人签字。

⑨ 在从事热合焊接时,根据安装条件,一般 2～3 个人为一组,其中至少有 1 名中级或中级以上职称的焊工负责司焊。

热合焊试焊焊件质量评判如图 3-18.7 所示。

(4) HDPE 土工膜焊缝的检测。

① 对 HDPE 土工膜的焊接质量检验有非破坏性检验(检漏实验)和破坏性检验两种。热合双焊缝的非破坏性检测常采用充气法,挤压熔焊单焊缝的检漏常采用真空法和电火花法。

② 热合双焊缝的检漏:用充气(正压)法,即将要检验的整段焊缝两端暂时密封,插入特制的空心针头,连通空气压缩机,如图 3-18.8 所示。

检验步骤 1:将拟检验的焊缝段 A 点及 B 点的焊缝上层膜切开,并将 A,B 点处空腔封闭,插入针头并封闭。

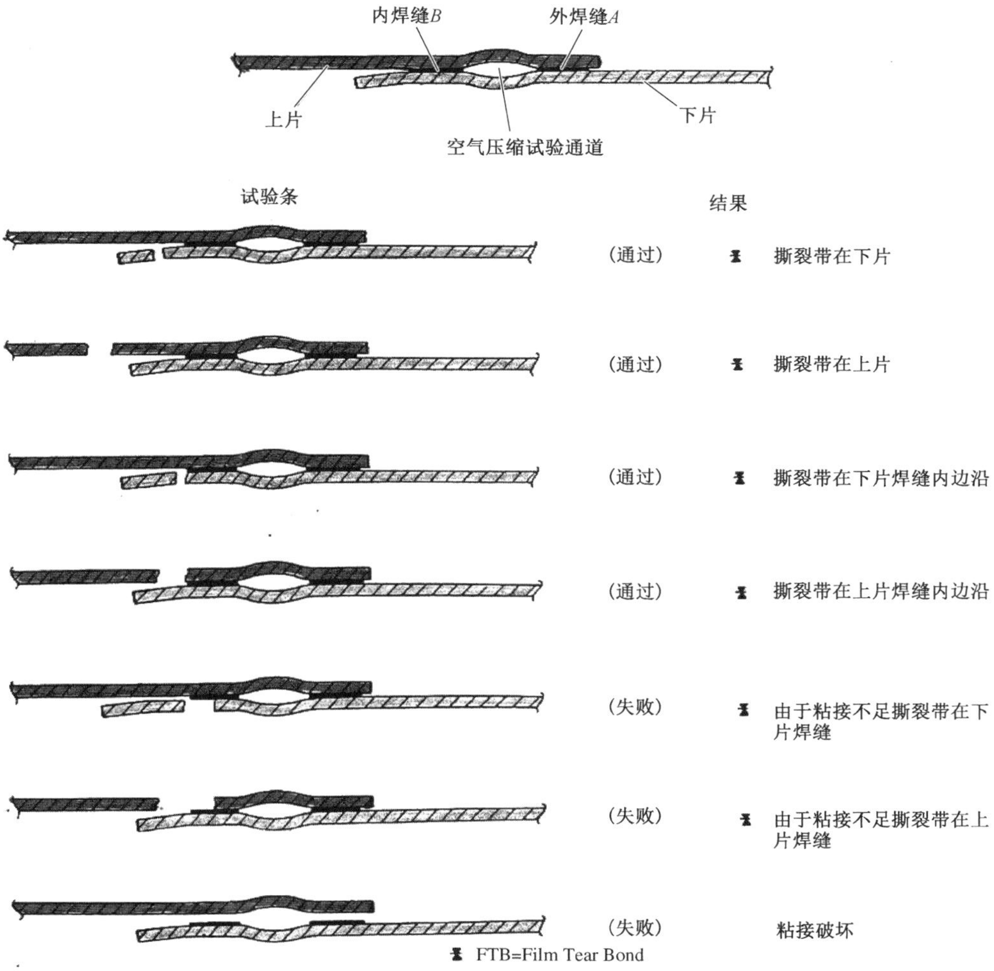

图 3-18.7 热合焊试焊焊件质量评判示意

启动空压机或其他加压装置,在 0.21 MPa 压力下稳定 3~5 min,压降不超过 1/15,则检验通过。

检验步骤 2:将 B 点的焊缝上层膜的封闭处切开,根据气体泄出的声音判断 A、B 间气道是否连续、通畅。

检验步骤 3:将 B 点的焊缝切开出以及针孔处焊接封闭。

(5)土工膜缺陷的修补。

① 对焊接检验切除样件部位、铺焊后发现的材料破损与缺陷、焊接缺陷以及检验时发现的不合格部位等,均应进行修补。

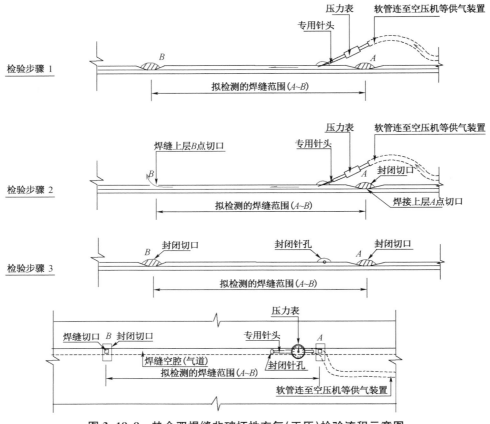

图 3-18.8 热合双焊缝非破坏性充气(正压)检验流程示意图

② 修补的程序:对随时发现的缺陷部位用特制的白笔标注,并加编号记入工作日记,以免修补时漏掉;修补处的编号规则为 B1,B2,B3,⋯连续排列;修补方案应经过队长的认可;修补后应抽样(10%~20%)做检漏实验(负压法或电火花法)。

③ 补修的方法。

点焊:对材料上小于 5 mm 的孔洞及局部焊缝的修补完善,可用挤压熔焊机进行点焊。

加盖:对不够厚度或不够严密的挤出焊缝,可用挤压熔焊机补焊一层。

补丁:对大的孔洞、刺破处、膜面严重损伤处、取样处、十字缝交叉处以及其他各种因素造成的缺损部位,均可用加盖补丁方法来修补。补丁尺寸:十字缝处为切角的方形 300 mm×300 mm,或 $D = 300$ mm。其余情况,一般边长不小于 200 mm,补丁边距缺陷处不小于 80 mm。

④ 修补处的检验:修补任务的操作,只能是在高级工指导下进行;修补后要对

成品抽样做检漏实验。

18.5 结语

2020 年 1 月下旬,武汉市正值湿冷气候,在一定程度上加剧了病毒的生存和传播力,因此对做好防渗工程提出了更严格的要求。凭借多年的工程实践经验,北京东方雨虹防水技术股份有限公司设计团队提出了 HDPE 特种防渗系统设计方案,由于该方案具有抗渗、防水、耐腐蚀、抗冲击和耐久等优异性能,绿色环保,且施工速度快,完全达到国家相关标准和设计要求,这是其他设计方案所不及的。另外,通过精心组织,严格要求,全体参战职工团结拼搏,不畏艰险,在极短时间内保质保量、顺利地完成了两个医院的防渗工程,为尽早更多地收治新冠肺炎重危症病人赢得了宝贵时间,献出了一份爱心,这是值得一书的。

19 关于高层建筑地下室防水施工若干问题

《地下工程防水技术规范（征求意见稿）》（GB 50108—2016）在网上发布后，受到社会各界广为关注。现结合高层建筑地下室工程实践中发现的问题谈几点看法。

19.1 主体结构防水混凝土

《地下工程防水技术规范（征求意见稿）》（GB 50108—2016）（以下简称《征求意见稿》）第 3.1.5 条指出："地下工程迎水面主体结构防水应采用防水混凝土，并应根据防水等级的要求采取其他防水措施。"这是这本规范的核心与亮点之一。如何执行并在实践中得到全面实施，值得深入研究。

（1）既然防水混凝土由土建总包单位自行完成，那么理应负起防水工程质量的主体责任，同时还要为防水专业分包单位提供良好的工作条件，然后实际情况差距远也。笔者希望在第 1 章总则中有所表述，或在第 3.1.5 条条文说明中加注。如此可为现行防水分包合同中有关质量条款的调整提供科学依据。

（2）同理，地下工程防水混凝土具有结构安全与主体防水的功能，其重要性是不言而喻的。有关防水混凝土的设计、施工内容在本规范中如何表述，与土建其他规范如何协调等，应认真研究。

19.2 附加防水层等效性试验

以明挖法施工为例，除强调采用混凝土结构自防水外，还应根据防水等级设置 1～2 道外设防水层，这是基于混凝土材料的多孔性和混凝土结构开裂难以避免的特点而增加的（指小于 0.2 mm 的无害裂缝）。将《征求意见稿》表 3.3.3-1 与表 5.1.2、表 5.1.3 联系起来分析，外设防水层规定为几大系列、多种产品，它们孰优孰劣，在相同工况条件下其等效性如何，都需要相关实验数据来支撑；某些产品还要通过长期实验和工程考察，既要证实，更要证伪。但现有理论和经验认为，外设防水层必须与防水混凝土具有相容性与互补性，才能实现地下工程迎水面全封闭防水的持久功效，这对长期处于有腐蚀介质水作用下的地下工程尤为重要。这项等效性试验工作建议由国家级科研机构组织实施，有关数据今后可供设计院选材参考。

19.3   防水材料耐腐蚀性要求

地下水污染主要指人类活动引起地下水化学成分、物理性质和生物学特性发生改变而使质量下降的现象。地表以下地层复杂,地下水流动极其缓慢,因此,地下水污染具有过程缓慢、不易发现和难以治理的特点。

我国地下水污染划分为以下四类:一是地下淡水过量开采导致沿海地区的海(咸)水入侵;二是地表污(废)水排放和农耕污染造成的硝酸盐污染;三是石油和石油化工产品的污染;四是垃圾填埋场渗漏污染。为此,在兴建地下工程设施时,必须采取保护性措施,防止地下水污染后对建筑结构造成危害。

目前,许多大中城市对 20 世纪中期遗留的石油化工企业,在搬迁后旧有场地改造利用中,都存在环境评估问题。在国内,当地下土壤和地下水被污染时,关注重点是土的修复和水处理问题。被污染土壤可采用置换等多种处理方式,但地下水位则时常发生变化,深层地下水中的有害物质不可能被彻底处理干净(如二氯乙烷存于水的下部,难以处理干净),对地下工程防水层的损害将是长期的,有可能严重影响防水层的耐久性。

地下土壤和地下水被污染后,水中的化学物质种类较多,对不同防水材料的腐蚀程度也不一样,具有多样性特点。而现行《地下工程防水技术规范(征求意见稿)》(GB 50108—2016)没有考虑在地下水被污染的特殊情况下,对防水材料提出防腐蚀方面的特殊要求;同样,在相关防水材料标准中,也未涉及这类问题。因此,根据上述情况,建议对常用的地下防水材料开展多种介质耐腐蚀性系统研究是十分必要的。

例如,北京某化工厂搬迁后对拟建场地土壤分析发现,主要污染物达 18 种之多,尤以挥发性氯代有机物——二氯乙烷为主,还有汞、铜、镍、砷等重金属,污染重,面积大,最大污染深度可达 18.5 m。为此,在地下工程防水设计前,对主要污染物——二氯乙烷与不同防水材料进行相关实验后得知,当地下水含有二氯乙烷时,常用的高聚物改性沥青防水卷材、单组分聚氨酯防水涂料有明显的溶解或溶胀现象,力学性能丧失殆尽。此时,防水材料可选用合成高分子类的防水卷材,如 TPO 和 HDPE 防水卷材或其组合,并要求卷材的搭接采用焊接。以上参见表 3-19.1—表 3-19.3、图 3-19.1—图 3-19.3(适用于污染较重部位)以及图 3-19.4—图 3-19.6(适用于污染较轻部位)。

表 3-19.1 浸泡纯二氯乙烷溶剂后防水材料外观变化情况

名称	外观变化情况
SBS 改性沥青防水卷材	浸泡 48 h 后,卷材防水材料发生弯曲变形,有明显溶解现象,在溶液表面出现固液两相分离,此时材料将丧失原有的力学性能
单组分聚氨酯防水涂料	浸泡后外观发生明显溶胀现象,边缘扭曲变形,用镊子水平夹起试件时,试件会发生垂落,力学性能损失很大;当浸泡 72 h 后,单组分聚氨酯防水涂料体积增加约 100%
TPO 防水卷材	TPO 是一种部分结晶、非极性的热塑性弹性体材料,浸泡 72 h 后,体积增加约 30%,力学性能下降约 15%
HDPE 防水卷材	浸泡 48 h 后,表面砂粒脱落,胶层溶解,卷材露出光板面,但 HDPE 片材本体未受溶解影响

表 3-19.2 两种卷材力学性能比较

名称	拉伸强度/MPa		断裂伸长率/%	
	浸泡前	浸泡后	浸泡前	浸泡后
TPO 防水卷材	16	16	620	590
HDPE 防水卷材	31	29	930	910

表 3-19.3 两种卷材搭接强度测试

项目	TPO 防水卷材	HDPE 防水卷材
搭接方式	热空气焊接	双焊缝焊接
焊接样品宽度/mm	50	12(2 道)
拉伸速度/(mm·min^{-1})	100	100
最大剥离力/[N·(50 mm)$^{-1}$]	440	750
剥离现象	搭接处以外片材破坏	在第一道焊缝处卷材破坏

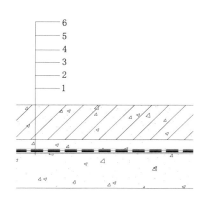

1—混凝土垫层;2—1.2 mm 厚 TPO 防水卷材(H 形,均质片);3—双面胶;4—1.2 mm 厚 HDPE 自粘胶膜防水卷材;5—40 mm 厚细石混凝土保护层;6—钢筋混凝土底板

图 3-19.1 A 地块地下室底板构造

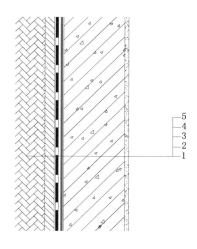

1—回填 2∶8 灰;2—240 mm 厚页岩砖保护墙;3—1.2 mm 厚 TPO 防水卷材(H 形、均质片、自粘型);4—1.2 mm 厚 HDPE 自粘胶膜防水卷材(卷材自粘面朝向侧墙);5—钢筋混凝土结构侧墙

图 3-19.2 A 地块地下室侧墙构造

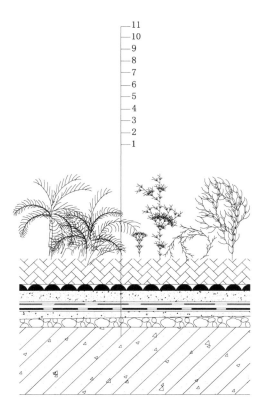

1—钢筋混凝土结构楼板;2—最薄处 30 mm 厚轻集料混凝土找 0.5% 坡;3—20 mm 厚 1∶2.5 水泥砂浆找平层;4—1.2 mm 厚 HDPE 自粘胶膜防水卷材;5—1.2 mm 厚 TPO 耐根穿刺卷材防水层;6—聚酯无纺布隔离层;7—70 mm 厚细石混凝土保护层;8—30 mm 高 HDPE 排水板;9—无纺布过滤层;10—种植土层;11—植被层

图 3-19.3 A 地块种植屋面构造

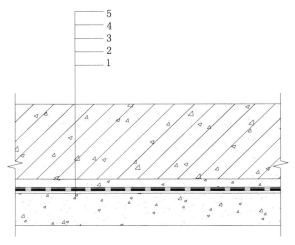

1—混凝土垫层;2—1.2 mm厚TPO防水卷材(H形,均质片);3—3 mm厚自粘聚合物改性沥青防水卷材(聚酯胎);4—40 mm厚细石混凝土保护层;5—钢筋混凝土底板

图 3-19.4　B地块地下室底板构造

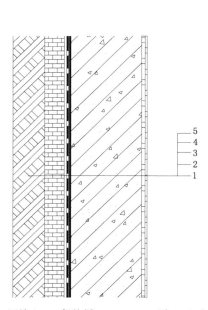

1—回填土;2—保护层;3—1.2 mm厚TPO防水卷材(H形、均质片);4—3 mm厚SPS改性沥青防水卷材(聚酯胎);5—钢筋混凝土结构侧堵

图 3-19.5　B地块地下室侧墙构造

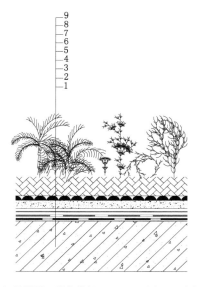

1—钢筋混凝土结构楼板;2—3 mm厚SPS改性沥青防水卷材(聚酯胎);3—1.2 mm厚SPO耐根穿刺卷材防水层;4—聚酯无纺布隔离层;5—70 mm厚细石混凝土保护层;6—排水层;7—无纺布过滤层;8—种植土层;9—植被层

图 3-19.6　B地块种植屋面构造

19.4 地下室渗漏水原因初探

大量工程实践证明,高层建筑地下室开裂是由多种原因造成的,并有一定的客观规律。现分述如下。

19.4.1 底板混凝土开裂原因

高层建筑地下室一般都是现浇钢筋混凝土超静定结构,一般为 3 层或更多层。其整体筏式底板厚度等于或大于 1 m 时,属于大体积混凝土范畴。此时,水化热引起混凝土内的最高温度(中心温度)与表面温度之差一般不得超过 25℃。为满足上述要求,必须采取措施,解决由水化热及随之引起的体积变形问题,以最大的限度减少混凝土的开裂。

大量工程实践证明,大体积防水混凝土的开裂,主要是由施工初期混凝土内释放的水化热导致温度应力而引起的(图 3-19.7),且与地基对基础的约束作用有关;在坚硬岩土中,后者产生的危害性更大。如此巨大的约束应力对已施工的卷材防水层的破坏,在山区施工中不在少数,许多文献都有这方面的报道。因此,对于山区岩土地基且大体积混凝土的底板结构,宜在底板与防水层之间增设滑动层(如一层沥青油毡),真正起到以柔克刚、无缝防水的目标(图 3-19.8)。

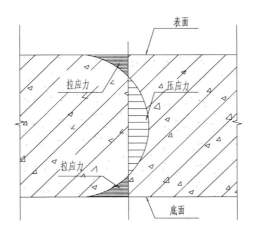

图 3-19.7 大体积防水混凝土由温度应力引发的开裂
(底面开裂与表面开裂相互连通而形成的贯穿裂缝,在地下水渗透压力作用下引起渗漏,
一般在施工降水停止后即可发现)

图 3-19.8　采用细砂、油毡滑动层构造实例

19.4.2　地下室开裂的三个阶段

据有关文献报道[1],北方一个 2002—2003 年建设的钢筋混凝土框架结构双子座高层建筑(30/32 层),建筑面积为 63 554 m²,地下 3 层,埋深约 15 m。该项目工期横跨两个年度,而地下室处于冬期施工。该地下室出现开裂、发展、渗水、堵漏有一个时间过程,具有典型意义。

(1)底板混凝土浇筑阶段。该工程底板大体积混凝土在冬期施工中,由于质量控制较好,混凝土养护期满后进行全面检查,表面仅有一些断续、不规则的发丝收缩裂缝,未曾发现可见深进或贯穿性裂缝。而在后续的地下 1 层至地下 3 层结构层施工期间,地面与墙面都很干燥。

(2)主体结构封顶阶段。施工期间由于采取地下降水作业以及回填土尚未完成等因素,因此地下水压力远小于设计的最大水压力,所以在地下 1 层至地下 3 层结构层施工期间,混凝土初期出现的一些收缩裂缝(有些细小裂缝难以检查出来)尚未引发渗漏水。

(3)地下室设备与管道安装阶段。随着时间的推移,1 年后发现,3 层地下室地面出现渗水,并上升至墙面。经过分析,在冬期负温下,因混凝土内部空隙充满水分或补入新的水源(如施工用水、消防试压水等),此时由水结冰产生的体积膨胀,会使原有裂缝不断扩大、串通,而成为新的贯穿性裂缝;而在混凝土初期出现的裂缝,也有扩大发展的趋势。一旦气候变暖,地下水位上升时,贯穿性裂缝与混凝土内部的空洞就成为地下渗漏水的通道。因此,时隔 1 年后该工程出现渗漏水有典型意义,裂缝具有"发展性"在这里得到更好的证实。

该工程开裂渗漏形成与发展过程详见图 3-19.9。

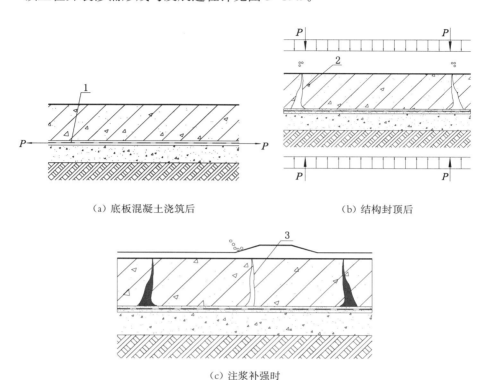

（a）底板混凝土浇筑后   （b）结构封顶后

（c）注浆补强时

1—由混凝土温度收缩引起的约束力导致卷材破损；2—在设计荷载下底板出现非正常开裂；
3—注浆补强时底板出现隆起或新的开裂，受力情况与（b）相同

图 3-19.9 某工程开裂渗漏形成与发展过程

19.4.3 越冬保护措施至关重要

据介绍，水在结成冰的过程中，体积会增加 9% 左右。融化的冰雪渗入岩石裂缝又重新冻结时，对周围的岩体产生了强大的侧压力。这种作用在每平方厘米上足够两吨的强大力量（相当于 200 MPa），能轻而易举地断开岩石，将它们变成碎片（《南方周末》2005 年 8 月 11 日 D32 版）。试想，在地下室四周完全嵌固的条件下，由水结冰而形成的强大侧压力足以破坏已有裂缝和任何高强度等级的钢筋混凝土结构。因此，在北方地区，对于跨年度裸露的地下室，确实存在一个由冰害引起裂缝和渗漏水的质量问题。

关于越冬保护措施，以下几点必须引起重视：

（1）在地下室外墙防水中，宜增加保温措施，以减少混凝土墙面在室内常出现的潮湿或结露现象。

（2）多层地下室在冬期前如不能及时回填土时，必须做好保温覆盖工作（如推迟模板拆除时间），尤其是底板与外墙相交"墙趾"部分的侧壁回填土，应提前做好。另外，地下防水是一个复杂的系统工程，除了防水措施以外，还应该结合排水、消防等各种专业，周密考虑工程的防排水系统和地面挡水、截水系统及各种洞口的防倒灌措施。

（3）从使用角度考虑，一般底层地下室多数供车库使用，因此在有条件的地区可在底板下设置倒滤层（此部分地下水可直接引入积水井排除）；而在室内四周还宜设施排水明沟（上盖铁箅子），通过潜水泵定期将沟内积水排入室外集水井供循环使用。这样不仅方便地面清洗，还可有效减少地下水的压力，同时结合机械排风等装置，可确保室内地面与墙面长期处于干燥状态。

19.5　地下工程应采取全封闭防水

1997年4月在海口举行的"全国地下防水工程技术研讨会"上，有专家指出："对地下防水的设计，总体要求是'防排结合，防为基础；多道防线，刚柔并举；因地制宜，综合治理'的原则。"在总体应用上，宜按实际情况进行分解和细化。如防排结合，包括截、堵、导等措施。而多道防线、刚柔并举，则包括材料防水与构造防水并举，结构自防水与柔性防水材料并举，以及与接缝密封材料、止水或堵漏材料互补并用等措施。大量工程实践证明，地下工程设计中的一条重要原则是，必须采取全封闭防水方案，不让"水进入结构主体"，即对立墙、底板用柔性防水材料全部封闭，对于分期施工的搭接部位，还要有可靠的加强和保护措施。[2]

另外，柔性外防在底板、侧墙、顶板变换材料时，应设计节点详图。重点考虑材性、施工工法。须知，不是随便什么卷材、涂料都可匹配，也不是什么情况下都可采用丁基密封胶带、非固化涂料或密封胶的，天气、工期、工人操作水平、现场情况都是制约因素。表面搭接黏牢，不等于已形成连续密封，也不等于长期有效密封。严格地说，必须以实验为依据。因此不换材料最合算，也最保险。[3]

19.6　地下工程分区预注浆系统防水技术[1]

1. 工程概况

迪拜棕榈岛网罗世界顶级品牌专卖店、豪华公寓及五星级酒店等商业与民用建筑，是迪拜的地标性建筑，建筑面积约为 12 万 m^2。由于该项目为人工海岛，其地下结构会长期遭受海水浸泡和侵蚀，因此确保地下空间防水技术是该项目重要环节之一。由于受人工岛地形和空间的限制，经过权衡决定采用外防内贴式分区预注浆系统应用技术。

2. 防水原理

分区预注浆防水技术系统,是以聚氯乙烯防水卷材为基础,用止水带分区作辅助,将防水层分区域划割成若干小块。当局部防水层破坏时,分区域防水层可限制渗漏水的窜流,并可通过渗漏区域内部的预埋注浆管(预埋的注浆管安装于防水卷材层内),在不破坏原有防水材料的情况下便捷地注浆,从而修复好防水系统。

该系统是由聚氯乙烯防水卷材防水层、止水带及注浆系统三大部分组成。聚氯乙烯卷材具有良好的防水、拉伸和耐酸钙性能,使其具有得天独厚的优势,再结合聚氯乙烯 AR 型止水带所形成的区间和具有重复注浆能力的注浆系统为后盾,为地下工程防水提供了三重保障。而在注水带中间加设一道注浆管,用于修补混凝土中可能出现的蜂窝、裂缝等问题,从而杜绝了渗漏水沿着止水带窜流的现象。这种集防水与注浆修复为一体的分区预注浆防水技术系统,确保了地下工程的防水效果与整体性。

3. 技术要点

(1)防水分区,如图 3-19.10 所示。

(2)细部防水构造,如图 3-19.11—图 3-19.15 所示。

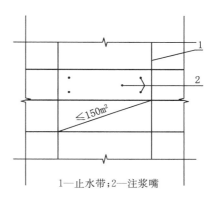

1—止水带;2—注浆嘴

图 3-19.10　止水带分区分布

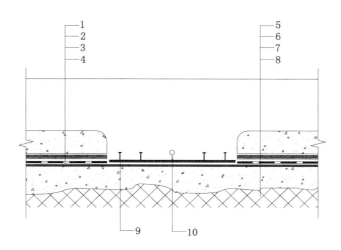

1—结构混凝土;2—砂浆保护层;3—PE 膜保护层;4—土工布;5—防水卷材;
6—土工布;7—混凝土垫层;8—夯实地基土层;9—止水带;10—注浆管

图 3-19.11　底板结构层次

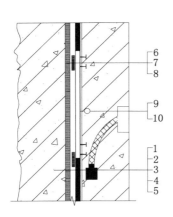

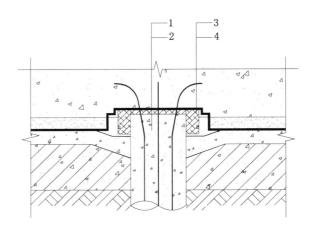

1—回填土/地下连续墙;2—土工布;3—防水卷材;
4—注浆嘴;5—地下工程结构墙;6—垫片;
7—土工布;8—连接盒;9—止水带;10—注浆管

图 3-19.12　外防内贴式防水构造

1—结构混凝土;2—树脂;
3—止水带;4—无收缩灌浆料

图 3-19.13　钻孔灌注桩桩头节点处理

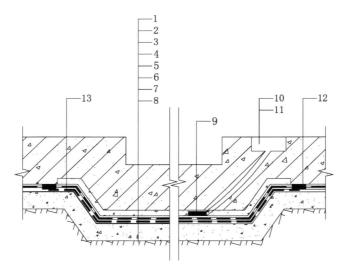

1—结构混凝土;2—砂浆保护层;3—PE膜保护层;4—土工布;5—防水卷材;
6—土工布;7—混凝土垫层;8—夯实地基土层;9—注浆嘴;
10—连接盒;11—注浆管;12—止水带;13—卷材加强层

图 3-19.14　坑井防水处理

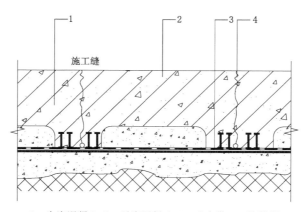

1—先浇混凝土;2—后浇混凝土;3—止水带;4—注浆管
图 3-19.15 后浇带及施工缝防水处理

4. 哲学思考

地下工程防水施工一旦完成即为永久性防水,它无法像屋面工程那样可以更新维修。而传统的地下工程迎水面外防水系统,由于采用柔性防水材料与结构层共同作用而形成的全封闭防水技术,在长期工程应用中取得不俗成绩。但它有致命弱点,如施工条件苛刻,卷材、涂料与结构基层难以形成一个整体,工程质量可靠性一直受到质疑。一旦防水层遭到破坏,就会使地下结构提早受到水的侵蚀,并影响其使用年限。

作为迪拜的地标性建筑,棕榈岛项目地下室工程,在极其复杂的条件下,因地制宜,采用分区预注浆系统防水获得圆满成功,丰富了迎水面外防水技术内涵,提升了地下防水工程质量水平,显示出建筑师和防水工程师独具匠心和功力,这是值得肯定的。

上述案例再次昭示我们,在重大防水项目中,必须重视细部构造设计,包括对于在建筑物竣工后可能出现的渗漏水现象,应如何防范与处理的问题。而地下工程分区预注浆系统防水技术的应用,由过去的被动修补,到如今的主动控制;由盲目无序凿敲堵漏,到科学注浆密封渗水漏点;由结构内部背水面修复,到结构外部迎水面处理;真正实现了拒水于结构层之外的技术路线,确保了混凝土结构免受水的侵蚀,从而延长建筑物使用寿命的目的。这项技术具有可复制、可推广价值。

19.7 "融合与共生"的哲学理念

19.7.1 关于混凝土强度设计问题

《征求意见稿》第 4.1.27 条:"在设计许可情况下,掺粉煤化混凝土设计强度等级的龄期宜为 60 d 或 90 d。"此点似可商榷。其原意虽有减少水泥水化热、抑制混凝土开裂的有力措施,但也确实存在降低结构设计安全贮备,不利于长久服役的要求。另外,与日本相比,我国水泥平均粒径偏小,28 d 水化已完成 90% 以上,后期强度少有增长也是不争的事实,这对于长期有水侵入的地下工程更应警惕,因此建议取消。这是"两利相权取其重,两害相权取其轻"的又一例证。

19.7.2 关于降水作业时间问题

在地下防水工程中,"动与静"这对矛盾不仅是设计中应考虑的因素,也贯穿于施工和竣工后日常管理的全过程。《征求意见稿》第 3.4.1 条中"地下水位应降至工程底部最低高程 500 mm 以下,降水作业应持续至回填完毕"(仅适用于单建式的地下工程),紧接着建议增加"且需满足底板结构抗浮力计算要求"。因为水是千变万化的,在停止抽水后如上部结构重量不足,因地下水压力的渗透作用导致底板拱起、开裂等情况时有发生,造成很大损失。这在高层或超高层建筑中尤应注意(图3-19.16)。

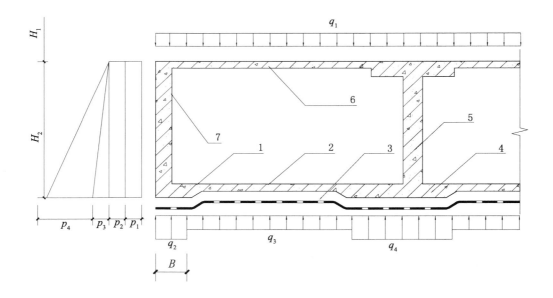

q_1—填土重、顶板重、地面活荷载;q_2—条基反力(不计水压力);
q_3—水压力减抗水板及地面重;q_4—往基反力(不计水压力);
p_1—地面活荷载侧压力($p_1 = kp$);p_2—顶板以上土侧压($p_2 = kH_1\gamma$);
p_3—水位以下土侧压($p_3 = kH_2\gamma'$);p_4—水侧压($p_4 = H_2\gamma'$)
1—外墙条基;2—抗水板;3—防水层;4—独立基柱;5—柱子;6—地下室无梁顶板;7—外墙

图 3-19.16 地下室顶板、底板与外墙整体计算

19.7.3　主体结构防水与其他防水层的关系

地下防水工程是由主体结构防水混凝土与其他防水层共同组成的一个整体,它们之间是一个主与次而不是代替或削弱的关系。在不同环境与工况的条件下,通过不同防水材料的相容与互补作用,设计构造层次的优化组合,施工工艺的创新发展以及其他途径,形成可靠持久的防水屏障,最终实现建筑工程"适用、经济、安全、绿色"的终极目标。这种由"融合与共生"哲学理念指导的地下防水工程,可取得良好的技术经济和社会效益。

而"融合与共生"的哲学理念,是古今中外东西方哲学思想交融的结晶,具有"外在的形象与内在的质料相统一的特征"。在当今,仍以混凝土结构为主的地下工程研究和工程实践中,如何减缓混凝土劣化,进一步提高结构耐久性以及"整体防水、保护主体结构"等,确有许多文章可做。

另外,我们注意到《征求意见稿》第 3.3.5 条:"当采用外设防水层设计,在不同种类的防水材料复合使用时,应考虑材料之间的相容性。"这与 2008 版规范相比有很大的进步。许多工程表明,采取复合防水做法时,除了考虑两道防水层之间的匹配相容外,还应研究两道防水层之间的相互支持、功能互补的作用。与此同时,我们不能孤立地就防水论防水,还要与结构本体、施工工艺可操作性以及保证质量的可靠性,系统地整合起来研究。有关实验与大量工程实践证明,若选材不当,当两类材性不相容的材料复合施工时,就会出现黏结不牢、层间脱落、开口等现象,甚至相互之间因化腐蚀、溶解,导致整个防水层的失败。由哲学提供的世界观和方法论为指导,在科学实验和工程实践的基础上,经过"交换、比较、反复"的辩证"求是"过程,最后才能从错综复杂的矛盾中,找到解决问题的钥匙。

参考文献

［1］叶琳昌.结缘防水 60 春——我的建筑科学生涯［M］.北京:中国建筑工业出版社,2013:
　　　121-122.
［2］叶琳昌.建筑防水工程渗漏实例分析［M］.北京:中国建筑工业出版社,2000:45-47.
［3］张道真,等.地下工程防水若干问题探讨［J］.中国建筑防水,2020(6):03.

20 上海辰山植物园科研中心种植屋面设计与施工

上海辰山植物园科研中心种植屋面造型新颖,跨度大,并有穿越屋面、供游客参观的人行道,因此对防水设计、选材和施工质量有严格要求。本节结合该工程实际情况,就有关问题进行点评。

上海辰山植物园科研中心种植屋面位于松江区辰山镇,占地面积为 70.5 公顷,建筑面积为 15 782 m²。该种植屋面是以种植小灌木和植皮为主,与前后两端的道路相通,并作为上海辰山植物园旅游交通路线的一部分,如图 3-20.1 所示。该种植屋面工程于 2009 年年初进行施工,年末竣工并交付使用。

图 3-20.1 上海辰山植物园科研中心效果图

20.1 屋面方案设计

该种植屋面成弧形,跨度大,参观的人行道位于屋面中部,长期经受过往游客不同荷载变化的影响。同时,小灌木等植物根系的穿透破坏力很强,因此对防水技术和工程质量提出了严格要求。根据《屋面工程防水技术规范》(GB 50345—2004)、《种植屋面工程技术规程》(JGJ 155—2007)等有关要求,该屋面防水等级定为Ⅰ级,防水层使用年限为25年,屋面防水做法见表3-20.1。

表 3-20.1 种植屋面防水做法及说明

部位	基本做法	说 明
设计构造层次	种植土层,350～500 mm 厚(3%～5% 坡度流向排水沟)	小灌木、草坪等矮小植物
	过滤层,选用聚酯无纺布(200 g/m²)材料,搭接宽度150 mm	作用:为防止种植土中小颗粒及养料随着水分流失,防止排水层损坏、堵塞排水管道造成植物死亡
	排(蓄)水层,选用定型的 HDPE 排水保护板	屋面排(蓄)水板用应选用抗压强度大、耐久性好的轻质材料
	耐根穿刺防水层,选用 4 mm 厚 ARC-711 复合铜胎基耐根穿刺防水卷材	采用复合铜胎基耐根穿刺防水卷材,它同时具有物理、化学两种阻根效果,防止植物根系穿过防水层;但并不影响植物根系的生长
	普通防水层,选用 3 mm 厚 SBS 高聚物改性沥青防水卷材	采用 SBS 沥青防水卷材与上层沥青类耐根穿刺防水卷材相容,并提升整体防水效果
	找平兼保护层,选用 40 mm 厚细石混凝土材料(双向配筋 6 m×6 m 分格缝,并设置排汽孔)	作为防水层的基层,应做到坚固、平整,有利于卷材的铺贴
	保温层,选用 40 mm 厚挤塑聚苯乙烯泡沫保温板	6 m×6 m 间距设置排汽道及排汽孔
	隔汽层,选用 1.2 mm 厚 BCS-231 溶剂型沥青防水涂料	隔汽层可有效地将下层结构层内的水气阻隔,并对基层毛细孔进行封闭,也有一定的防水效果
	找坡层,选用陶粒混凝土材料(最薄处 30 mm 厚)	根据设计要求,屋面坡度为 1%～3%
	结构层,现浇钢筋混凝土楼板	详见建筑与结构设计图

20.2　主要材料性能与特点

"防水看构造、关键在选材",这是国内外种植屋面实践中的一条重要经验。种植屋面一般均需考虑二道或二道以上设防,同时应选用一道耐根穿刺的防水卷材,这是保证种植屋面最终质量的关键。如果选用一些未通过试验验证的耐根阻的防水卷材,不仅会造成植物根穿透防水层导致屋面渗漏,严重时植物根还可穿透屋面结构层造成更大的破坏。

（1）ARC 耐根穿刺改性沥青防水卷材

产品执行《种植屋面用耐根穿刺防水卷材》(GB/T 35468—2017)要求(表3-20.2)。

表 3-20.2　ARC 耐根穿刺改性沥青防水卷材产品性能

检测项目	技术指标	典型值
	Ⅱ型	Ⅱ型
可溶物含量(4 mm)	≥2 900 g/m²	3 168 g/m²
耐热性	105℃无流淌、滴落	合格
低温柔性	−25℃无裂缝	合格
不透水性	0.3 MPa, 30 min,不透水	合格
拉力	≥800 N/50 mm	1 220 N/50 mm
延伸率	≥40%	51%
渗油性	≤2 张	1 张
卷材下表面沥青涂盖层厚度	≥1.0 mm	1.4 mm

"雨虹牌"ARC 聚合物改性沥青耐根穿刺防水卷材,是由北京东方雨虹防水技术股份有限公司自主研发生产,专门用于种植屋面的防水新产品。该产品以长纤聚酯纤维毡、特殊复铜胎基或铜箔胎基为卷材胎基,添加进口化学阻根剂的 SBS/APP 改性沥青为涂盖材料,两面覆以聚乙烯膜、细砂或矿物粒料为隔离材料制成的改性沥青卷材;通过热熔法施工工艺,形成兼具防水和阻根双重功能的防水层。

根据该种植屋面的设计要求,施工前进行了有关材性和种植的对比试验,最终选定了 ARC-711 复合铜胎基 SBS 改性沥青耐根穿刺防水卷材,卷材厚度为4.0 mm。该卷材具有以下特点:①具有防水和阻止植物根穿透双重功能;②既防根穿刺,又不影响植物正常生长;③可形成高强度防水层,抵抗压力水能力强,并抗穿刺、耐咯破、耐撕裂、耐疲劳;④改性沥青涂盖层厚度大,对基层收缩变形和开裂的适应能力强;⑤优异的耐高低温性能,冷热地区均可适用;⑥耐腐蚀、耐霉菌、耐候性好;⑦热熔法施工,操作方便,接缝可靠、耐久。

（2）弹性体(SBS)改性沥青防水卷材

产品执行《弹性体改性沥青防水卷材》(GB 18242—2008)要求(表 3-20.3)。

表 3-20.3　弹性体(SBS)改性沥青防水卷材产品性能

检测项目	技术指标	典型值
	Ⅱ型	Ⅱ型
可溶物含量(4 mm)	≥2 900 g/m²	3 074 g/m²
耐热性	105℃无流淌、滴落	合格
低温柔性	−25℃无裂缝	合格
不透水性	0.3 MPa,30 min,不透水	合格
拉力	≥800 N/50 mm	1 195 N/50 mm
延伸率	≥40%	51%
渗油性	≤2 张	1 张
卷材下表面沥青涂盖层厚度	≥1.0 mm	1.4 mm

种植屋面防水层选用的原则是,除了耐穿刺、耐腐蚀、耐霉菌外,还需长期经受水的浸泡;因此,冷胶粘贴或自粘型卷材就不宜用于这类工程。另外,当选用改性沥青卷材时,防水阻根层与普通防水层最好选用相同性质的匹配防水材料。该工程选用弹性体(SBS)改性沥青防水卷材作为普通防水层,其产品特点如下:①可形成高强度防水层,抵抗压力水能力强;②抗拉强度高,延伸率大,对基层收缩变形和开裂的适应能力强;③优良的耐高低温性能,在−50℃下仍保持功能,冷热地区均适用,尤其用于寒冷地区;④高强度聚酯胎厚度大,耐穿刺、耐硌破、耐撕裂、耐疲劳;⑤耐腐蚀、耐霉菌、耐候性好;⑥施工性能好,热熔法黏结一年四季均可施工,且热接缝可靠、耐久。

20.3　施工技术要点

1. 基层要求

(1)基层必须坚实、平整、牢固,无空鼓、松动、起砂、麻面等缺陷;基层强度必须满足设计要求。

(2)平面与立面相交处、转角处及阴阳角部位应用水泥砂浆抹成小圆角。

(3)与基层连接的管道、烟道、避雷支架等管件应在防水层施工前先牢固安装完毕,且管道、烟道四周应做成"小馒头"状,严禁防水层施工完毕后凿开防水层重新安装此类出屋面构件。

(4)管根周围应剔成 10 mm×10 mm 的凹槽,并用密封膏嵌固,管道表面要做防锈处理。

2. 工艺流程

基层清理→涂刷沥青防水涂料(冷涂法)→保温板施工→细石混凝土保护层施

工→基层清理→细部处理→涂刷基层处理剂→SBS 卷材铺贴(热熔满粘)→收边、收头处理→整理检查验收→4 mmARC-711 复合铜胎基耐根穿刺防水卷材铺贴(热熔满粘)→收边、收头处理→蓄水试验/淋水试验→检查验收。

3. 细部构造处理

与一般屋面工程相比,种植屋面出现渗漏水的概率增加,危害性更大。渗漏部位常见有女儿墙、天沟、雨水管、变形缝、分格缝、屋面通风道出口处等。这些部位既是防水的薄弱部位,又是温度与干湿交替变化、各种应力集中的地方,务必精心设计、精心施工,稍有不慎均易出现开裂和渗漏。部分构造大样如图 3-20.2—图 3-20.5 所示。

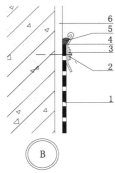

1— 卷材防水层;2—φ 射钉中距 500 mm;3— 配套钢压条;
4—PE 背衬材料;5— 密封膏;6— 水泥砂浆

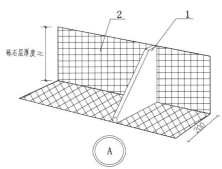

1—3 mm 厚三角钢板@800 mm 与钢板网焊接;
2—1.2 mm 厚钢板网冷弯

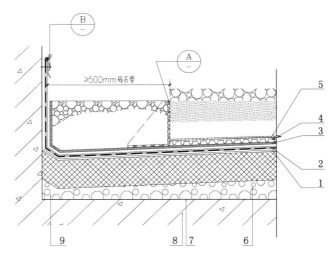

1—防水层;2—耐根穿刺防水层;3—蓄水层;4—排水层;5—过滤层;6—保温材料;7—隔汽层;
8—钢筋混凝土基层;9—最薄 30 mm 厚陶粒混凝土找 2%坡,洒 1∶1 水泥砂浆抹平

图 3-20.2 女儿墙构造

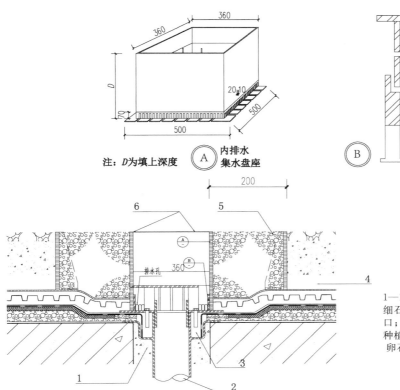

注：D为填上深度

Ⓐ 内排水
集水盘座

1—1：3 水泥砂浆或 C15
细石混凝土嵌填；2—雨水
口；3—密封膏密封；4—
种植土；5—排水口四周铺
卵石；6—盘座，排水口盖

图 3-20.3　垂直式落水口(单位：mm)

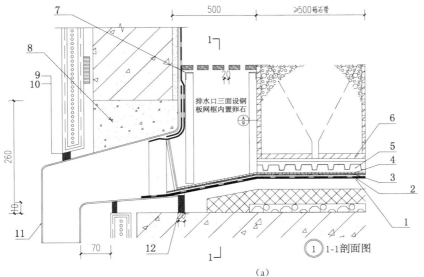

排水口三面设钢
板网框内置卵石

1—防水层；2—耐根
穿刺防水层；3—保护
层；4—蓄水层；5—排
水层；6—过滤层；7—
角钢 ∟ 75×75×6；
8—C20细石混凝土；
9—聚乙烯泡沫棒；
10—密封膏；11—雨
水外件；12—密封膏
封严

1-1剖面图

(a)

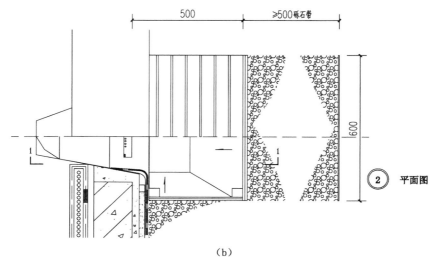

（b）

图 3-20.4 横向雨水口排水构造（单位：mm）

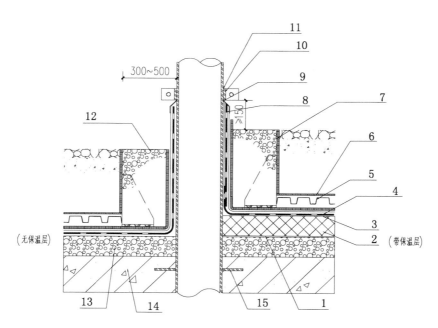

1,2—保温材料；3—防水层；4—耐根穿刺防水层；5—排水层；6—过滤层；7—0.9 mm 厚不锈
钢板网圆筒；8—防水卷材卷上；9—0.6 mm 厚不锈钢板泛水；10—3×25 mm 扁钢箍；
11—密封膏；12—管四周铺砾石；13—最薄 30 mm 厚陶粒混凝土找 2%坡随打随抹 1：3
水泥砂浆；14—钢筋混凝土基层；15—止水片

图 3-20.5 屋面穿管处构造（单位：mm）

4. 卷材铺贴

普通卷材长边搭接宽度为 80 mm,短边搭接宽度为 80 mm;耐根穿刺卷材长边与短边搭接宽度均为 100 mm。搭接缝采用热熔法施工。上、下层卷材不得相互垂直铺贴,且上、下两层卷材的接缝应错开,长边错开 1/3~1/2 幅宽卷材,短边错开至少 1.5 m,如图 3-20.6 所示。

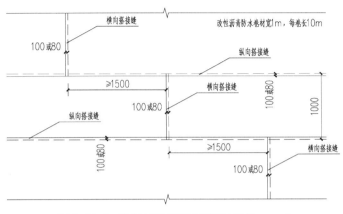

图 3-20.6　卷材铺贴平面示意图(单位:mm)

20.4　工程质量控制

为确保工程质量,在该种植屋面上实施三阶段质量控制:

(1) 在防水工程前,根据设计图纸,对细部构造节点进行方案优化。尤其是结合建筑物较长、屋面跨度很大的特点,认真研究屋面大面积找坡中的难点和应对措施,不让雨水在局部地段形成积水。特别在雨水口四周,应适当加大坡度,让雨水迅速排除。同时,还应针对每一个细部构造的节点,事先做好样板示范,通过检验,发现问题,及时纠正。

(2) 在屋面防水大面积施工中,认真执行质量自检、互检和交接检制度,把质量隐患消灭在施工过程之中,同时做好成品保护工作。

(3) 根据防水工程滞后性的特点,在防水工程竣工后 1 年进行回访,将使用期间出现的问题,及时整改和维修。这种从实践中优化设计方案和改进施工质量的做法,是行之有效的。图 3-20.7 是该种植屋面在施工期间留下的一组照片,可供参考。

防水施工前　　　　　　　　防水施工后　　　　　　　　一年后回访

(a) 出屋面管根

防水施工前　　　　　　　　防水施工后　　　　　　　　一年后回访

(b) 屋面变形缝

防水施工前　　　　　　　　　　　　防水施工后

(c) 屋面通风基座

图 3-20.7　不同时段工程实况

20.5　结语与展望

　　该种植屋面由于各协作单位的重视,通过精心设计、科学选材与精心施工,确保了工程质量,达到了预期效果。施工后经过几场大雨考验,屋面未出现渗漏水现象。时隔5年后,通过严格评审,该工程荣获 2015 年中国建筑防水协会颁发的"建筑防水工程金禹奖金奖"(图 3-20.8)。该种植屋面成功的原因主要有以下几点：

（1）"防水看构造,关键在选材。"该种植屋面的成功,主要得益于选用优质的耐根穿刺防水卷材。有关研究揭示,该产品的优越性主要体现于在改性沥青中加入了高质量的根系抑制物质后,能在长期使用中仍保持其优异的活性;而当植物根系刚接触到沥青防水材料时,就会产生化学反应而止步,并在长期使用过程中又保持其良好的物理力学性能。另外,种植屋面是一个系统工程。因此选用 ARC 耐根穿刺防水卷材与同类 SBS 改性沥青复合而成的防水层,不仅材性相容,而且通过热熔法施工工艺,确保大面积与细部构造的整体防水效应。这在建筑形体复杂与大跨度的种植屋面上,可有效解决因温度与干湿交替变形而引发的开裂与渗漏水质量通病,这是选用其他防水材料无法比拟的。

（a）考察现场后合影

（b）施工单位向评审组介绍情况

（c）领奖

图 3-20.8 上海辰山植物园科研中心种植屋面"金禹奖"评审情况

（2）实施全面质量管理。通过事前优化设计和施工方案,事中加强各工种(各工序)之间的自检、互检、交接检,事后对工程回访三个阶段不同内容的质量管理方法,取得了明显的技术经济效益和社会效益。这种由实践中优化设计、施工方案和改进施工质量的做法,是行之有效的。

（3）强调生态效益。过去种植屋面建成后,常见土壤干涸,植株倒伏,植被枯黄,垃圾成堆,并成为新的藏污纳垢的场所,是二次扬尘的重要污染源。鉴于此,上海辰山植物园在种植屋面工程建设中,园林科研部门及早介入设计图的会商,并结合植物品种、种植土种类,就排水、保水、保肥等,都做了深入研究和配套试验,并对有关问题如雨水利用等进行配套设计、配套建设。这样,在改善生态环境的同时,又获得良好的经济效益。

（4）种植屋面设计必须与周围环境相适应。如上海辰山植物园,由于场地宽阔,面积大,日光充足,又有专业养护与管理队伍,因而会收到良好的生态效应。而在其他单个建筑中,应因地、因时、因工程制宜,不搞"一刀切",否则效果并不理想。即使在一个小区中多幢使用时,也必须考虑建筑密度、层高错落和阳光照射时间等因素;同时,还有雨水回用和植物落叶及环境污染等问题。总之,对种植屋面的应用,既要积极,又不能轻率,重在实效。

（5）注意综合配套和科学绿化。上海自20世纪80年代以来,热岛范围和强度迅速递增,由中心城区扩散至市郊,热力点逐渐趋于分散和多元化,且城区昼夜温差在逐渐缩小。近几年来,上海市绿化科研人员运用遥感技术,对该市热岛分布格局和时空动态进行了研究,获得以下数据:

① 绿化覆盖率高的崇明岛温度要比中心城区降低1.4～3.2℃;

② 对居住小区内不同绿化植物进行测试,8 m以上高度的大乔木降温可达2.8℃,5～8 m小乔木降温2℃,灌草类型降温只有1.2℃,而草坪的降温效果仅0.6℃;

③ 屋顶绿化可降低室内温度1℃;

④ 绿化墙面比没有绿化墙面温度可降低10～14℃,相应的室温可降低0.5～5℃,尤其是西晒墙面,其降温作用更为明显。

因此,只有综合配套和科学绿化,才能真正缓解城市的"热岛效应"。

21 北方某工业厂房屋面防水维修设计与施工

北方某工业厂房采用倒置式屋面构造形式,建成后闲置多年,屋面因混凝土保护层遭受冻害,天窗、变形缝、天沟等部位卷材出现开裂、起鼓、脱落,保温层内积存大量雨水,防水层老化、腐烂等原因,造成普遍渗漏水。通过勘察与评估,最终采用优化细部构造,增设排汽孔(道)以及表面增铺防水层等整体翻修方案获得成功。

21.1 工程简介

北方某基地两幢工业厂房于 2008 年开始建设,2010 年交付使用。该厂房为两层现浇混凝土框架结构,工程面积约 2 万 m²。施工完成后,因长期闲置,屋面保护层遭冻融破坏、自然老化严重,加之天窗、变形缝、天沟等部位发生严重渗漏,屋面内部大面积水,无法满足室内正常使用要求。现厂房已改建成数据中心,室内使用功能和环境要求更为严格,因此屋面必须更新维修。

21.2 质量问题分析

屋面渗漏水主要集中在天窗两边框架结构范围内,邻近女儿墙屋面楼板出现了温度裂缝,并有渗漏水和泛碱痕迹。现场勘察时还发现,L1 厂房屋面有一处正在安装一台大型空调设备基础,剔凿暴露出的屋面构造层如下:60 mm 厚 C25 细石混凝土,内配 $\phi6@150\ mm \times 150\ mm$ 钢筋网;75 mm 厚挤塑聚苯乙烯泡沫保温板(欧文斯科宁),板缝贴 100 宽胶带;3 mm 厚 SBS 热熔聚酯胎改性沥青防水卷材;3 mm 厚热熔改性橡化沥青防水涂膜,配冷底子油一道;钢筋混凝土屋面板。该屋面使用的热熔橡胶沥青涂层目前已呈脆性,弯曲即破碎;SBS 改性沥青卷材也老化变硬,胎基手撕即裂断,断裂面呈黑褐色,且无光泽。与此同时,因不少混凝土保护层遭冻结破坏,屋面内部有大量积水。如图 3-21.1 所示。

（a）大面情况

（b）局部情况

（c）混凝土保护层冻融破坏

图 3-21.1 维修前工程情况

21.3 屋面维修方案

该厂房原设计采用倒置式屋面,竣工 7 年后发现质量问题甚多,主要是部分混凝土保护层因冻融破坏出现爆裂、酥松、分层、隆起、强度不足等情况;一些细部构造如天窗、变形缝、天沟以及排汽道等部位设计简陋,施工粗糙,都是造成渗漏的重要原因。渗漏不仅影响屋面保温性能,还造成室内无法正常生产。另外,当雨水渗入屋面内部后,由于卷材长期浸水,出现腐烂、变质等情况,进一步降低了防水材料的使用年限。

在研究维修方案时,有局部维修和整体翻修两个方案。其中,局部维修方案是:
（1）仅对女儿墙周边和屋面天窗周边 1.5 m 范围内可见渗漏处,进行更新改造维修；

（2）对所有的分隔缝进行改造更新，对已经隆起、冻融损坏的保护层进行修复。

整体翻修方案是：屋面全部增设暴露型防水层，且对屋面天窗、周边女儿墙等细部构造出具节点详图；同时，对原屋面构造增设贯通性排气、内排水网络，迅速排除构造层内的水汽和积水（图 3-21.2 及表 3-21.1）。

2017 年 2 月 23 日，建设单位邀请有关专家进行评审，鉴于原防材料已出现严重腐烂、变质等情况，为不影响室内正常科研和办公需要，推荐采用屋面整体翻修方案。

表 3-21.1　屋面整体翻修方案

部位	防水做法
厂房整体屋面（含大屋面、女儿墙周圈附属其他构筑小屋面及楼梯间屋面）	（1）4 mm 厚 SBS-Ⅱ-PY-M 改性沥青防水卷材。 （2）3 mm 厚 PBC-328 非固化橡胶沥青防水涂料（立面上翻部位采用 3 mm 厚 BCS-231 溶剂型橡胶沥青防水涂料）。 （3）清理基层，涂刷基层处理剂。 （4）恢复保护层。遭受冻融破坏细石混凝土先予拆除，随后恢复；天窗墙根处凿除卷材表面，再砌砖保护及砂浆抹灰；按 12 m×12 m 设排水、排汽通道，纵横排汽道交汇处设排汽孔；落水口进行双层排水改装。 （5）75 mm 厚 XPS 保温层。原屋面防水层。 （6）原屋面结构板基层

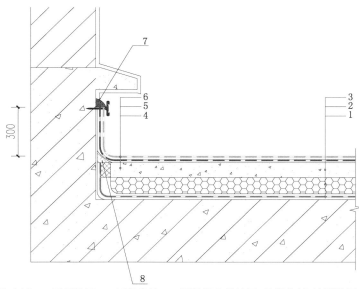

1—原防水层；2—原保温层；3—原保护层；4—原混凝土保护层，局部修补，涂刷基层处理剂；5—3 mm 厚 PBC-328 非固化沥青涂料；6—4 mm 厚 SPS 改性沥青防水卷材；7—2 mm 厚铝合金压条，机械固定并密封；8—立面原防水层及保护层铲除，阴角处密封胶密封，堵漏宝封堵，并抹圆弧倒角

图 3-21.2　屋面整体维修做法（单位：mm）

21.4　施工顺序和操作方法

21.4.1　屋面整体翻修

（1）铲除墙根（含屋面立墙、女儿墙、采光窗）砖砌保护墙及砂浆抹灰饰面，同时将原上翻的防水卷材和涂膜铲除干净。

（2）墙根阴角空隙处用密封材料密封，然后用防水堵漏宝或水泥砂浆抹成圆弧倒角，基层局部疏松、起砂等缺陷则应铲除干净，并用水泥砂浆进行修补。

（3）涂刷基层处理剂一道，阴角处铺贴 500 mm 宽 2 mm 厚 BCS-231 改性沥青防水涂料附加层。

（4）平面整体做 3 mm 厚 PBC-328 非固化橡胶沥青防水涂料一道（机械喷涂或人工刮涂施工）；立面防水层上翻部位区域则将 3 mm 厚 PBC-328 涂料改为 3 mm 厚 BCS-231 溶剂型橡胶沥青防水涂料，内置无纺布加筋层一道。大面铺贴 4.0 mm SBS-Ⅱ-PY-M 改性沥青防水卷材，卷材搭接处需热熔满粘。

（5）立墙卷材上翻收头，并用 2 mm 厚约 20 mm 宽铝合金压条机械固定，密封膏密封。

（6）进行 24 h 淋水检查或一场降雨后无渗漏时，即为验收合格。

21.4.2　排汽道处理

按 12 m×12 m 位置进行排汽道设置。此时，对原有 60 mm 厚混凝土保护层及保温层，同时用混凝土切割机切缝处理，具体步骤如下：

（1）凿除 300 mm 范围内的混凝土保护层，并清理。

（2）同时移出切割的保温板，注意不得损坏原防水层。

（3）铺贴 300 mm 宽排水板（凸点向下），排水板的高度宜为 20 mm。再新铺 75 mm 厚 XPS 保温板。在分格缝纵横交汇处设 ϕ 75 mmPVC 排汽管，高出混凝土保护层 300 mm，上端用水泥砂做成馒头状，固定排汽管。

（4）浇筑 60 mm 厚 C25 细石混凝土保护层，一侧预留新的分格缝，缝宽 20 mm。缝内嵌填 ϕ 35 mmPE 棒或 45 mm 深的砂，表面嵌填 15 mm 厚聚氨酯建筑密封膏。

（5）保护层上防水做法同整体大面处理，排汽道上方涂刷 PBC-328 非固化涂料，内增设 1 m 宽聚酯无纺布加筋层（图 3-21.3）。

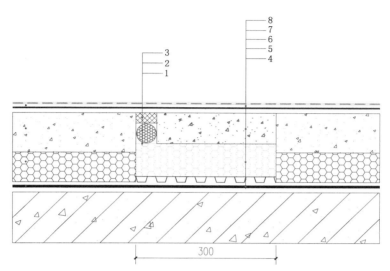

1—原分格缝切缝,清理;2—φ35PE 棒或 45 mm 深的砂;3—15 mm 厚聚氨酯建筑密封膏;4—原防水层;5—20～25 mm 高排水板;6—新铺保温板;7—新做保护层,表面涂刷基层处理剂;8—新 3 mm 厚 PBC-328＋4 mm 厚 SBS-Ⅱ-PY-M

图 3-21.3　混凝土分格缝及排汽道处理(单位：mm)

21.4.3　落水口处理

(1) 凿除落水口周圈至少 500 mm 范围内的构造层,直至屋面结构板,并对落水口法兰盘周圈剔出凹槽,清理施工建筑垃圾。

(2) 对凿开部位原防水层已与基层剥离的,需重新进行热熔烘烤,使其黏结于基层。

(3) 清理并擦干净法兰盘表面,法兰盘根部须嵌填密封材料(若落水口法兰盘为不锈钢材质,另需在热熔卷材铺贴前涂刷环氧底涂一道)。

(4) 涂刷沥青基基层处理剂一道,刮涂 2 mm 厚 BCS-231 溶剂型橡胶沥青防水涂料。

(5) 热熔满粘铺贴 4 mm SBS-Ⅱ-PY-PE 改性沥青防水卷材。

(6) 铺贴排水板(凸点向下),排水板的高度宜为 20 mm。

(7) 铺贴 75 mm 厚 XPS 挤塑聚苯乙烯泡沫保温板。

(8) 恢复 60 mm 厚 C25 细石混凝土保护层,并找 5% 以上坡度。同时安装上层新增落水口法兰盘,待防水卷材施工完成后安置落水篦子。

(9) 保护层防水与整体屋面做法相同,上做 3 mm 厚 PBC-328 非固化分防水涂料和 4 mm 厚 SBS 改性沥青防水卷材。

21.4.4 混凝土保护层处理

（1）已遭冻融破坏的混凝土保护层，须铲除原有 60 mm 厚混凝土（内配 $\phi 6 @ 150$ mm × 150 mm 钢筋网）。

（2）留置分格缝，位置设在新旧混凝土保护层衔接处。分格缝应在新浇筑混凝土前预留。待混凝土终凝后，分格缝内密封材料嵌填完成后不得碰损及污染，固化前不得踩踏（分格缝做法从略）。

（3）绑扎钢筋网，钢丝网在平面上按常规方法铺设。钢筋网片在分格缝处应断开，网片应垫砂浆块；

（4）浇筑 60 mm 厚 C25 细石混凝土，待混凝土初凝前再进行两遍压浆抹光，最后一遍待水泥收干时进行，内置 $\phi 4 @ 150$ mm 双向钢丝网片。混凝土浇筑后，及时覆盖并浇水养护。

（5）保护层上防水做法与整体屋面做法相同。上做 3 mm 厚 PBC-328 非固化分防水涂料和 4 mm 厚 SBS 改性沥青防水卷材。

21.4.5 采光窗屋面及外墙处理

（1）凡下檐口底端水泥砂浆抹灰层脱落，或结构开裂的，须采用聚合物水泥砂浆修补、抹平。

（2）上檐口抹灰层空鼓、开裂的，剔除后用聚合物水泥砂浆抹平。

（3）采光窗顶斜屋面，铲除保护层表面涂料饰面层；保护层设有分格缝的，掏除内置塑料滴水线做的分格缝，再用水泥砂浆修补、抹平。

（4）清理基面后，涂刷基层处理剂一道。

（5）涂刷 3 mm BCS-231 溶剂型橡胶沥青防水涂料一道，内置聚酯无纺布加筋层一道。

（6）上檐口阳角处铺贴 500 mm 宽 4 mm 厚 SBS 卷材附加层，转角处部分空铺；大面积热熔满粘 4 mm SBS-Ⅱ-PY-M 改性沥青防水卷材。

采光窗维修前如图 3-21.4 所示，天窗斜屋面防水做法如图 3-21.5 所示。

21.4.6 样板采光窗墙根处理

（1）距离墙根 1.5 m 处弹线，切割机切断 60 mm 厚混凝土保护层及保温层。

（2）冲击钻凿除 60 mm 厚细石混凝土保护层（内配 $\phi 6 @ 150$ mm × 150 mm 钢筋网）。拆除 75 mm 厚欧文斯科宁 XPS 保温板，并将原防水层距采光窗墙根 1.3 m 处进行弹线划断，再铲除。同时铲除墙根立面砖砌和砂浆保护层，以及立面上翻的防水层。

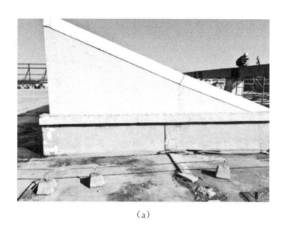

（a）

（b）

（c）

铲除表面涂料饰面层

（d）

檐口下沿聚合砂浆修补抹平

（e）

檐口抹灰层空鼓开裂的，剔除后用聚合物砂浆抹平

（f）

图 3-21.4　采光窗维修前渗漏分析

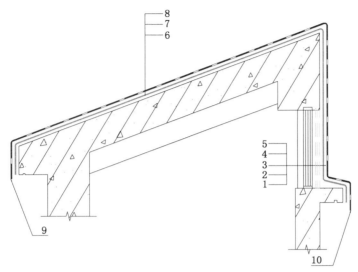

1—原玻璃窗;2—钢骨架及水泥纤维板安装;3—20 mm 厚砂浆抹灰;4—基面涂刷基层处理剂;
5—新 3 mm 厚 PBC-328＋4 mm 厚 SBS-Ⅱ-PY-M;6—清理基层局部修补;
7—基面涂刷基层处理剂理;8—新 3 mm 厚 BCS-328＋4 mm 厚 SBS-Ⅱ-PY-M;
9—页岩面卷材伸出檐口下端 3 cm;10—页岩面卷材伸出檐口下端 3 cm

图 3-21.5　天窗斜屋面防水做法

（2）阴角处用防水堵漏宝抹圆弧倒角,局部基层缺陷进行修补。

（4）涂刷基层处理剂一道,对留下 200 mm 宽的原防水层与基层剥离的,重新进行热熔烘烤,使其牢固黏结于基层。

（5）刮涂施工 2 mm 厚 BCS-231 橡胶沥青防水涂料,阴角处内置玻纤网格布一道。

（6）热熔满粘铺贴 4 mm SBS-Ⅰ-PY-PE 改性沥青防水卷材,上翻 800 mm 高。卷材铺贴后,顺流水方向,中间间隔 5 m,打开屋面构造层一侧,用 250 mm 宽的 4 mm 厚 SBS 防水卷材做临时围堰蓄水养护,验收合格后方可进入下一道工序施工。

（7）重新铺贴 75 mm 厚 XPS 挤塑聚苯乙烯保温板。

（8）放置 $\phi 4$@150 mm × 150 mm 双向钢筋网,钢丝网在平面上按常规方法铺设。钢筋网片在分格缝须断开,网片下部应垫砂浆块。

（9）浇筑细石混凝土,待混凝土初凝前再进行两遍压浆抹光,最后一遍待水泥收干时进行,墙根阴角处抹圆弧倒角;混凝土浇筑后,及时用毛毡覆盖浇水养护。

（10）保护层上防水做法与整体屋面相同，上做 3 mm 厚 PBC-328 非固化分防水涂料和 4 mm 厚 SBS 改性沥青防水卷材。

以上详见图 3-21.6。

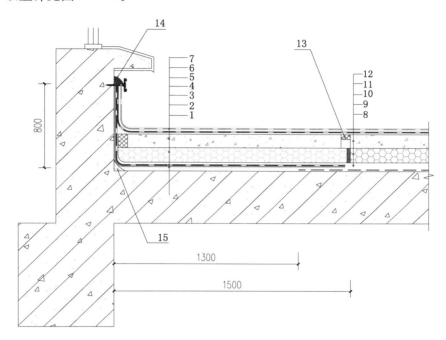

1—铲除原构造层，局部基层修补，涂刷基层处理剂；2—涂刷 2 mm 厚 BCS-231，内增网格布；
3—4 mm 厚SBS-Ⅰ-PY-PF 防水卷材；4—重新铺贴 75 mm 厚 XPS 保温板；
5—新浇筑 60 mm 厚 C25 细石混凝土保护层；6—涂刷基层处理剂一道；
7—新 3 mm 厚 PBC-328＋4 mm 厚 SBS-Ⅱ-PY-M；8—原防水层；9—原保温层；
10—原保护层；11—涂刷基层处理剂一道；12—新 3 mm 厚 PBC-328＋4 mm 厚 SBS-Ⅱ-PY-M；
13—新留分格缝；14—2 mm 厚铝合金压条，机械固定并密封；15—堵漏宝封堵，并抹圆弧倒角

图 3-21.6 样板区采光窗墙根防水做法（单位：mm）

21.5 结语与建议

北方某工业厂房采用倒置式屋面构造形式，建成后闲置 7 年之久。屋面因混凝土保护层遭受冻害，天窗、变形缝、天沟等部位卷材出现开裂、起鼓、脱落，保温层内积存大量雨水，防水层老化、腐烂等原因，造成普遍渗漏水，最终确定采用整体翻修方案。

该工程于 2017 年 5 月间翻修完工，不久，当地连续下了三场大雨，建设单位组织物业、行政、业务等部门，对采翻修后的屋面联动查漏，结果是滴水不漏，一次验收合格（图 3-21.7）。

图 3-21.7　施工后效果

值得指出,优秀的倒置式屋面,应在围护结构外部,采用多孔的导热系数小、蒸汽渗透系数大的材料,为室内创造良好的居住条件和正常的生产、工作和生活环境,这样才符合建筑物理学中有关热工要求。有关测试数据表明,当在相同条件下,倒置式屋面防水层上表面温度的最大值和最小值分别为 24℃ 和 8.5℃,波动值为 15.5℃;而同一时间传统的正置式平屋面,相应的最大值和最小值分别为 43℃ 和 −5℃,波动值为 48℃。但对这类屋面在设计和施工中有严格要求:

(1)选用憎水性保温材料。倒置式屋面宜选用干密度小、吸水率低、导热系数及蒸汽渗透系数均小并具有一定强度的板状(块状)保温材料。除了要求屋面有良好的保温隔热性能外,还应进行冷凝受潮验算,确保屋面结构层内侧不产生结露现象。与此同时,鉴于保温层受潮后导热系数增大,所以在设计保温材料厚度时,应比计算厚度增加 20%～30%。

(2)要有可靠的防水层。倒置式屋面防水层长期处于潮湿环境,屋面一旦出现渗漏,就要大面积返修,损失很大。为此倒置式屋面宜选用聚酯毡胎基的高聚物改性沥青防水卷材(如 SBS),一般为双层(3 mm + 4 mm)。这类材料拉力强度高,又有一定的延伸性,且在潮湿环境下耐腐蚀性较好。同时建议,屋面结构层混凝土宜采取刚性自防水做法;如荷载允许,也可考虑在结构层上增加 35～40 mm 厚度的细石混凝土刚性防水层。

(3)保护层选用有讲究。与保温材料相反,保护层的材料宜选用蒸汽渗透系数大(即蒸汽渗透阻小)的材料,这样便于把下雨后保温层中的水分迅速蒸发。因此在非上人屋面上,选用卵石作保护层是最适宜的,它有良好的内部呼吸作用。此时,保护层的厚度应与保温层厚度相当,且不宜小于 60 mm。而在上人屋面上,则可选用 30 mm 厚预制混凝土板块或 50 mm 厚的 GRC(即玻璃纤维水泥材料)轻板,可按 500 mm×500 mm 分格,缝内用水泥砂浆填塞即可,不必采用密封材料,以利潮气蒸发。

以上详见图 3-21.8 和图 3-21.9。

（4）结构安全至关重要。倒置式屋面荷载大，对屋面结构的强度、刚度和抗裂性有严格要求。特别在制订维修方案时，应对结构安全度进行评估，施工时防止集中堆载和野蛮作业。

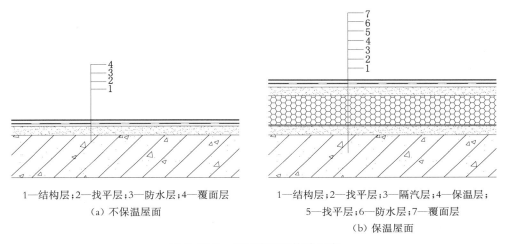

1—结构层；2—找平层；3—防水层；4—覆面层

（a）不保温屋面

1—结构层；2—找平层；3—隔汽层；4—保温层；
5—找平层；6—防水层；7—覆面层

（b）保温屋面

图 3-21.8　正置式屋面构造层次

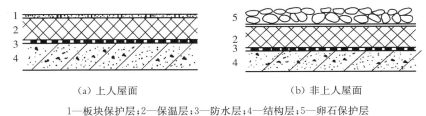

（a）上人屋面

（b）非上人屋面

1—板块保护层；2—保温层；3—防水层；4—结构层；5—卵石保护层

图 3-21.9　倒置式屋面构造层次

如果按上述要求对照，原倒置式屋面在设计与施工中，似有不少问题值得商榷。这再一次说明理论与实践相结合的重要性。

22 大型金属屋面采用喷涂聚脲防水技术考察纪实

　　某国际会展中心竣工后不久，即出现严重渗漏，影响正常使用。后采用喷涂聚脲防水涂料进行屋面维修，也存在诸多问题。在工程现场，笔者通过观察、询问、交换，得到第一手资料。随后在深入学习相关文献的基础上，对若干重大技术问题进行反思。现就该工程的主要技术关键与得失进行点评，供大家参考。

　　2011年7月23日发生动车事故后，涉及生命安危的工程质量问题更受社会各界关注。有坊间传说，京沪高铁桥面喷涂聚脲防水层质量堪忧，部分聚脲与桥面基层黏结强度并未达到要求，两铁轨中间裸露部分已局部脱皮，甚至有人说有一块已在试车时被掀起来了，等等。对此，有专家指出："该工程质量并未达到预期的效果，这是不争的事实。"他在有关论文中进一步分析："这主要是由于部分聚脲生产商缺乏成熟的生产技术，导致聚脲质量难以保证；其次是低价中标后采用劣质原料比比皆是；最后是突击抢工贻害无穷。"而1 000多万 m² 的京沪高铁喷涂聚脲工程，要在短短一年内完成，加上施工经验不足（即在此之前谁都没有做过如此大的工程），特别是对基层处理剂（底涂）的重要性认识不足等，因此这些都是违反科学的做法。在这种背景下，笔者陪同叶琳昌先生应邀赴某国际会展中心进行考察，是很有意义的。

22.1　工程概况与渗漏部位

　　某大型国际会展中心占地面积15.9万 m²，屋面结构系钢筋混凝土框架，主次梁采用钢结构。屋面板除部分小跨度采用钢筋混凝土楼板外，其余均采用压型金属板直立锁边的形式，屋面面板为铝镁锰板。该工程有多跨屋面组成，在每跨屋面中间设置了三角形采光天窗，如图 3-22.1 所示。

　　该屋面竣工后出现了多次渗漏水的现象，严重影响使用。渗漏水部位主要集中在采光天窗、采光天窗与屋面金属板的交接、屋面及屋面天沟部位处，如图 3-22.2—图 3-22.5 所示。之后，虽经多次维修仍不能彻底解决渗漏水问题。通过比较，业主最终选定喷涂聚脲防水涂料作为维修防水材料，防水面积多达5万 m²，造价1 000多万元。

图 3-22.1　某大型国际会展中心屋面

图 3-22.2　采光窗与中间天沟
(屋面很长,雨水过后,在天沟附近,金属板表面水迹依稀可见。
聚脲防水性能,涂层与金属板之间的黏结等,都有待深入观察)

内部渗水痕迹

细微开裂

图 3-22.3 采光窗局部放大

（维修后仍见细微开裂与内部渗水痕迹）

图 3-22.4 采光窗与金属板相接处

（该部位是温差与收缩变形集中处,加之天沟设计尺寸过小、密封不严等,是渗漏水重灾区、多发区）

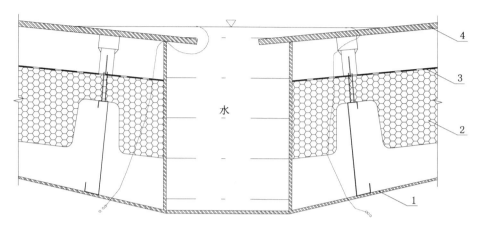

1—钢屋面底板；2—保温层；3—隔汽膜；4—铝镁锰屋面板

图 3-22.5　天沟内水满后渗水路径

22.2　渗漏水原因分析

22.2.1　采光天窗

密封胶质量差、不按规范施工是天窗渗水的主要原因。虽然业主对天窗的密封胶进行了多次修复，但因在老密封胶上进行局部修补，导致密封胶堆积较厚、分层严重，没有起到密封的效果。此外，在维修中还发现以下一些问题：

（1）屋面天窗龙骨与采光玻璃交接部位的密封胶已出现起皮与黏结不严实的现象。

（2）屋面天窗的龙骨与龙骨交结处的密封胶嵌填不实，且在黏结表面内部的孔隙较大，容易出现起皮、开裂现象，下雨时雨水进入缝隙而渗入室内。

22.2.2　采光天窗与屋面金属板的交接部位

采光天窗与屋面板相交的部位一部分设有小天沟，小天沟与屋面横向的大天沟相连通。当大天沟水满时，小天沟的积水无法排走，而小天沟与屋面板相连接的部位采用构造搭接的防水措施，当水超过一定高度后就溢出渗进室内。无小天沟的部位在下雨时，则从两种材料的接口部位漏水。其主要原因有：

（1）屋面天窗与屋面板为两种材料，因线膨胀系数不一样，导致在结合部位变形不一，出现张口现象。

（2）原有屋面的天窗与屋面接口部位的密封胶嵌填量少，起不到密封的效果。

（3）设有小天沟的部位，因屋面汇水面积过大，在下雨时天沟水满后产生倒灌水现象。

22.2.3　天沟与屋面板交接部位

屋面主天沟排水缓慢，天沟内雨水溢出时，就会倒灌至屋面保温层内，导致屋面长时间渗漏，且影响屋面热工性能与使用功能。

该工程防水面积约 5 万 m^2，共有 5 个独立的屋面。屋面采用双向排水，单坡长度约为 160 m，集中向中间天沟排水。此时，天沟中间仅设有一个水落口，因此在下雨时，雨水就不易被迅速排走。按现行屋面工程技术规范规定，每个水落口的设计最大汇水面积不宜大于 200 m^2。而该屋面单个水落口实际汇水面积已达 500 m^2，严重不符合国家标准。

22.3　修补方案与实践效果

该工程出现渗漏水问题后，有关方面相当重视，经研究决定在原金属屋面上增加柔性防水层。通过多个方案比较，最终选用了喷涂聚脲涂料作为防水层（图 3-22.6）。与此同时，在维修时还对原设计构造不周处进行了局部改进，现分述如下。

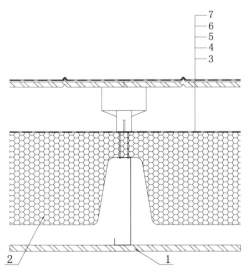

1—钢屋面底板；2—保温层；3—隔汽膜；4—铝镁锰屋面板；5—金属屋面专用底漆；
6—喷涂型聚脲弹性防水涂料 1.5 mm 厚；7—脂肪族聚脲面层

图 3-22.6　屋面防水构造维修方案

22.3.1 屋面排水系统改造

从图 3-22.7 得知,原屋面天沟过小,水落口数量不足,造成排水不畅。为此除在天沟内增加水落口数量外,还在天沟两侧水平方向增加 ϕ200 mm 排水管,希望在大雨时天沟内的积水能被迅速排走。

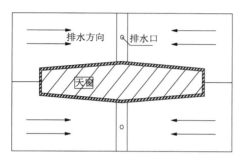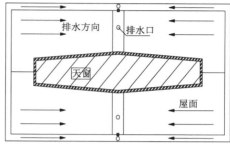

(a) 原金属屋面排水方式   (b) 在天沟的两侧增加水平方向的排水管

图 3-22.7　屋面排水系统改造

22.3.2 屋面采光天窗维修

该工程 5 个展馆的天窗都有渗漏水现象。不管是小雨还是大雨,天窗部位发生渗漏水主要集中在接缝部位。因此应把天窗接缝部位的失效密封胶剔除干净后,重新嵌填弹性聚氨酯密封胶(图 3-22.8)。

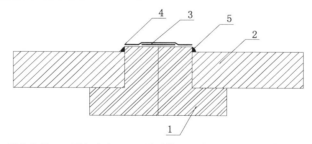

1—天窗龙骨;2—天窗玻璃;3—丁基胶带;4—聚脲面层;5—聚氨酯密封膏

图 3-22.8　采光天窗接缝维修

22.3.3 中间天沟与屋面板连接处

天沟与天沟,天沟与屋面板相交部位,是该工程维修的重点。因天沟处于屋面的中间,将屋面金属板断开一分为二。由于该市白天与夜晚温差很大,金属板热胀冷缩比较明显,为减少天沟部位温度应力和应变的影响,故在该部位增设附加层,并在交接处采取空铺作法,防止聚脲弹性防水涂料出现开裂,如图 3-22.9 所示。

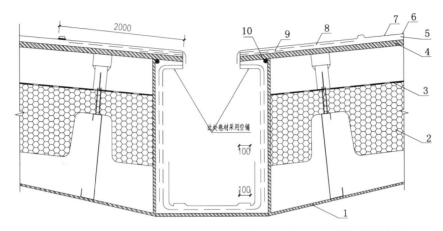

1—钢屋面底板;2—保温层;3—隔汽膜;4—铝镁锰屋面板;5—金属屋面专用底漆;
6—喷涂型聚脲弹性防水涂料;7—聚脲脂肪族面层;8—SBS 改性沥青防水卷材;
9—SBS 改性沥青防水卷材附加层;10—PE 泡沫棒

图 3-22.9 中间天沟防水做法示意(单位:mm)

22.3.4 天窗周边小天沟及相邻屋面板增强处理

小天沟侧面板与天窗侧面板系非整体连接,而是各自独立成形,并在天沟侧面相互连接在一起。小天沟与中间天沟的区别在于小天沟与屋面板交接部位受力与变形比中间天沟更为复杂,它不但要承担因天沟(混凝土)与天窗(钢材)两种不同材料产生的变形差异,还要经受由屋面长度方向的错动而产生的拉应力。因此该部位必须设置高延伸性能的卷材附加层,以减少应力与应变导致聚脲防水层在该部位发生开裂的现象。开始维修小天沟时,采用 SBS 卷材将天窗与屋面板连接成整体,但发现小天沟与屋面板相交部位的卷材都出现了扭曲现象,并且发现在每天上午情况更为严重,此现象更加证实了我们对该部位受力复杂程度的判断。于是,在 SBS 卷材下部又增加了一道三元乙丙橡胶卷材,随后 SBS 卷材表面没有再出现扭曲现象。如图 3-22.10 所示。

22.3.5 喷涂聚脲弹性防水涂料

这是最后一道施工工序,也是施工中的重点。聚脲防水层不但具有防水功能,而且对金属屋面板还有保护作用,并可延长面板的使用寿命,其构造层次如图

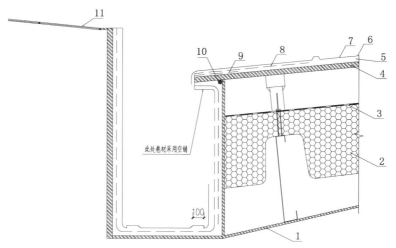

1—钢屋面底板；2—保温层；3—隔汽膜；4—铝镁锰屋面板；5—金属屋面专用底漆；
6—喷涂型聚脲弹性防水涂料 1.5 mm 厚；7—聚脲脂肪族面层；8—SBS 改性沥青防水材；
9—SBS 改性沥青防水卷材附加层；10—PE 泡沫棒；11—采光天窗

图 3-22.10　采光天窗周边小天沟做法（单位：mm）

3-22.6 所示，有关该种材料性能、特点以及施工工艺等此处从略。

22.4　工程照片解读

对该工程部分照片进行解读，如图 3-22.11—图 3-22.21 所示。

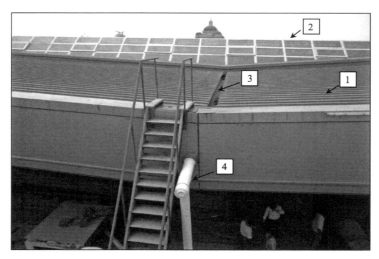

1—铝镁锰屋面板；2—天窗；3—两坡屋面交接处设横向天沟；4—水平排水管导入室内

图 3-22.11　从此爬梯登高，还算安全可靠

（a）整体效果图 （b）四周墙交接处

图 3-22.12 银川国际会展中心屋面在维修时增加喷涂聚脲涂料防水层

1—层面外板；2—50 mm(24 kg/m³)玻璃棉毡,带防潮贴面；3—菱形不锈钢丝网；4—钢梁上翼缘

图 3-22.13 采光天窗接缝采用多道密封措施后效果明显

图 3-22.14 喷涂聚脲后总体质量尚可,但也有不少瑕疵

图 3-22.15 天沟原设计考虑不周,维修时增加横向泄水管也无济于事

图 3-22.16　两坡之间小天沟

（因汇水面积过大、天沟排水坡度过小等原因，下雨后"水漫金山"，
天晴后数日，相邻处涂层仍水迹斑斑，耐久性堪忧）

（a）聚脲喷涂后

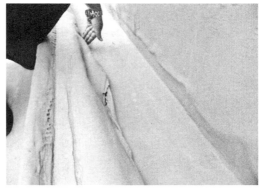

（b）涂层开裂、渗漏

图 3-22.17　屋面转角处涂层质量有待改进

（思考：a.聚脲喷涂后质量不尽如人意，除了转角部位受力不同，
与施工工艺如基层干燥、干净等因素是否有关？b.涂层开裂、渗漏与气候有关吗？）

图 3-22.18 侧墙与天沟聚脲涂层粗糙

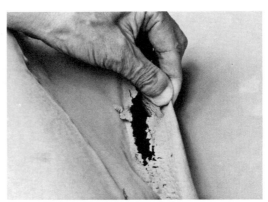

图 3-22.19 用手撕揭,涂层轻易被拉断

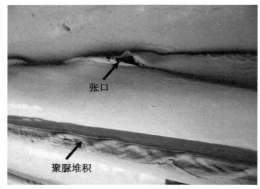

图 3-22.20 张口和聚脲堆积现象

图 3-22.21 转角处涂层张口
(疑与钢结构基层变形过大有关)

22.5 结语

我国从 20 世纪 80 年代开始使用金属屋面以来,由于其独特性能,因此在大型公共建筑中得到广泛应用。然后,近年来,不管是绝热夹芯板屋面(即彩钢板),还是压型钢板屋面,甚至高分子单层金属屋面,都有不少渗漏水现象发生。其主要原因是单纯强调金属板的自防水作用,设防标准偏低;同时,又与许多防水材料不能适应金属屋面变形较大的因素有关。近年来,市场提供的 TPO,PVC 等新型防水卷材,由于其性能较好,为解决这一问题提供了更多的选择。

该会展中心是一个屋面防水面积特大的重要公共建筑,原设计仅考虑单一金属板自防水作法,显然属于重大的技术失误。再加上屋面细部构造作法过于简化,特别在大坡度、大面积屋面中，没有正确处理排水、分水与防水之间的关系，所以在屋面竣工不久即出现严重渗漏水现象不足为奇。某防水公司在承接该维修工程中，曾考虑两种方案，即 TPO 卷材或喷涂聚脲防水涂料。但鉴于原设计金属板厚度较薄（仅有 0.65 mm），无法作为 TPO 卷材机械固定的持力层，同时采用机械固定的螺钉须穿透金属板与结构基层固定，对屋面防水整体性也不利，所以否决了 TPO 卷材，最终选用了喷涂聚脲防水涂料做法。但至关重要的是，按照《喷涂聚脲防水技术工程》（JGJ/T 200—2010）第 1.0.2 条规定，此类防水层仅适用于混凝土和砂浆类刚性材料基层，并在条文说明中强调"这是实践经验的总结"。因此，将聚脲防水材料应用在整体钢结构屋面在国内也是极少的案例。

实践是检验真理的唯一标准。该工程在一些细部构造中，根据金属屋面的特点，结合当地气候条件等因素，采取合理选材、多道设防与密封并举等做法可圈可点，效果也比较明显。但也看到，在喷涂聚脲防水涂料作业中，虽在施工工艺与机具上也有不少改进，然而在实地考察时发现，该工程存在的一些问题值得商榷。例如，该市日照与紫外线很强，昼夜温差较大，基本风压为 0.65 kN/m²（与沿海城市大连市一样），年降水量为 186.30 mm（仅为大连的 1/3），且多为短时瞬间暴雨。因此，该类屋面工程质量应以防风与防护为主，重点是细部构造设防，其中，防水材料与基层的粘贴、防水材料之间的搭接与密封等，是工程成败的关键。因此，在新材料的推广中，凸显"因地、因时、因工程"的重要性。

《屋面工程技术规范》（GB 50345—2012）中规定，重大公共建筑屋面防水使用年限不应低于 20 年，此点应作为选择材料的重要依据。而喷涂聚脲防水工程在国外也应用不多，使用时间不长。特别是此类屋面（表面仅有 0.2 mm 厚度的脂肪族聚氨酯面漆）在强烈紫外线环境下，其耐候性与使用时间，理应通过室内试验与室外观察双重检验，才能作出科学评价。另外，该工程在设计与施工中出现的一些缺陷，再次说明设计与施工人员在掌控该项新技术过程中，并非完美无缺。

最后强调指出，防水材料虽有品种不同、性能高低之分，但只要适用，都有其用武之地。而防水材料的"适用性"是决定工程成败的重要因素。当今，新型防水材料的变革与发展速度很快，对防水工程的发展和进步产生了积极影响。为此，我们必须正确把握不同防水材料的性能、特点和使用范围，并结合工程具体情况、气候、环境等因素，择优选用。如此，才能满足工程质量和功能质量的双重要求。"是工程选择材料，还是材料选择工程？"通过不同工程的实践，我们一定会有更多、更深刻的认识。

23 TPO 防水卷材在金属板屋面维修工程中的实践与认识

　　针对目前金属板屋面出现渗漏现象较多的情况,采用 TPO 防水卷材进行维修,是一项不错的选择。本节结合某工程实例,介绍该种材料的性能、设计与施工方法,并提出相关建议。

23.1　概述

　　与其他屋面结构形式相比,金属板屋面具有结构断面小、自重轻、抗变形能力强、抗震性好、施工周期短、适用范围广等优点,因此可广泛用于工业厂房、展览馆和机场等大型公共建筑中。当防水等级为二级时,仅靠一道压型金属板自防水做法,在大量工程实践中出现渗漏水现象较多,这是一个亟待解决的问题。

　　有关数据显示,一道金属板屋面自防水做法,在使用一年内出现渗漏水的概率有 50%,3 年内高达 80%。而渗漏主要部位主要包括屋面系统的变形缝,高低跨处泛水,屋面板缝、单元体构造缝,女儿墙、檐沟、天沟、水落口,屋面金属板材收头,洞口、局部凸出体收头,以及其他复杂的构造部位(图 3-23.1)。

图 3-23.1　金属板屋面细部构造是渗漏水的重灾区

　　另外,金属板屋面长期使用后的腐蚀问题也很突出。以彩钢板为例,多数为镀锌烤漆板。随着使用时间的增加,烤漆长期暴露于大气中,日晒雨淋,特别是受到大气中酸性雨水的侵蚀,几年之后就会出现锈斑和腐蚀(图 3-23.2);即便是使用PVDF(氟碳烤漆)的彩钢板,一般使用年限也只有 12 年左右。更不用说价格相对低廉而广泛使用的 PE(普通聚酯)和 SMP(硅改性聚酯)烤漆,一般不出 3 年,屋面烤漆层就开始褪色,厚度逐渐变薄,直至失去全部保护功能。

　　鉴于上述情况,北京东方雨虹防水技术有限公司新近推出了"东方雨虹牌维修专用 0.8 mm 厚 TPO 防水卷材",现结合武汉某电子企业的钢结构厂房维修工程案例,介绍其设计与施工要点,供大家参考。

图 3-23.2　金属板屋面(彩钢板)常出现锈斑、腐蚀情况

23.2　工程概况

　　2012 年竣工的武汉某电子企业的钢结构厂房(图 3-23.3),屋脊标高 12.5 m,屋面面积约 13 000 m²,在使用约 6 年后,屋面多处出现大面积渗漏,影响室内正常生产运营。该项目原有屋面结构从上至下依次为金属彩钢板、保温玻璃棉、铝箔纸、钢丝网、檩条、钢梁。经过勘察发现渗漏主要原因有以下几点:

　　(1)屋面彩钢板局部锈蚀,彩板自攻螺丝存在锈蚀和脱落现象。

　　(2)屋面屋脊和山墙阴角等处泛水板,因受温度变形影响,各拼接缝处多数出现裂口,密封胶封缝失效。

　　(3)在本次维修之前,曾在钢结构屋面上铺贴自粘性聚合物改性沥青防水卷材,现已老化,必须拆除。

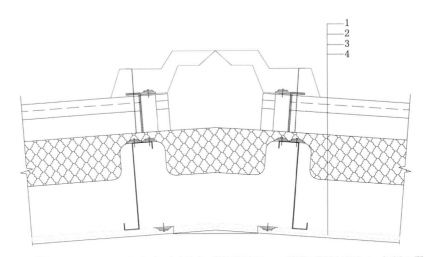

1—层面外板;2—50 mm(24 kg/m³)玻璃棉毡,带防潮贴面;3—菱形不锈钢丝网;4—钢梁上翼缘

图 3-23.3　钢结构屋面原构造层次(单位: mm)

23.3　主要材料性能

表 3-23.1 为东方雨虹版维修专用 0.8 mm 厚 TPO 防水卷材材料性能。

表 3-23.1　材料性能

项　　目		树脂类 FS2	
		指标	典型值
拉伸强度/(N·cm⁻¹)	常温(23℃),≥	50	70
	高温(60℃),≥	30	60
拉断伸长率/%	常温(23℃),≥	100	300
	低温(−20℃),≥	80	300
撕裂强度/N,≥		50	80
不透水性(0.3 MPa,30 min)		无渗漏	无渗漏
低温弯折		−20℃ 无裂纹	−40℃ 无裂纹
加热伸缩量/mm	延伸,≤	2	±1.0
	收缩,≤	4	
热空气老化 (80℃×168 h)	拉伸强度保持率/%,≥	80	90
	拉断伸长率保持率/%,≥	70	85

（续表）

项 目		树脂类 FS2	
		指标	典型值
耐碱性 ［饱和 Ca(OH)$_2$溶液 23℃×168 h］	拉伸强度保持率/%，≥	80	90
	拉断伸长率保持率/%，≥	80	90
人工气候老化	拉伸强度保持率/%，≥	80	90
	拉断伸长率保持率/%，≥	70	85
黏结剥离强度 （片材与片材）	标准试验条件/(N·mm^{-1})，≥	1.5	4.5
	浸水保持率(23℃×168 h)/%，≥	70	95
复合强度（FS2 型表层与芯层）/MPa，≥		0.8	0.9

注：对于总厚度小于 1.0 mm 的 FS2 类复合片材，拉伸强度（纵/横）指标常温（23℃）时不得小于 50 N/cm，高温（60℃）时不得小于 30 N/cm；拉断伸长率（纵/横）指标常温（23℃）时不得小于 100%，低温（-20℃）时不得小于 80%。

23.4 维修方案设计

　　该项目曾采用镀铝膜自粘沥青防水卷材进行修补，该材料原本不具备外露的条件，加之耐老化性及抗紫外线性能较差，因金属压型板屋面经过寒暑温差及暴雨影响，后期产生了不同程度的开裂及脱落，并导致渗漏。经过多方比较，结合工程具体情况，选用东方雨虹牌维修专用 0.8 mm 厚 TPO 防水卷材，满粘法进行整体维修（图 3-23.4）。其工艺流程如下：前期准备→基层清理→铺设 TPO 防水卷材（满粘固定）→热风焊接卷材→细部构造处理。

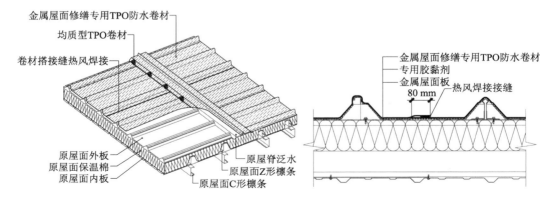

图 3-23.4　TPO 防水卷材维修方案

23.5　施工方法

23.5.1　施工流程

前期准备→基层清理→铺设 TPO 防水卷材（满粘固定）→热风焊接卷材→细部构造处理。

23.5.2　前期准备

（1）材料准备。主材有两种：一是金属屋面修缮专用 TPO 防水卷材，用于大面施工；二是均质型 TPO 防水卷材，用于细部构造处理。辅材包括收口压条、TPO 专用清洗剂、TPO 专用胶黏剂、TPO 专用密封胶、丁基胶带等。

施工前应将卷材及系统配套材料准备齐全，并检验质量是否符合相关标准。密封膏、胶黏剂、清洗剂应存放在阴凉、干燥的库房，并配备足够的消防器材，避免阳光暴晒。不要破坏 TPO 卷材原始包装，并贮存在阴凉处，表面加以覆盖。

（2）施工机具准备。施工前应准备齐全必要的施工机具，并确保完好。

（3）技术准备。施工项目部在施工前应根据施工现场实际情况，与业主单位协商细部构造做法，并取得设计单位确认。

（4）天气条件。施工应做好天气预报，不得在雨、霜和 5 级及其以上大风天气下及 5℃温度以下施工。

23.5.3　基层处理

施工前应将屋面天沟处堆积的垃圾清理干净，随后将屋面板及天沟锈蚀严重的区域进行打磨处理，以满足卷材铺贴黏结的要求。

为满足卷材铺贴黏结的要求，对下列部位尤应认真处理：

（1）压型钢板凸起、翘起的，需修正固定。

（2）女儿墙上、压型钢板屋面上原有涂膜防水（内置无纺布）脱落、起鼓部位务必铲除干净，无法铲除干净的，需用打磨机将残留杂物清除干净（图 3-23.5）。

图 3-23.5　打磨机除锈清理

23.5.4　粘贴卷材防水层

首先进行放线，施工时首先要进行预铺，把自然疏松的卷材按轮廓布置在原屋面钢板上，平整顺直，不得扭曲,搭接宽度为 80 mm,并适当剪裁,以便保证长边搭接位置处于原压型钢板的波谷内。

铺贴防水卷材时,卷材长边方向应与原屋面钢板长边方向平行,搭接方向应顺当地年最大频率风向搭接。

卷材在铺设展开后,放置 15~30 min,以充分释放卷材的内部应力,避免在焊接时起皱。

当采用小型手动刮涂设备时,应依照用量将卷材黏结胶均匀刮涂于卷材及原屋面压型钢板表面,不允许出现漏涂和胶黏剂堆积的现象。待胶黏剂半干燥且不黏手时,即可将卷材粘贴面黏合在压型钢板上,并用压辊压实,卷材搭接区不允许涂刷基层胶黏剂。

23.5.5 卷材接缝采用热风焊接

卷材长边搭接长度 80 mm,采用热风焊接方式(图 3-23.6);短边采用对接方式处理,在其上部用 150 mm 均质型卷材覆盖、焊接(图 3-23.7)。

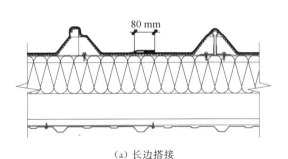

(a)长边搭接

(b)现场操作

图 3-23.6　卷材长边搭接采用自动焊接机

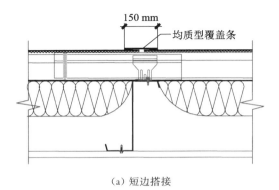

(a)短边搭接

(b)现场操作

图 3-23.7　卷材短边搭接用手持焊接机

使用工具包括自动热空气焊接机、手持热空气焊接机以及硅酮辊,通过热空气将 TPO 卷材接缝焊接固定。

所有接缝相交处,需用硅酮辊滚压,确保热空气焊缝的连续缝。待焊缝冷却后,需用扁口螺丝刀对所有焊缝进行检查,防止出现漏焊现象。若发现缺陷,使用手持焊接机修理。

23.5.6 细部构造处理

卷材收口:TPO 防水卷材收口处,应用专用收口压条、收口螺钉固定,专用丁基胶带进行收口处理。细部构造如屋脊、女儿墙天沟、水落口等部位,需根据现场实际情况进行优化,由施工项目部有关人员及时与设计单位、业主等相关单位负责人联系,通过技术核定单会商确认。

(1)屋脊处理方法。在屋脊泛水与彩钢板波峰交接的异形部位,采用修缮专用 TPO 卷材剪口,然后使用匀质型 TPO 封口焊接的方式(图 3-23.8)。

图 3-23.8 屋脊处理方法

(2)山墙处理方法。在山墙部位,需拆除顶部的彩钢板折件、盖帽和内墙板,卷材上翻至女儿墙顶部,用压条固定,然后再恢复内墙板和上部盖帽(图 3-23.9)。

(3)檐口、天沟位置处理方法。卷材在檐口位置可使用压条固定(图 3-23.10)。

图 3-23.9 山墙处理方法　　**图 3-23.10 檐口处理方法**

　　若遇到内天沟时,也可以将伸入天沟内部分的彩钢板切除后,在天沟内满铺TPO 卷材,然后卷材上翻至女儿墙顶部,如图 3-23.11 所示。

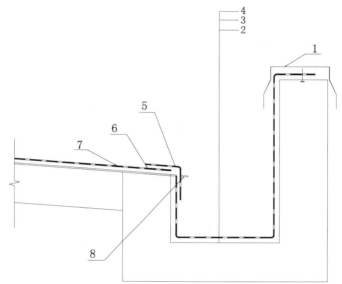

1—女儿墙金属盖板;2—原天沟钢板;3—专用胶黏剂;4—金属屋面维修 TPO 防水卷材;
5—均质型 TPO 卷材;6—热风焊接;7—金属屋面维修专用 TPO 防水卷材;8—外伸彩钢板切除

图 3-23.11　天沟防水做法节点图

23.6　结语和建议

23.6.1　金属屋面整体维修优越性

　　与常用的丙烯酸涂料和沥青卷材相比,金属屋面修缮专用 TPO 卷材的强度更高,柔性更好,更能适应基层屋面变形较大的要求,同时还具有与基层黏结力强、施工方便、质量可靠、价格适中等特点,为金属板屋面维修和今后新建工程,提供了新的选择,并有广阔的市场前景。通过试点工程竣工 1 年后检查,工程质量良好,未见渗漏水现象(图 3-23.12)。金属屋面采用专用 TPO 维修卷材有以下优点:

　　(1)细部构造采用热风焊接施工,搭接边等部位使用均质型 TPO 材料,提高了屋面防水层的整体性和抗变形能力,经过热风焊接之后,卷材接头处密实、可靠。此外,TPO 卷材在钢结构屋面天沟、基座等细部能够进行连续铺贴,细部构造处无死角,与钢结构基层黏结良好。

　　(2)TPO 卷材不含增塑剂,可暴露使用,耐久性好,无挥发物污染。由于其表面为浅色,与沥青卷材等深色屋面相比,不仅具有表面不吸附灰尘、减少太阳辐射热温

图 3-23.12　竣工后屋面整体效果

度的优点,还具有节能、降温、环保效果。

(3) TPO 卷材由于其表面光滑平整,若发生渗漏现象,可以通过直接观察找出渗漏点,后期维修方便。

23.6.2　长期使用效果有待进一步观察

金属板屋面是建筑物的外围结构,主要承受屋面自重、活荷载、风荷载、积灰荷载、雪荷载以及地震作用、温度作用。金属板与支承结构之间、支承结构与主体结构之间,均须有适应主体结构变形的能力;当主体结构在外荷载作用下产生位移时,一般不应使构件产生过大的内力和不能承受的变形。

如前所述,各类金属板屋面具有结构断面小、自重轻、抗变形能力强、抗震性好等优点,但其中一些优点恰好是做好防水的难点。须知,目前多数金属板屋面出现渗漏水,主要发生在细部构造处,这与一般防水卷材、涂料性能较差有关。而修缮专用 TPO 卷材虽然与基层黏结力强,且采用整体满粘铺贴工艺,有助于提高屋面的抗渗漏能力,但长期可靠性还有待进一步观察。

从工程哲学观点分析,金属板屋面与建筑物之间,防水层与金属板之间,结构与防水功能都要兼顾,其中结构安全是第一位的。因此,可借鉴传统多层沥青防水卷材屋面"条铺、点铺"所形成的"减少约束、抗裂防水"的施工经验,从改进施工工艺着手,通过技术创新,在充分利用 TPO 卷材延伸性大的同时,如何进一步发挥卷材防水层整体抗水性好的优势,又能规避基层变形大而带来的不利因素,从而减少金属板屋面在细部构造处容易出现渗漏水的风险,是值得研究的新课题。另外建议,今后对重要的大型金属板屋面工程,宜适当增加系统结构的断面尺寸,进一步提高屋面的承载力、刚度、稳定性和抗变形能力,便于在工程发生渗漏后,为选用材性优异、质量可靠的防水维修材料提供安全保障。

24 混凝土裂缝调查方法与案例分析

大量工程实践证明，混凝土结构裂缝的起因往往是多方面的，重要的是必须区别是由于外荷载引起的，还是由结构变形变化引起的。由于混凝土裂缝与渗漏水有因果关系，且与降低建筑物承载力和耐久性等有关，所以对其采取相应限制措施是十分重要的。而对于裂缝的性质、危害程度以及是否需要修补等，都必须通过调查分析后才能得出科学结论。

24.1 概述

任何一个工程，从规划设计到施工，都是由工程师们精心策划培育出来的。任何一个小环节上的粗心大意，均能酿成质量事故，危及工程安全，造成千古遗憾。进行工程事故分析，则要从裂缝分析、沉降（变形）观测入手，去寻找事故原因，判断事故的严重性，然后采取果断的相应对策，以拯救工程于危急状态之中。因此，有造诣的工程师，不仅要懂得如何进行工程设计与施工，也应该对工程事故分析的理论与实践有深入的研究。

建筑物的使用荷载，短期不得超过设计荷载的标准值，长期不得超过设计荷载的永久值。对出现可见裂缝的建筑工程，应及时进行检查并分析原因。当裂缝宽度较大或数量较多时，应通过检测鉴定，并采取有效措施，防止裂缝继续发展或恶化。[1]另外，防水工程在施工阶段中出现不同受力情况时，则需充分考虑对建筑结构及其构件的变形和产生裂缝的影响，并进行必要的设计复核和采取相应的施工技术措施。

混凝土出现裂缝与渗漏水密切相关，影响建筑物的使用年限与结构安全。关于裂缝的界限问题大致按以下条件划分：

（1）裂缝宽度。表面裂缝，$h \leqslant 0.1H$（h 为缝深，H 为结构厚度）；浅层裂缝，$h < 0.5H$；深层裂缝，$h \geqslant 0.5H$；贯穿裂缝，$h = H$。

（2）裂缝出现时间。早期为 $0 \sim 3$ d，中期为 $28 \sim 180$ d，后期为 $180 \sim 360$ d 甚至 720 d，最终可达 20 年。

（3）裂缝发展过程。可概括为：微裂→初裂（断断续续）→通裂→增扩→稳定与不稳定（含爆裂）。

关于混凝土结构裂缝问题，一直是土木工程界关心和重点研究课题。到目前为止，工程界普遍认为，钢筋混凝土结构（含采用各种新型膨胀剂、防水剂和复合型的补偿收缩混凝土)出现裂缝(指宽度在 0.1~0.2 mm 以下的无害裂缝)是不可避免的,并可视为可以接受的事实。但由此引起的钢筋锈蚀、混凝土剥落、结构承载能力降低和耐久性降低等问题不可低估。有关文献进一步指出,由混凝土裂缝引起的各种不利后果中,渗漏水占 60%。从物理概念上讲,当水分子的直径为 0.3 nm(即 0.3×10^{-6} mm)时,可穿过任何肉眼可见的裂缝。所以从理论上讲,任何混凝土结构产生的裂缝都应防治,这也是防水工程的基本要求。

须知,钢筋混凝土结构构件在设计上是允许带裂缝工作的。因此,无论是在建筑主体竣工验收之前,还是投入使用之后,问题不在于有无裂缝,而在于出现什么样的裂缝。因此,只有通过调查分析裂缝有无危害之后,才能作出是否需要处理和怎样处理的正确判断。

24.2　裂缝危害性

应该指出,有害裂缝的危害大小与建筑物的功能、性质、等级,所处环境条件,裂缝所在部位,裂缝的大小(表面宽度)与性质有关。裂缝的害处主要有:①损害建筑物的功能,如屋面漏水、地下室渗水等;②引进破坏因素,减少使用寿命,如钢筋锈蚀等;③降低混凝土的强度、密实度;④降低结构刚度;⑤损坏表面装饰、影响美观等。

对于以上第 1 条,为避免雨水或地下水通过防水层引起渗漏,应严格限制出现贯穿结构构件全截面的轴向受拉裂缝,包括季节性温差的温度应力引起的裂缝。对于第 2 条,应将那些虽不会引起渗漏,但可能导致钢筋锈蚀的弯曲受拉裂缝,限制在无害的裂缝宽度之内。

大量观察结果表明[2],如果钢筋混凝土本身质地密实,当环境相对湿度小于 60%时,宽度小于 0.5 mm 的裂缝中钢筋不会生锈;当相对湿度大于 60%时,宽度 0.2~0.3 mm 的裂缝中钢筋也不会生锈;在水中,宽度为 0.1 mm 的裂缝中钢筋不会生锈(如果保护层大于 30 mm,则不生锈的裂缝宽度可放大到 0.15 mm)。在一定水压下,或在水位经常变动和冻融循环的部位(含屋面在内),裂缝宽度大于 0.05 mm 时钢筋就可能生锈。在侵蚀性介质中,钢筋不生锈的混凝土裂缝宽度应更小。总之,凡是大于上述宽度的裂缝,都应被认为是该环境条件下的有害裂缝。为此,在设计与施工时,应采取措施避免出现上述有害裂缝,并将弯曲受拉的裂缝宽度限制在 0.05 mm 以内,即肉眼观察不到的裂缝。

24.3　裂缝调查方法[1]

裂缝的调查与分析是一门综合性的应用技术,它包括了地基基础、建筑、结构、材料、施工及使用维修等方面的科技知识,目前尚处于经验总结阶段。由于缺乏理论分析方面的成熟资料,因此不少工程质量事故处理不当,甚至得出与实际相反的结论。

应当指出,由于无损检测方法(如蓄水试验、外墙喷淋试验等)及辅助检测仪器(如红外线成像仪、超声波检测仪、磁场测漏仪等)相继问世,为事故诊断带来了客观、真实的数据,其作用不可低估。但裂缝产生的原因,最终还得通过调查测试资料,依靠技术人员(有关专家)的高超分析和判断才可定论。

24.3.1 调查步骤

裂缝调查一般先从标准调查开始,若标准调查(一般调查)不能作出原因推断并确定修补方法时,则需进一步作详细调查。若详细调查仍不能作出结论时,则需借助技术人员的高超分析。该流程如图 3-24.1 所示。

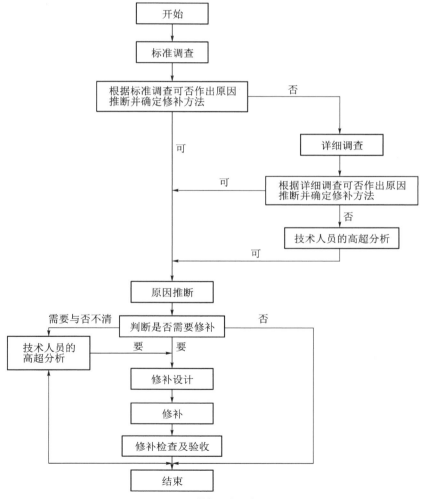

图 3-24.1　裂缝调查及修补流程

24.3.2 标准调查内容

调查目的是为了取得用以推断结构裂缝的原因,判断有无修补必要及选择修补方法的资料。标准调查原则上应包括以下内容:

(1) 裂缝现状的调查(宽度,长度,是否贯通,缝内有无异物,干湿状况,有无污垢等);

(2) 是否影响使用的调查(漏水、析盐、钢筋锈蚀、构件挠曲、外观损伤等);

(3) 裂缝开展情况的调查(产生或发现时间、开裂过程等);

(4) 设计资料的调查(设计施工图、结构计算书);

(5) 施工记录的调查(使用材料、配合比、混凝土浇筑和养护、工程进度、试验数据、地基情况、模板种类、环境条件等)。

24.3.3 详细调查内容

当标准调查无法判断裂缝原因及确定修补方法时,就要详细调查。详细调查又分为一般性调查和技术人员的分析资料调查。

(1) 一般性调查根据工程具体情况补做以下工作:①混凝土取芯强度试验;②按设计施工图核对断面尺寸;③荷载条件调查(包括重新核对设计施工图与计算书);④地基调查(沉降、侧向位移等);⑤钢筋调查(保护层厚度、钢筋位置及数量、锈蚀情况等);⑥碳化调查;⑦渗漏路径调查;⑧裂缝详细调查(形式、宽度、长度、深度、开裂情况等)。

(2) 技术人员的分析资料调查,除上述项目外尚包括以下内容:①混凝土分析(水灰比、单位水泥用量等);②结构构件的载荷试验(挠度、应力、裂缝宽度的变化等);③结构构件的振动试验。

24.3.4 推断产生裂缝的主要原因

钢筋混凝土整浇结构构件裂缝出现的主要原因,包括材料、施工、使用环境、荷载以及结构设计等方面。推断裂缝原因是为了取得是否需要修补的资料。表3-24.1列出了较详细的各种裂缝产生的主要原因,可供分析时参考。

表 3-24.1 混凝土裂缝形式及产生原因

分类	编号	简图	原因
与材料有关的	A1		由于水泥的非正常凝结所产生的裂缝,既短又不规则,多发生于早期

（续表）

分类	编号	简图	原因
与材料有关的	A2	钢筋	在上层钢筋的顶部产生的沉陷裂缝，多在浇混凝土之后1～2 h内沿钢筋产生
	A3		由于水泥水化热产生的裂缝，易产生于厚度大于800 mm的地下室底板、地梁及剪力墙上
	A4		水泥的非正常膨胀
	A5		因骨料中含泥土，随着混凝土的干燥而产生的不规则的网状裂缝
	A6		因使用反应性骨料或风化岩类骨料而引起的裂缝，多半产生于潮湿场所，呈爆裂状
	A7		混凝土干缩
与施工有关的	B1		因掺合料搅拌不均匀而产生的裂缝，分膨胀性和干缩性两种，一般只是部分产生
	B2		因长时间搅拌或运输过长时间而产生的裂缝，多全面产生，呈网状

（续表）

分类	编号	简图	原因
与施工有关的	B3		泵送混凝土时增加了水泥用量及用水量
	B4		浇灌顺序有误
	B5		浇灌速度过快
	B6		振捣不足
	B7		钢筋被扰动,保护层不够
	B8		接打(指混凝土浇筑时的接缝部位)处理不当
	B9		模板变形
	B10		漏水(模板漏浆或底层渗水)
	B11		支撑下沉
	B12		过早拆模
	B13		硬化前收到振动或加荷
	B14		初期养护急骤干燥
	B15		初期冻害

（续表）

分类	编号	简图	原因
与使用环境条件有关的	C1		环境温度与湿度的变化
	C2		构件两面温、湿度之差
	C3		反复冻融
	C4		受冻膨胀
	C5		内部钢筋锈蚀
	C6		火灾或表面加热
	C7		酸或盐的化学作用

（续表）

分类	编号	简图	原因
与结构及外力有关的	D1 D2	 剪切　弯曲　剪切	荷载（在设计荷载以内） 荷载（超过设计荷载的）
	D3		荷载（以地震荷载为主的）
	D4		断面及钢筋用量不足
	D5	 沉降	结构物的差异沉降
其他	E		其他

24.4　开裂原因分析

分析开裂原因，对于判断是否进行修补或加固十分重要。修补或加固处理，应根据上述调查提供的资料，经分析找到开裂原因之后进行，具体说明如下。

24.4.1　对照表 3-24.1 的裂缝形式进行分析

根据调查测试资料，对照表 3-24.1 给出的裂缝形式和相对应的开裂原因，有时能得到满意的结论。对于那些无规律、由材料或施工原因引起的裂缝，利用该表有一定参考价值，随后通过其他因素，也可快捷找到裂缝发生的真实原因。

24.4.2 利用裂缝分布规律进行分析

1. 各种荷载裂缝的分布规律

由于混凝土抗拉强度很低，钢筋混凝土结构构件在荷载作用下，当主拉应力超过混凝土抗拉强度时，即出现各种荷载裂缝。因此，各种荷载裂缝将沿主拉应力方向开展，而其走向与主拉应力方向垂直。如钢筋混凝土框架梁一般在跨中下部或支座上部出现垂直裂缝，在支座附近出现斜裂缝，如图 3-24.2(a)所示；在垂直荷载和风荷载共同作用下的框架，其顶节点柱的受拉边出现垂直裂缝，如图 3-24.2(b)所示，而在地震荷载作用下框架柱的柱头出现交叉的斜裂缝，如图 3-24.2(c)所示；又如钢筋混凝土肋形楼盖中的单向板，在均布荷载作用下，于短跨跨中下部和支座上部出现平行于长边方向的垂直裂缝，如图 3-24.2(d)所示；而肋形楼盖、井式楼盖中的双向板，在均布荷载作用下，在其板顶和板底出现如图 3-24.2(e)所示的裂缝分布；受扭构件则出现与轴线成 45°的螺旋状裂缝，如图 3-24.2(f)，(g)所示。图 3-24.2(h)所示大梁下墙体的局压裂缝，实际上也是由墙体纵向受压而横向受拉的应力引起的。而材料的收缩、冷缩和干缩将加剧各种裂缝的开展。因此，熟知各种受力构件裂缝分布规律，对于分析开裂的原因是十分有用的。

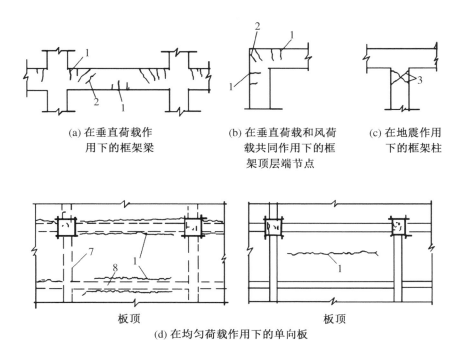

(a) 在垂直荷载作 用下的框架梁

(b) 在垂直荷载和风荷 载共同作用下的框 架顶层端节点

(c) 在地震作用 下的框架柱

板顶 　　　　　　　板顶

(d) 在均匀荷载作用下的单向板

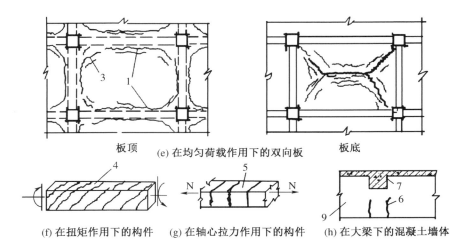

(e) 在均匀荷载作用下的双向板

板顶   板底

(f) 在扭矩作用下的构件　　(g) 在轴心拉力作用下的构件　　(h) 在大梁下的混凝土墙体

1—弯矩作用下的垂直裂缝；2—弯矩与剪力共同作用下的斜裂缝；3—在双向弯矩作用下的板
角裂缝；4—在扭矩作用下的螺旋状裂缝；5—在轴向拉力作用下的贯通全截面的垂直裂缝；
6—大梁下墙上的局压裂缝；7—大梁；8—次梁；9—混凝土墙

图 3-24.2　主要荷载裂缝形式

2. 各种变形裂缝的分布规律

变形裂缝是结构构件由温差、湿差、沉降差的变形受到约束影响,因得不到满足而产生的约束应力超过混凝土的抗拉强度(或约束应变超过混凝土极限拉应变值)时引起的裂缝。这种裂缝总是出现在约束最大(不动点或几乎不动点)而抗力最小处。如与柱整浇(现浇)的钢筋混凝土基础梁,当它受到柱基强力约束时,因材料干缩或冷缩变形的作用,在基础梁内产生很大的约束拉应力,因而引起如图 3-24.3(a)所示的贯穿全截面的垂直裂缝;较长的整浇钢筋混凝土高层建筑,因季节性温差及材料干缩的作用,在建筑物中部约束应力最大处出现如图 3-24.3(b)所示的垂直裂缝。在高层建筑中,由于走廊或分户走道刚度很小,而被连系的两部分为剪力墙或框架剪力墙结构刚度很大时,它们都向各自的刚度中心收缩,对整浇的廊梁和走道楼板产生很大的约束拉应力,出现如图 3-24.3(c),(d)所示的裂缝;又如框架这类对支座变位敏感的超静定结构,由于各支点的差异沉降,产生如图 3-24.3(e)所示的裂缝。又如本书在"'工程防水'起源与本质"一章中所述,在北方山区建造地下室时,会遇到因岩石地基土的坚硬,而导致混凝土基础开裂和防水工程渗漏的质量事故。如果换一种思考方式,即在地基与基础之间设计一种"滑动层"构造,就可减少地基对基础的约束应力,则这一问题就可迎刃而解。另外,山区建筑中各种大型设备基础、各类储物罐及游泳池等,都会遇到类似情况,需要在设计与施工时加以防范。熟知这些变形裂缝的分布规律,不仅有利于分析开裂原因,也有利于决定是否需要修补或加固。

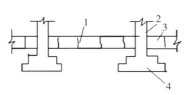

(a) 混凝土收缩(干缩、冷缩)引起的裂缝 1

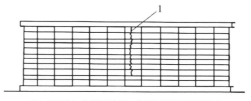

(b) 混凝土收缩(干缩、冷缩)引起的裂缝 2

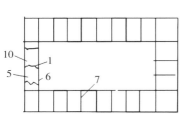

(c) 结构体系收缩引起的裂缝 1

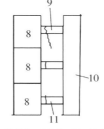

(d) 结构体系收缩引起的裂缝 2

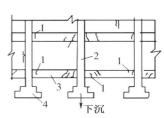

(e) 地基差异沉降引起的裂缝

1—变形裂缝;2—柱;3—基础梁;4—基础;5—走道楼板;6—廊梁;7—剪力墙;
8—住宅单元;9—分户走道;10—走廊;11—连系梁

图 3-24.3   常见的变形裂缝形式

24.4.3   根据预测开裂原因进一步开展调查研究项目(表 3-24.2)

需要指出,在任何情况下,为了分析开裂原因,除了上述调查测试和提供的推断方法外,最终必须求助于技术人员(有关专家)的高超分析和正确判断。

表 3-24.2   分析开裂原因时应进一步调查研究的项目

编号	预测的原因	应该研究的调查项目及试验
A1	水泥的非正常凝结	裂缝的详细调查(形式)、水泥的凝结试验数据
A2	水泥的水化热	裂缝的详细调查(形式、深度)、水泥种类、截面尺寸、施工方法
A3	水泥的非正常膨胀	裂缝的详细调查(形式)、水泥的物理及化学试验数据
A4	骨料中含泥土	裂缝的详细调查(形式)、骨料的冲洗试验数据
A5	低质量的骨料	裂缝的详细调查(形式、深度)、骨料的产地及岩质
A6	反应性骨料	裂缝的详细调查(形式)、骨料的产地及岩质
A7	混凝土中的氯化物	裂缝的详细调查(形式、深度)、配筋及场地条件
A8	混凝土的沉缩及泌水	裂缝的详细调查(形式)、在梁板中对照检查配筋位置及开裂位置

编号	预测的原因	应该研究的调查项目及试验
A9	混凝土的干缩	混凝土长度变化试验数据、干燥条件及断面尺寸
B1	掺合料拌和不均	裂缝的详细调查（形式）
B2	搅拌时间过长	裂缝的详细调查（形式）混凝土的运输时间
B3	泵送时配比的改变	混凝土的取芯强度试验及化学分析数据
B4	不适当的浇筑步骤	施工记录
B5	浇筑速度太快	浇筑量及时间
B6	振捣不充分	混凝土的外观
B7	硬化前受到振动和加荷	环境条件（附近的工程及交通量）地震记录、工程中的荷载条件
B8	初期养护时的急骤干燥	气象记录、拆模龄期、养护方法
B9	初期冻害	气象记录、拆模龄期、养护方法
B10	接打处理不当	裂缝的详细调查（形式及深度）
B11	钢筋被扰动	钢筋的调查数据
B12	保护层厚度不够	钢筋的调查数据
B13	模板变形	裂缝的详细调查（形式）
B14	漏水（模板漏浆或底层渗水）	混凝土的外观
B15	拆模过早	施工记录、拆模时的混凝土强度
B16	支撑下沉	裂缝的详细调查（形式）
C1	环境温、湿度的变化	裂缝的详细调查（形式）、气象记录、覆盖材料的影响
C2	构件两面的温湿度之差	裂缝的详细调查（形式、深度）、气象记录、室温、断面尺寸、覆盖材料的影响
C3	反复冻融	裂缝的详细调查（形式、深度）、混凝土的外观、气象记录
C4	火灾	裂缝的详细调查（形式、深度）、火灾记录
C5	表面加热	裂缝的详细调查（形式、深度）、使用情况
C6	酸和盐类的化学作用	裂缝的详细调查（形式、深度）、使用情况
C7	碳化引起内部钢筋生锈	裂缝的详细调查（形式、深度）、钢筋的调查数据、碳化的调查数据

（续表）

编号	预测的原因	应该研究的调查项目及试验
C8	浸入氯化物使内部钢筋生锈	裂缝的详细调查（形式、深度）、钢筋的调查数据、混凝土中含盐量的调查
D1	设计荷载之内的永久荷载及长期荷载	裂缝的详细调查（形式）、荷载条件调查数据
D2	超过设计荷载的永久荷载及长期荷载	裂缝的详细调查（形式、深度）、荷载条件调查数据
D3	设计荷载之内的动荷载及短期荷载	裂缝的详细调查（形式）、荷载条件调查数据
D4	超过设计荷载的动荷载及短期荷载	裂缝的详细调查（形式、深度）、荷载条件调查数据、地震记录
D5	断面及钢筋用量不足	裂缝的详细调查（形式、深度）、荷载条件数据；断面尺寸、钢筋调查数据
D6	结构物的差异沉降	裂缝的详细调查（形式、宽度变动情况、深度）、地基调查数据
D7	冻胀	气象记录、基础图纸

24.5　裂缝处理

混凝土结构构件的裂缝处理，根据前述调查测试结果，通常有三种情况。

（1）封闭处理。对于结构构件表面的龟裂或温度裂缝，可在表面涂抹水泥浆液、环氧树脂浆液等或粘贴辅以玻璃布等加以修补，封闭裂缝。

（2）对裂缝进行修补处理。所谓修补是指为混凝土结构构件因开裂而造成的耐久性、防水性等损伤而进行的工作。其中：①对于结构中有一定深度的裂缝，可采用凿槽嵌补的方法修补；对有抗渗要求的结构，应采用防水材料嵌补。②对于结构中深度较大的裂缝，或对裂缝控制有较高要求的结构，可采用压力灌浆或负压吸入的方法进行修补；修补材料可采用水泥浆（可掺入膨胀剂、水玻璃等材料）、环氧树脂及其他专用的混凝土修补胶等。

（3）对裂缝的结构构件进行加固处理。所谓加固是指为恢复混凝土结构构件因开裂而导致承载力降低而进行的工作。对结构承载性能影响较大的受力裂缝，也可以采用对结构裂缝区域施加预应力的措施闭合裂缝，增加其承载力，并对应采用补强加固措施，同时对残余裂缝进行修补。

另外，对于钢筋锈蚀膨胀类的裂缝或冻融类裂缝，应将酥松的混凝土及钢筋锈渣清除后，采用环氧砂浆、环氧混凝土等材料进行修补。

裂缝不需要处理的宽度限值,按照《混凝土结构设计规范》(GB 50010—2002)规定,考虑实测裂缝宽度为短期效应值,从耐久性要求,对Ⅰ,Ⅱ,Ⅲ级钢筋混凝土结构构件:当处于露天或室内高湿度环境时为 0.1 mm;当处于室内正常环境时为 0.2 mm;当处于相对湿度小于 60%,且可变荷载与活荷载标准值之比大于 0.5 时为 0.25 mm。从防水性能要求,根据国内外防渗的工程经验,不需修补的裂缝宽度的限值为 0.1 mm;即前述的第一种裂缝,但应作封闭处理。

24.6　典型案例分析

24.6.1　工程简介[3]

随着科学技术的发展,工业生产中各种工艺流程变化日新月异。为此,各类生产厂房逐步向大柱网、大面积、大空间方向发展。而此类屋面结构出现裂缝现象较多,值得重视。

海口市某单层厂房平面尺寸为 32 m×32 m,柱网 8 m×6 m,现浇梁板结构,屋面布置如图 3-24.4 所示。屋面板厚 100 mm,做刚性防水,上铺 50 mm 厚的陶砖隔热兼保护层。地基持力层良好,无差异沉降出现。该工程于 1988 年 4 月基本完工,仅因陶砖货源影响,导致隔热层未做。在 5 月份进行工程验收时,质量评为优良。

24.6.2　裂缝情况

工程竣工后约 1 个月左右,初次发现在屋面跨中一带附近的若干主梁(即 B,C,D,E 轴上①～⑩区格内的梁)处出现发丝状裂缝,从梁底逐步向上扩展,到中性轴附近为止("中性轴"指主梁受拉区与受压区交界处)。板面无裂缝现象。随着时间的推进,裂缝条数日见增多,逐步从主梁发展到次梁。至 1988 年 7 月 20 日检查时,共有主梁裂缝 23 条,次梁裂缝 43 条,尤以 B/7,B/12,E/7,E/12 构成的区间裂缝最为密集(图 3-24.4)。经仔细观察裂缝,发现其在每天早晚及阴雨天气有闭合趋势,而在日照最强烈的中午时分则最为严重。

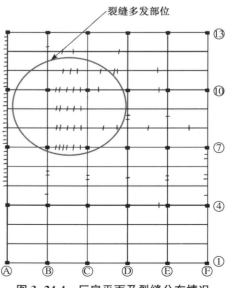

图 3-24.4　厂房平面及裂缝分布情况

24.6.3 裂缝原因分析

从裂缝发展过程、裂缝分布情况,结合环境条件加以分析可知,该工程出现的裂缝既不属于荷载应力引起的裂缝,也不属于地基变形引起的裂缝,更不是早期出现的表面干缩裂缝,因此可归属于温度变形裂缝。但产生温度应力的温度荷载和裂缝机理究竟如何? 能否给出定性和定量的分析方法? 如何计算裂缝开展的临界温度? 也就是说在什么温度条件下才会出现裂缝? 当满足了活荷载要求,甚至符合 8 度抗震标准的屋面梁板结构的断面和配筋设计后,为什么竟不能抵抗温度应力? 为什么建在同一地域的类似工程,却不一定出现类似的严重裂缝? 不回答以上问题,就无法确认裂缝原因,也就不能对结构的可靠度作出正确评价,也就无法采取补救和加固措施。

从 20 世纪 30 年代开始,国内外学者对温度裂缝开展机理和温度应力的理论计算方法做过大量研究。有关研究认为,在屋面现浇框架结构中,温度应力的计算并非是室内条件下梁板受到均匀温度升降引起的轴向线性胀缩,而应该是由室内外温差引起的梁身不均匀胀缩。由于梁顶面在太阳日照下的辐射温度远高于接近室温的梁底温度,因此,通过由"一端放松法"计算两端完全约束的中间梁板的温度应力,可满足设计需要。

根据海口市某单层厂房梁板截面和配筋,就可以计算出相应的抗温差能力。其结果是:板的临界温差最低,仅为 3.5℃,也就是抗温差裂缝的能力最弱;次梁的临界温差为 5.54℃;主梁的临界温差则高达 8.68℃,抗温差裂缝的能力最强。上述计算结果,与实际情况并不相符。由于屋面板的厚度最小,传热快,上、下面的温差为最小,虽然抗裂性能差,但不易出现温差裂缝;而主梁断面大,温差值高,且散热速度慢,虽抗温差裂缝能力为最强,却最先出现了温差裂缝。

另外,20 世纪 90 年代前,在工业厂房中普遍采用装配式钢筋混凝土结构。此种屋面结构容易产生有规则的横向裂缝(轴裂),主要是由于温度变化使屋面板产生胀缩,由板端的角变而引起的。此时,因屋面板的开裂又导致防水层拉断,并产生渗漏水现象,在当时十分普遍。另外,个别屋面工程也曾发现纵向的裂缝,这主要与设计构造形式和荷载变化有关。1987 年 1 月竣工的四川某氮肥厂盐氨联合仓库就是一个典型案例,既有间隔 6 000 mm 左右的轴向温度裂缝,也有因弯矩变化而引发的纵向断续裂缝,如图 3-24.5 和图 3-24.6 所示。[4]

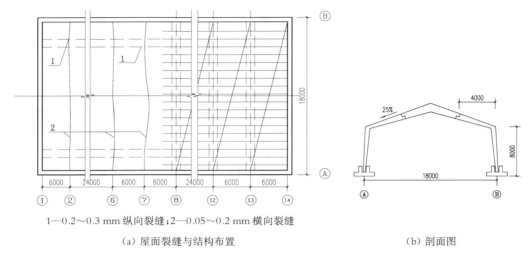

1—0.2～0.3 mm 纵向裂缝；2—0.05～0.2 mm 横向裂缝

（a）屋面裂缝与结构布置　　　　　　　（b）剖面图

图 3-24.5　两铰门式刚架屋面裂缝及其结构布置（单位：mm）

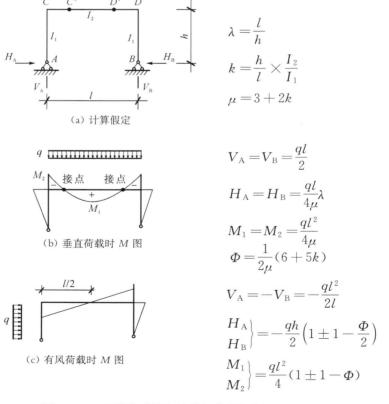

（a）计算假定

$$\lambda = \frac{l}{h}$$

$$k = \frac{h}{l} \times \frac{I_2}{I_1}$$

$$\mu = 3 + 2k$$

（b）垂直荷载时 M 图

$$V_A = V_B = \frac{ql}{2}$$

$$H_A = H_B = \frac{ql}{4\mu}\lambda$$

$$M_1 = M_2 = \frac{ql^2}{4\mu}$$

$$\Phi = \frac{1}{2\mu}(6 + 5k)$$

（c）有风荷载时 M 图

$$V_A = -V_B = -\frac{ql^2}{2l}$$

$$\left.\begin{array}{c}H_A\\H_B\end{array}\right\} = -\frac{qh}{2}\left(1 \pm 1 - \frac{\Phi}{2}\right)$$

$$\left.\begin{array}{c}M_1\\M_2\end{array}\right\} = \frac{ql^2}{4}(1 \pm 1 - \Phi)$$

图 3-24.6　两铰门式刚架计算假定及负弯矩图

24.7 结语

　　大量工程实践证明,混凝土结构裂缝的起因往往是多方面的,重要的是必须区别是由于外荷载引起的,还是由结构变形变化引起的。水是无孔不入的,渗漏是从裂缝与建筑构件缝隙中发生的。而混凝土结构开裂是不可避免的,因此在有水侵袭的各种建筑部位,防水是刚需。由本案例分析提出以下几点建议:

　　(1) 通过海口市某单层厂房梁板构件抗温度变形能力计算说明,在相同外部条件下(室外与室内温度差),因梁板构件的断面、配筋和所处部位的约束应力不同,故出现裂缝数量、大小和走向都不尽相同。而从温度应力计算得出的"主梁抗温差裂缝的能力最强,屋面板抗温差裂缝的能力最弱"的结论,与工程实际中"主梁先于次梁和屋面板出现开裂现象"不符,也推翻了我们过去的认知和思维习惯。经过分析,这主要是在计算假定中,没有考虑构件散热因素差异。由此出发,今后在类似结构屋面工程的防水工程施工时,一旦发现屋面板有裂缝,就要警觉是否涉及屋面结构安全性的问题。这与"外因是条件,内因是根据,外因通过内因而起作用"的唯物辩证法思想是吻合的。

　　(2) 在炎热地区,混凝土屋面在盛夏太阳的直照下,其温度一般在65℃以上,而室内气温一般为37℃(如有空调室温约为25℃),二者温差为28～40℃。因此,从设计到施工的整个过程,都要注意由室内外温差过大引起的开裂、渗水和是否危及结构安全的问题。如何从设计上进一步优化屋面构造,采取有效、可行的隔热和保温措施,确有许多文章可做。另从保证工程质量出发,在盛夏季节,避开高温时段进行防水施工也是必需的。

　　(3) 一般而言,建筑物在实际使用过程中要承受两大荷载,包括各种外荷载(包括静荷载、动荷载和其他荷载)和变形荷载(如温度、收缩及不均匀沉降)。由外荷载引起的直接应力,通常在设计时已有明确的计算。但由变形荷载引起的应力,在设计中往往不是考虑的主要因素。然而在屋面工程上,变形荷载特别是温度应力引起的影响是不可忽视的,且是造成渗漏的重要原因。因此,在防水工程施工前,应认真检查相应部位的结构有否开裂。若已出现结构开裂,则需会同有关部门,查清裂缝产生的原因以及对防水工程的影响,并采取相应的防范措施。

　　(4) 值得注意的是,在设计阶段,主要以外荷载(含恒载和活荷载)为主进行结构计算,容许出现在非受拉区、宽度小于0.2～0.3 mm的非贯穿性的无害裂缝,这为渗漏留了隐患。而在施工阶段,当发生变形荷载(含温度、收缩、不均匀沉降等)时,防水工程(尤其是屋面)出现开裂的概率大大增加,由温差引起的温度应力,加上材料的收缩影响,足以使屋面防水层被拉裂而渗漏;另外,温度应力也常发生在现浇保温层、水泥砂浆找平层以及铺贴地面砖等保护层上。更因为变形荷载引起的裂缝是周期性的,而一旦出现开裂、渗漏就不可逆转,如不及时治理,原有结构中无害裂缝会不断扩展,日积月累就会出现钢筋锈蚀、混凝土剥落、结构承载力下降,在使用阶段,当遇到超载或突发荷载(主要发生在使用阶段)时,房屋倒塌就会不期而遇,这已为大量工程实践所证明,突显兼顾工程结构可靠性和防水工程科学性两大问题的重要性。当前,由于管理体制的分割,加之长期存在的知识盲区,在处理具体问题上显得力不从心,因此,组织"产学研"相关单位联合开展"防水工程中的力学分析"研究课题很有必要,对提高防水工程整体质量、进一步延长建筑物使用年限大有好处。

(5)作为一名防水工程师,学习混凝土裂缝调查方法和相关结构知识很有必要,这样就方便与建筑师、结构工程师相互沟通,取得共识。同时,还可预先研判混凝土裂缝是否对建筑结构安全以及防水工程产生影响,及时调整防水设计与施工技术措施,从而进一步提升建筑工程总体质量水平。

参考文献

[1]朱思平.大跨度整浇钢筋混凝土框架裂缝调查与分析[J].工业建筑,1990(6).
[2]罗国强,傅松甫,李启培.刚性防水屋面设计与施工[M].北京:中国建筑工业出版社,1985:22.
[3]谢征勋.建筑工程事故分析及方案论证[M].北京:地震出版社,1996:141-143.
[4]叶琳昌.建筑防水工程渗漏实例分析[M].北京:中国建筑工业出版社,2000:204-205.

25 "导引水耐震防水复壁施工工法" 专利介绍

25.1 技术特征

在土木工程中的地下钢筋混凝土墙体,由于受到地下水的长期侵袭,钢筋混凝土结构易产生裂缝,并腐蚀钢筋,长年累月地不断加剧,导致渗漏水现象的发生。在一般情况下,虽然在钢筋混凝土墙体的外侧迎水面设置了防水层(即外防水做法),如改性沥青卷材、各种涂料等,但往往无济于事,不能遂人心愿。究其原因,主要是地下水位较高,地下水压力较大(特别是南方沿海地区),施工条件和作业环境较差等。

也有在钢筋混凝土墙体的内侧,采用砖砌复壁结构,在其中间设置了排水沟。传统的砖砌复壁结构,在内墙与外墙之间留设 100～200 mm 的空隙作为排水沟,但因施工时难免有水泥砂浆渣屑或碎砖块掉落于空隙中间,造成不易清除而堵塞排水沟的情况时有发生,或散落的砖块卡在外墙与内墙的中间,从而影响排水效果。还有,传统的砖砌复壁结构是与钢筋混凝土外墙相互隔开的,虽可设置补强柱,但这类复壁结构仍然是不稳定的,且在各种外力作用下,也是不耐震的。

"导引水耐震防水复壁施工工法"专利发明人为台湾一流式防水中心张忠雄、张百兴、叶延馨、张凯然等人,其特征是在已作或未作防水层的地下钢筋混凝土墙体上,设置导引水层及隔离防水层,使地下渗漏水由原来的无序变为有序,并引入设计的排水管或排水沟中。这一工法可在地下水位较高或饱和含水的软土地区的地下防水工程中采用。

导引水耐震防水复壁施工工法经济简便,效果可靠。既适用于地下防水工程外墙迎水面防水失效后大面积慢渗(漏水)的事故处理,也可在新建工程的设计中作为一项备用措施。这一专利较好地体现了在地下防水工程中实施的"防排结合、多道防线、减少约束、综合治理"设防原则。

该发明专利特征是在已作或未作防水层的地下钢筋混凝土结构墙体上,设置导引水层及隔离防水层,使地下渗漏水由原来的无序变为有序,并引入设计的排水管或排水沟中。既适用于地下防水工程外墙迎水面防水失效后大面积渗漏水的事故处理,也可在新建工程的设计中作为一项备用措施。

25.2 基本构造与施工程序

本施工工法主要特征是,在已作或未作迎水面防水层的地下钢筋混凝土墙体的内侧,粘贴一层如海绵等微孔的多孔性材料作为导引水层,并在其上面覆盖、粘贴一层或两层透明塑料胶布作为隔离防水层,其下端侧下垂并引入排水管或排水沟中。而在每块海绵的两侧需留有适当间距,称之为加强防水连接层,使砖砌复壁能与钢筋混凝土直接黏结,并牢固地连接在一起,其构造简图与施工程序如图 3-25.1、图 3-25.2所示。

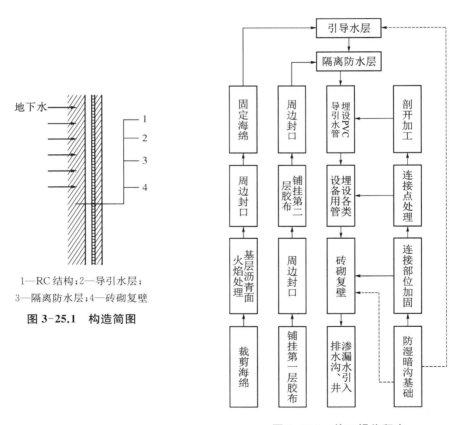

1—RC 结构;2—导引水层;
3—隔离防水层;4—砖砌复壁

图 3-25.1 构造简图

图 3-25.2 施工操作程序

与传统防水施工方法比较,导引水耐震防水复壁施工工法有以下优点:

（1）由于在钢筋混凝土墙体内表面设置了导引水层和隔离防水层，因此大大增强了防水效果，而排水处理的方式也是非常可靠的，这为南方地区地下工程采用内防水作法提供了一条新的途径。

（2）由于砖砌复壁直接与钢筋混凝土外墙连为一个整体，从而提高了复壁结构的整体性与耐震强度，同时完全避免了传统复壁结构施工时，排水沟容易堵塞的危险。

（3）由于复壁结构与钢筋混凝土外墙之间不留空隙，因而增大了室内使用面积，相应减少了工程投资费用。

（4）本施工工法还有操作简便、提高工效、缩短工期、节省材料等优点。另外，水、电、空调、医用管线及开关等设施，均可在导引水层内埋设固定，因而室内可以做到美观、清洁。

25.3 操作示意

导引水耐震防水复壁施工工法经济简便，效果可靠。既适用于地下防水工程外墙迎水面防水失效后大面积渗漏水的事故处理，也可在新建工程的设计中作为一项备用措施。其操作示意如图 3-25.3 所示。

（a）裁剪海棉设于干净的基面　　　（b）基层用沥青火焰处理　　　（c）周边封口（仅在搭接 150 mm
（海棉厚 6.3 mm，宽 460 mm）　　　　　　　　　　　　　　　　　范围粘贴）

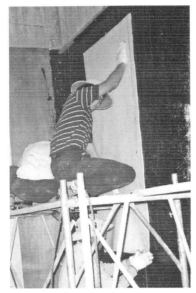

（d）固定海棉

（e）海棉下端在导引水管外侧
（1 为导引排水管）

（f）分别铺设 1～2 层 0.5 mm
厚透明塑料胶布，便于检视内部
含水与否以及基面凹凸情况

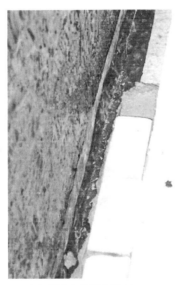

（g）导引水沟距砖壁 40 mm

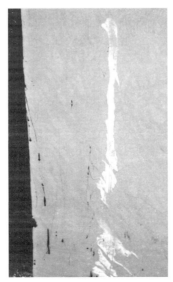

（h）铺设海棉后含水情况
（渗漏水垂直流下，而不横流）

（i）隔离层如有破损，应用
强力胶修补、加固

(j) 砖砌复壁与防水层处构造

(1 为塑料胶布;2 为连接砖;3 为基准线)

(k) 用手持喷灯将连接砖上的
沥青进行火焰处理

(l) 正在施工中的砖砌复壁构造(仅在接缝处用
连接砖与基层加固粘贴,其余与隔离防水层脱开)

(m) 压顶部位正在火焰处理
(压顶木条为 30 mm×36 mm,
木条与砖之间用沥青黏结,
使之更耐震、安全)

图 3-25.3 导引水耐震防水复壁施工工法操作示意

25.4　工程实例与效果

我国台湾某地下二楼直线加速器室,钢筋混凝土外墙厚为 1 200 mm,高为 4 000 mm。原构造是在外墙内侧抹水泥砂浆,再作环氧涂膜防水层。经使用后发现防水层表面呈龟裂状,涂料大部分起鼓、脱落,各种配管(如氧气管、水电管等)的开关部位渗漏水严重。另外,地板上的渗漏水多数发生在内外墙交接处或墙角处,且在靠近外墙处尤为严重。为此,业主委托台湾一流式防水中心进行诊断与治理。

根据上述情况,除对各类混凝土施工采用"一流式"防水技术进行防水补强处理外,还在外墙的内侧试用了导引水耐震防水复壁构造方案,历经 3 个月的努力(1996年 4—6 月),终于获得圆满成功,解决了长期困扰的墙面与地板渗漏水问题。

该工程施工时,先将钢筋混凝土外墙上的渗漏水点进行堵漏处理,然后再作"一流式三皮防水层"。随后由上而下铺贴 1 500 mm 宽、6 mm 厚的海绵作为导引水层,每块海绵间留设 300 mm 以上间距,作为防水连接层。再由上而下铺覆一层 1 800 mm 宽、0.5 mm 厚的透明压缩胶布,作为隔离防水层;在其顶上及两侧用热沥青黏结固定,下端则包裹导引水管(用 PVC 材料)。若防水层受到各种外力(如地震)影响而失去功能时,此时外墙的渗漏水可经海绵流入导引水管内排出;为确保万无一失,可在表面再覆盖一层胶布。最后,按一般作法,紧贴于隔离防水层上砌筑 120 mm 厚的砖墙,而砖墙与钢筋混凝土外墙的连接处,则用"一流式柏油喷火贴砖法"进行构造黏结,从而达到墙体稳固与耐震的双重作用。钢筋混凝土外墙经过上述处理后,地板的渗漏水可不单独另作防水处理;这时,可利用墙脚部位所设的导引水管将渗漏水排出。实践证明,这一作法效果明显。

25.5　结语

在地下工程中,由于混凝土系多孔材料,在受地下水压力下,钢筋混凝土外墙背水面出现慢渗,是一种常见的多发病,且难以治理。这类慢渗初时无明显的出水点,要经一段时间之后方显湿迹。慢渗的水量虽然很小,但由于混凝土内部的胶凝物会不断地被渗漏水溶蚀,湿渍会逐渐扩大,形成恶性循环;且慢渗一旦发生便不可逆转,若不及时治理,会加速混凝土碳化。

针对上述质量问题,以往一般都采取先降水作业,变大面积渗漏为线漏、点漏,然后注浆封堵的办法,这在低水压情况下有一定效果。然而,在地下水压力较高时,发生慢渗的部位不仅湿润,且渗漏出来的水还传递着一定的压力,如采用高分子涂膜防水或刚性抹面防水治理,均难以取得圆满效果,而采用化学注浆治理也难以奏效。鉴于此,"导引水耐震防水复壁施工工法"通过导引水层的设置,利用海绵吸水性的特点,使渗漏水由无序变为有序,在降低地下水压力的基础上,可使"一流式"防水材料紧贴于混凝土基层表面;更因"火焰喷火"施工工艺,还能使沥青材料的"柏油网"顺利地根着于混凝土孔隙中去,从而在地下工程中真正做到"防排有度顺天势,刚柔相济至无间"的总要求。实践出真理,防水之道常出于不期之中。这种具有引水、耐震、防水"一构多能"的发明专利,为一些因受施工条件限制,只能采取背水面施工的防水工程提供了可资借鉴的经验。

大道无形,言在意外。目前在解决建筑防水工程难题中,多数着眼于新型防水材料的研制,使施工技术屈居于依从地位。笔者认为,建筑防水是一个系统工程,可以用一种或多种防水技术,从横的方向把各种材料和构造组织起来,扬长避短,融合共生,结合成具有特定功能的有机整体,使施工技术更趋科学与艺术性,效果更为可靠与持久。

[本文参考上海科学技术文献出版社《一流式革新道路铺修技术》(1995 年大陆版)一书有关内容扩充而成。]

26 傅振海刚性防水抹面"五层作法"技术探秘

刚性防水抹面"五层作法"是天津建筑防水土专家傅振海在长期施工实践中摸索创造的。在 20 世纪 70 年代之前,北方地区地下室中使用较多,这对当时解决地下室的渗漏有突出贡献。探究传统建筑防水的发展轨迹,了解过去防水技术的理论与经验,对提高当前防水工程也有借鉴作用。

26.1 概述

天津市处于五河下游,地势低洼,地下水位很高(地下水位最低仅 1 m 左右)。加上天津地区土层不好,多为河槽砂土吹填淤积及垃圾铺垫,故地下室防水颇难处理。原天津市建筑工程局防水土专家傅振海同志,对于地下室防水作法积有多年经验,并自配防水剂。凡经他修建或修补的工程,皆多年不漏。无论是小面积、大面积,也无论是慢渗或急漏,他都有对付的办法;而新建的地下室防水层,用他的刚性防水抹面"五层作法",效果非常良好。

原建筑工程部对傅振海的技术经验十分重视,为了广为传播,于 1958 年 5—6 月,曾在天津举办一次防水技术训练班,由傅振海讲授这一绝技,取得积极成效。1959 年傅振海特效防水技术在新建北京车站的地下人行通道成功应用,进一步证明了它的防渗效果。原铁道部专业设计院姚源道教授在应用刚性防水抹面"五层作法"整治隧道漏水方面也取得显著成效。为了全面改进与推广这一先进技术,吉林铁路局于 1963 年 5 月下旬,在鸭大线北老岭隧道召开了现场会议,天津市建筑科学研究所傅振海等亲临指导,并进行了堵漏与抹面防水的示范表演。

26.2 刚性防水抹面"五层作法"简介[1]

26.2.1 使用材料和防水剂配制

1. 材料要求。

水泥:不低于 P32.5(普通硅酸盐水泥),出厂日期不超过 3 个月,且不得受潮变质。

砂子:宜粗砂为主。砂子粒径应在 1~3 mm 之间,粒径大于 3 mm 的在使用前应筛除。砂的颗粒要坚硬、粗糙、洁净,砂中不得含有垃圾、草根等有机杂质,含泥量应不大于3%,含硫化物和硫酸盐量应不大于1%。

水:能饮用的天然水和自来水均可使用。水中不得含有影响水泥正常凝结和硬化的糖类、油类等有害杂质,海水不能使用。

防水剂:自行配制。

2. 傅振海防水剂原材料重量配合比(表3-26.1)

表3-26.1　傅振海防水剂原材料重量配合比

材料名称	分子式	配合比	色泽
硫酸铜(胆矾)	$CuSO_4 \cdot 5H_2O$	1	水蓝色
重铬酸钾(红矾钾)	$K_2Cr_2O_7$	1	橙红色
硫酸亚铁(黑矾)	$FeSO_4$	1	绿　色
钾铝矾(明矾)	$KAl(SO_4)_2 \cdot 2H_2O$	1	白　色
钾铬矾(蓝矾)	$KCr(SO_4)_2 \cdot 2H_2O$	1	紫　色
水玻璃(硅酸钠)	Na_2SiO_3	400	
水(饮用水)	H_2O	60	

3. 防水剂配制与注意事项

按表3-26.1材料种类与配合比例准备好材料,将水徐徐加热到100℃,即将除水玻璃外的其他药品放入热水中,继续加热,徐徐搅拌。待全部药品溶解后,即行冷却至55℃左右,再倒入水玻璃液体中,并继续搅拌均匀,约半小时即成防水剂。

操作注意事项:①配合比应正确,各种材料不得任意增加或减少;②在各种不同气温下,熬制时可能有不同颜色,但不影响使用;③熬制时应戴口罩、手套,以免中毒。

4. 防水胶浆配制

按配制的防水剂与水泥合成,即为防水胶浆。在操作时最主要是掌握其凝固时间的快慢,为此应做水泥与防水剂配合比试验,求出其规律。同时,也可以在防水剂内适当加水,找出凝固时间快慢的规律。另外,还与操作时气温有很大关系,注意加水必须适量,可根据情况灵活掌握。

26.2.2　刚性防水抹面操作方法

1. 施工条件

地下室刚性防水抹面施工前必须满足以下条件:

第一,主体结构封顶、设计荷载达到90%以上,房屋沉降值可满足设计规定要求;

第二,施工阶段降水作业停止,室外回填土已经完成;

第三,机电、给排水、暖风、电缆、通信等各类设备、管道等穿墙预留孔、预埋件已告完成;

第四,地下室地面、墙面未发现渗漏水,或出现渗漏水已经处理完毕。

2. 基层质量要求与处理

混凝土和钢筋混凝土基层质量总体要求是坚实、平整、干净,强度合格,表面无空鼓、开裂以及蜂窝、麻面等现象。如达不到上述要求,必须进行处理。

基层处理主要包括清理、浇水、补平等工作。基层表面如有凹凸不平及突出的棱角,当深度小于 10 mm 时,用凿子打平或剔成慢坡,形成粗糙的毛面;当深度大于 10 mm 时,须抹灰找平,先剔成慢坡,用钢丝刷刷后浇水冲洗干净,再抹素灰 2 mm、水泥砂浆 10 mm,抹后将表面横向扫毛。如果深度较大时,待水泥砂浆凝固后,再抹素灰及水泥砂浆各一道,直至与基层表面齐平为止。

混凝土和钢筋混凝土基层表面有蜂窝、麻面时,先用凿子打掉松散的石子,将孔洞四周剔成斜坡,用水冲洗干净,然后用 2 mm 素灰和 10 mm 水泥砂浆交替抹压至与基层齐平为止,最后将表面横向扫毛。如果蜂窝、麻面不深,则只需剔除黏结不牢的石子,用水冲洗后,以 1:1 水泥砂浆(体积比)用力压实抹平,并将表面横向扫毛。

混凝土和钢筋混凝土基层如发现有空鼓或分层现象时,必须严格剔除,返工重做,不留隐患。

混凝土和钢筋混凝土基层处理后必须充分浇水,以利于刚性抹面层与基层牢固结合;否则因基层浇水不足,刚性抹面层中的水分会被基层吸收,使水泥水化作用不能充分进行,就会影响到抹面层的强度和抗渗性。

3. 混凝土墙面

刚性防水抹面"五层作法"具体操作方法如下。

第一层:素灰层,它起着与基层结构黏结和防水作用。厚度为 2 mm,配合比1:0.01(水泥:防水剂),适量加水。分两次抹,先抹 1 mm,用铁抹子往返抹压 5~6 遍,随即再抹 1 mm 素灰找平。往返抹压的目的,是使水泥颗粒充分分散,渗入基层孔隙,提高黏结力。找平后还要用沾水毛刷按顺序刷均匀,以增加不透水性。

第二层:水泥砂浆层,起保护、养护、加固素灰层的作用。厚度不得超过 5 mm,配合比为 1:2.5:0.01(水泥:砂子:防水剂)。先将防水剂放入适量的水中拌和均匀后,再与搅拌均匀的水泥砂子进行拌和。其操作方法是:当第一层素灰层刷完、素灰层尚未终凝结硬前,立即进行第二层水泥砂浆层抹面,使前、后两层牢固地黏结在一起,形成一个整体。这样,第一层素灰层内有潮湿基面的养护,外有水泥砂浆保护,能在潮湿环境下得到养护,水泥水化充分,结晶致密,不至于收缩。同时注意,要在第二层水泥砂浆抹完初凝前,用马连草根地板刷将抹面层扫出横向条纹,以利与第三层的结合。

第三层：素灰层，主要起防水作用。待第二层水泥砂浆终凝后（一般隔 24 h），随即进行第三层操作，时间不可隔得太长。施工前要将第二层水泥砂浆层充分浇水湿润，这样既可以继续养护第一层素灰，同时给第三层素灰有一个潮湿的基底，便于素灰在养护期中水化充分，结晶致密。第三层素灰的厚度、配合比、操作方法同第一层。

第四层：水泥砂浆层，起防水和保护作用。配合比、厚度和操作方法同第二层。水泥砂浆要在凝结硬化前、水分蒸发过程中，用铁抹子不断抹压，以堵塞游离水分蒸发所留下的孔隙。抹压不能等水分蒸发完了一次进行，这样不能达到密实作用。

第五层：刷一道水泥净浆，配合比为 1∶1.5∶0.01（水∶水泥∶防水剂）。需和第四层水泥砂浆层一起抹压，这样可以使防水抹面光亮美观。若刷在迎水面时，还可增强防水抹面的抗渗能力。

4. 混凝土地面

第一层：刷防水剂水泥浆一道，厚度 2 mm，分两次抹，先抹 1 mm 配合比为 1∶1.5∶0.01（水∶水泥∶防水剂），用马连根地板刷子用力刷匀。

第二层：待第一层作完后立即进行。抹 1∶2.5∶0.01（水泥∶砂子∶防水剂）防水剂水泥砂浆，厚度为 10 mm，并用马连根地板刷扫出条纹。

第三层：第二层作完后隔 2 d 刷防水剂水泥浆，配合比为 1∶1.5∶0.01（水∶水泥∶防水剂）。用马连根地板刷子用力刷匀。

第四层：待第三层作完后立即抹防水剂水泥浆一道，配合比同第二层，用铁抹子压光。压两遍后立即进入第五层。

第五层：刷防水剂水泥浆一道，配合比同第三层。用木板毛刷刷匀后，再用铁抹子压光交活。

必须注意的是，如混凝土地面渗水，则第一层改为抹 1∶1.5∶0.01（水泥∶砂子∶防水剂）砂浆一道，厚度为 15 mm。养护 3～4 d，待砂浆完全凝固后（不渗水后），才按混凝土地面"五层作法"之三、四、五层作法进行施工。

26.3 刚性防水抹面"五层作法"技术探秘[2]

1.5 mm 厚的刚性防水抹面"五层作法"为什么会取得如此好的防水效果？人们曾经认为是防水剂起主要作用。但经过有关科研与教学单位检测，这种刚性防水抹面一般都能承受 2 MPa 以上的高水压而不渗透，与是否掺加防水剂无关。后来通过大量工程实践和研究认为，刚性抹面防水技术的关键在于以下几点：

（1）构造合理。刚性防水抹面就是通过"五层作法"和一系列的操作要求，使普通水泥刚性抹面能够和混凝土基面牢固黏结（试验表明，这种黏结力往往大于混凝土本身的抗拉强度）。另外，因水泥水化完全，结晶致密，不收缩，不裂缝，从而能抵抗住高水压的渗透。

（2）在潮湿环境中养护。试验研究表明，普通水泥与水拌和后，在凝固硬化初期是膨胀的（水泥结硬 1 d 后的线膨胀率为 $1\times10^{-5}\sim2\times10^{-5}$），这种膨胀现象只发生于水泥终凝之前。而我们通常所说的水泥收缩，是一种水泥硬化后的物理收缩。但若把硬化后的普通水泥试件长期置于水中养护，不但没有收缩，而且还有显著的膨胀现象。刚性抹面"五层作法"的主要防水层为素灰层，水灰比不大（宜控制在0.35以下），只要早期不失水，且在潮湿的环境中充分养护，一般就不会收缩。不收缩就不会有开裂，因此就能起到防水的作用。

（3）独有的抹压工艺。根据材料特点，刚性防水抹面作法要求 1 mm 的素灰层，往复抹压（刮压）数遍，促使水泥浆体分散，增加其水化面积；同时从基层和保护层中获得充足的水分，满足水泥水化的需要。在电子显微镜下观察，这种防水层结构内部水泥水化完全，水泥石结晶排列整齐、均匀致密，敲开后的断面乌黑锃亮。值得指出，刚性防水抹面"五层作法"施工技术并不复杂，一般三级以上抹灰工都可操作。

当然，随着防水新材料的不断推出，这种传统的地下防水技术目前已经很少应用。但上面所总结的"构造合理、因材操作"的科学方法，老一代防水工人秉持的"精心施工、一丝不苟"的科学精神，非常值得发扬光大，尤其在推广新材料、新技术中仍有借鉴作用。

参考文献

[1] 天津市建工局.特效防水技术——防水土专家傅振海经验介绍[M].北京：建筑工程出版社，1958：6-8.
[2] 叶琳昌，王友亭，薛绍祖.防水工程[M].北京：中国建筑工业出版社，1983：135-137.

27 庖丁解牛中的哲学智慧

27.1 庄子寓言常读常新

庄子(约公元前369—公元前286),名周,战国中期宋国蒙(今河南商丘)人。他与老子一起共同完成了道家学派的学术理论建构。但在"道"为本体和"道法自然"这两个根本问题上,二者既有继承关系,又有明显的不同点。

庄子认为,至高无上的大道难以用语言来表述,也不能用具体感官和逻辑思维去把握,只有借助于直觉体悟。在先秦诸子散文中,《庄子》一书艺术成就最高。庄子在书中展开丰富的想象,创造出很多奇丽瑰玮的境界和奇诡精妙的寓言故事,使深奥的哲理变得生动形象,诗意盎然。庄子的寓言还有超乎言意之表的特点,例如,《养生主》中写庖丁解牛,其动作得心应手,出神入化,"合于《桑林》之舞,乃中《经首》之会",如此精妙绝伦的表演,就是庄子要赞美的得道的境界。

庄子寓言中庖丁解牛之所以技进乎道,主要是由长期实践,在知晓牛体骨肉的自然结构后,通过心解、目解和手解的过程,物我合一,最后达到得心应手、出神入化的境界。同理,也只有把防水产品、技术与房屋建筑及结构融为一体,方可构建无渗漏工程。

27.2 庖丁解牛"技进乎道"

首先,试看解牛过程。其中有三个因素是相互关联的,这就是庖人、牛以及庖人使用的解牛工具——刀。当然还有无形的因素,这包括庖人的技巧、经验以及理解等。在这三个有形的因素中,庄子显然更关心刀的命运。同样的刀,在不同庖人手中,以不同的方式来解牛,它们就会有不同的结局。好一点的庖人(良庖)一年换一把刀,普通的庖人(族庖)一个月换一把刀,那么寓言中的主角庖丁呢,他的刀用了十九年而刀刃若新发于硎,就像是刚用磨刀石磨出来的一样。这当然并不是因为刀有什么不同,关键在于解牛的技巧。

牛当然是一个庞然大物,其有众多的骨骼关节和盘根错节之处,如果没有对牛的结构纹理了然于胸,刀由于和这些骨节的遭遇战而受损是不可避免的。"良庖岁更刀,割也"。一年一更刀的庖人是经常"割"牛的。"族庖月更刀,折也"。一月一更刀的庖人则用刀来和牛死磕。那么庖丁呢?"依乎天理,批大郤,导大窾,因其固然,技经肯綮之未尝,而况大軱乎!"

其次,是庖丁的技艺。如果我们把实际的解牛过程称作"手解"的话,那么在"手解"之前,庖丁已经先有了"目解",而"目解"之前,则是"心解"和"神解"。正如庖丁所说:"始臣之解牛之时,所见无非全牛者。三年之后,未尝见全牛也。方今之时,臣以神遇而以目视,官知止而神欲行。"未尝见全牛的目无全牛,实际上是"目解"。在庖丁的眼中,各种关节骨骼纹理清晰地呈现,牛早已被解成不同的部分。他好像是戴着一个透视镜,这个时候,动刀已经不是盲目的行为,而是由眼而手的自由的实践。不仅如此,"目解"之上,还有"神解"。对于为文惠君解牛的庖丁来说,他和牛的接触是凭借神(以神遇)而不是目的(不以目视)。所谓的"官知止而神欲行",表达的是一种得神应手的状态。在这个时候,依赖于外物的同时,也是区分物我的感官已经退场了,取而代之的是可以通同物我的神气。庖丁和牛浑然一体,于是解牛也就不完全是一种外在的活动,一种工作,更是一种艺术的表现。在这个过程中,庖丁、刀和牛已经融为一体。在此,知识的位置和技术的作用彰显无遗。

最后,守拙求进,玉汝于成。行笔至此,让我们回到防水的正题上来。其实构建防水工程与庖丁解牛的过程十分相似,都离不开人、物、工具三个有形的因素。第一是防水从业人员的素质,包括设计、施工在内都有优、良和一般之别;第二是对物(工程对象)内部结构的理解和科学认知上;第三是工具,这里可指认为防水产品、机具和施工工法。只有把三者完满地结合起来,才能构建无渗漏的防水工程。

27.3 "生有涯而知无涯"之辨

有趣的是,在"庖丁解牛"的寓言中,庖丁强调他所掌握的宰牛规律(此处可喻为"道"),已经超过了宰牛的技术。要掌握这一技艺与规律,在"手解"之前,必须先有"目解",其时为"三年之后",这与过去学徒三年满师是契合的。另外,解牛之刀虽然没有什么不同,但因庖人熟练程度的差异,其使用时间或一年,或一月,而庖丁则用了十九年还完好如初,这就归结于解牛的技巧了。

技术的背后该是思想的轮子。试看今日防水现状,不论是哪种建筑与结构形式,哪个工程部位(如地下、屋顶、外墙等),还是重点工程或者一般工程,以及防水材料的品种与性能差别等,其发生渗漏水现象都有上升趋势。全国房屋渗漏水比例高达65%,且在短期内需要更新和返修的现实,进一步说明我国建筑防水技术在整体上还存在很大的问题,与西方先进国家相比也有很大的差距,这当然与我国防水行业发展战略、技术路线和体制机制有关。例如,一味强调防水产品更新换代,不注重防水工程基础理论和应用技术的研究,不注意从大量工程实践中探究发生渗漏水的规律,因此使本应有较长使用年限的防水产品提前报废,实让人痛定思痛。庖丁之刀可用十九年仍完好如初,而我们的防水产品难道真的做不到吗?这就进一步指明，在防水工程中"人、产品与房屋建筑及结构"融为一体的重要性。庖丁解牛所以得心应手，实际上包含了刚柔相济、化刚为柔和刚柔互化的辩证思想。

"皮之不存，毛将焉附?"没有可靠的房屋结构与基层，就不可能有防水的存在。而流行于当今防水市场的产品固然很多，但真正在工程上取得良好实绩者是其中少数，国内外情况莫不如此。同时，也只有把房屋结构内部的构造、渗透水路径以及外部环境因素等都弄清楚了，防水产品才能与结构相互融为一体，经典工程、传世之作就会呼之欲出。如此"方可因、可以依、也可以缘"，这就是"缘督以为经"(即顺从天然正中之道)的道理。[1]

诚如《养生主》开句所言:"吾生也有涯，而知也无涯。以有涯随无涯，殆已! 已而为知者，殆而已矣!"庄子在这里告诫我们，人的生命是有限的，而知识是无限的。以有限之生命，寻无限之知识，怎么能不窘困呢? 既已窘困，还要不停地追求知识，那就更加危险无救了。

"温故而知新"(《论语·为政》)，"闻一以知十"(《论语·公冶长》)。当前一个重要的任务是，要把古今中外有用的知识、实践经验和科研成果，通过跨界、跨专业和跨学科的交流、交锋和交融，集腋成裘，坚持正确的，修正错误的，补充不足的，才能形成一套符合中国实际和防水工程特点，可以掌控"外物"(工程对象)的防水之"道"，从而使防水工程"可以保身，可以全生。可以养亲，可以尽年"。也就是说，防水工程应做到"保护结构，阻止渗漏，舒适环保，延年增寿"的终极目标。

另外，《养生主》最后以这样一句话意味深长的话结束:"指穷于为薪，火传也，不知其尽也。"其译文为:"脂膏燃烧完了，火种却流传下去，无穷无尽。"徐笠山说:"开手言生有涯知无涯，只缘不因固然。结尾换过来，薪有穷火无尽，见得知有涯生无涯。"[2]它象征的应该是个体生命的有限和宇宙大化的无穷吧。继往开来，一代胜过一代也。

最后，需要指出的是，当今防水技术问题具有相当的复杂性和艰巨性。须知，从建筑历史来看，防水技术是随着建筑形式与结构变化，在实践中不断创新发展的。这个变化和过程有先有后，或交替进行的。

古代坡屋顶和木结构，近现代平屋顶和钢筋混凝土结构(含砖混结构)，经过长期努力，在找到瓦材和沥青(含改性沥青)防水卷材后，才有可能较好地解决房屋的渗漏水问题。而近几十年来出现的多面体几何组合屋顶和轻质高强钢结构，在选用何种主体防水材料及细部构造的防治渗漏水措施上，我们知之甚少，已建好的一些工程，其长期防水效果有待进一步评估。

例如，目前不少大型公共建筑的屋顶，为追求魔幻般的建筑外形，导致结构设计

[1] 王博:《庄子哲学》，北京大学出版社，2013年2版第72页。
[2] 严灵峰:《无求备斋庄子集成初编(卷十五)》，台北艺文印书馆，1972。

先天不足,给防水工程带来难以克服的困难。在此情况下,如果屋顶没有设置一定的坡度,分水不合理,排水不通畅,那么仅靠材料防水与密封措施,是很难抵御大面积风雨袭击和巨大温度应力的考验,而要取得防水100%的成功,也是不可能的。即使这类防水工程初期不渗漏,也是暂时性的,决不会长久。欲解决这类盲目追求建筑外形美观、奇特,与结构相互脱节,不考虑防水工程特点与施工工艺的作法(即防水基层应满足"坚实、平整、干净和干燥"的要求),需要保持清醒头脑。换言之,只有把建筑、结构与建造技术完满地结合在一起,才能实现"适用、坚固、美观"的建筑三要素,并为防水工程的质量,奠定可靠基础。

"天下之至拙,能胜天下之至巧。"无论从事何种工作,都有一个掌握规律、精益求精的问题;任何事物,哪怕是非常复杂的事物,都有内在规律可循。总之,在防水工程全生命周期内,在研究防水技术问题时,我们更应该关注生命科学,而不是纯粹用物理科学的方法,这个过程包括建设初期的防水设计、选材、施工以及后期的管理维修等诸方面。愿每一名防水从业者在不同工作岗位上,潜心探究,反复实践,善于总结,像庖丁那样,"依乎天理""其因固然",如此就能够在解决当今房屋渗漏水这个紧迫而关键的质量问题上,各显神通,"游刃有余",从而进一步推动中国建筑防水技术向更高的目标迈进。

27.4 知识共享与道"可传而不可受"

庖丁解牛的寓言告诉我们,只有知晓牛体骨肉的自然结构后,通过心解、目解和手解的长期实践过程,物我合一,最后才能达到得心应手、出神入化的境界。庖丁之刀可用十九年仍完好如初,而我们的防水产品难道真的做不到吗?

"皮之不存,毛将焉附?"没有可靠的房屋结构与基层,就不可能有防水的存在。而流行于当今防水市场上的产品固然很多,但真正被工程界所接受并取得良好成绩者是其中少数,国内外情况莫不如此。

技术的背后该是思想的轮子。只有把房屋建筑与构造、渗漏水路径以及外部环境等因素都弄清楚了,防水产品才能与结构融为一体,经典工程、传世之作就会呼之欲出。庖丁解牛之所以得心应手,实际上包含了刚柔相济、化刚为柔和刚柔互化的辩证思想。

当前一个重要的任务是,要把古今中外有用的知识、实践经验和科研成果,通过跨界、跨专业和跨学科的交流、交锋和交融,集腋成裘,坚持正确的,修正错误的,补充不足的,才能形成一套符合中国实际和防水工程特点,可以掌控"外物"(工程对象)的防水之"道",从而使防水工程"可以保身,可以全生。可以养亲,可以尽年";也就是说,防水工程应做到"保护结构,阻止渗漏,舒适环保,延年增寿"的终极目标。

老子把"道"确定为天地万物的本原和天地万物及社会人生的存在本体和价值

本体。他的道由于要承担法则的功能,所以必须要"实"而不是虚。庄子则不然,他认为道是"有情有信,无为无形。可传而不可受,可得而不可见"。(《庄子·大宗师》)这种强调道和人的关系,心和道之间的合一,以及通过这种合一达到的对于生命和世界的理解,是庄子哲学思想的一个重要内容。

防水之"道"强调从实践中来,通过"实践、认识、再实践、再认识"这种不断反复、不断深化的过程,才具有传承的科学价值。因此,防水之"道"不应把自己封闭起来,它没有限隔,所以它可以传递,每一个人都可以获得。但这种传递和获得不是像有形的事物那样,是无法私相授受的。想要获得道的人只能依靠自己的努力。也因此,得道的经验完全是私人的,不能也不可能和他人分享,同时它的用途也因人而异。

"天下之至拙,能胜天下之至巧。"无论从事何种工作,都有一个掌握规律、精益求精的问题;任何事物,哪怕是非常复杂的事物,都有内在规律可循。当技巧达到出神入化的境地时,必然有一个内在境界的支撑和升华。

从人类历史发展来看,探索宇宙奥秘是无止境的,因此我们是"知有涯而生无涯";就每一个人而言,生命是短暂的,是"生有涯而知无涯"。弄清楚这二者之间的关系,所以就有了"薪火相传"的古训。

季羡林言:"要说真话,不讲假话。假话全不讲,真话不全讲。"这与庄子的处世之术与养生思想是一脉相承的。

"防水无言"。有了哲学的护航,防水技术的发展就有可能在可持续的航道上一帆风顺。

众所周知,防水是一个系统工程。"防水好,结构更坚固;结构好,防水更持久。"这一揭示建筑物中防水与结构之间相互融通、共同作用的辩证关系,是笔者从长期工程实践与调查研究后得出的结论。把握防水与结构之间的辩证关系,不仅为今后防水技术的发展和研究指明了方向,而由此进行的体制、机制和管理方面的改革设计,才有科学性和可操作性,并有望进一步解决当前建筑物渗漏水比例居高不下的困局。

知识是多么美好啊!让我们展开双臂,敞开心灵,去和那些高尚的灵魂、不朽的作品去对话、交流吧。一个吸收了优秀的多元文化滋养的人,才能做到营养的均衡,才能成为精神上最丰富、最健康的人。这样的人,才能有眼光,才能不怕挫折,才能一往无前,因而才有可能走在队伍的前列。

相关链接

"庖丁解牛"的原文与译文

为方便读者欣赏,现将"庖丁解牛"的原文与译文[1]一并摘录如下:

---

[1] 赵明,彭海涛:《中华经典精粹解读·庄子》,中华书局 2011 年第 41 页。

【原文】

庖丁为文惠君解牛,手之所触,肩之所倚,足之所履,膝之所踦,砉然响然,奏刀
騞然,莫不中音。合于《桑林》之舞,乃中《经首》之会。

文惠君曰:"嘻,善哉!技盖至此乎?"

庖丁释刀对曰:"臣之所好者,道也,进乎技矣。始臣之解牛之时,所见无非牛
者。三年之后,未尝见全牛也。方今之时,臣以神遇,而不以目视,官知止而神欲行,
依乎天理,批大郤,导大窾,因其固然,技经肯綮之未尝,而况大軱乎!良庖岁更刀,
割也;族庖月更刀,折也。今臣之刀十九年矣,所解数千牛矣,而刀刃若新发于硎。
彼节者有间,而刀刃者无厚;以无厚入有间,恢恢乎其于游刃必有余地矣,是以十九
年,而刀刃若新发于硎。虽然,每至于族,吾见其难为,怵然为戒,视为止,行为迟;动
刀甚微,謋然已解,如土委地。提刀而立,为之四顾,为之踌躇满志,善刀而藏之。"

文惠君曰:"善哉!吾闻庖丁之言,得养生焉。"

【译文】

庖丁(姓丁的厨师)替梁惠王宰牛,他手所触,肩所倚,足所踩,膝盖所顶的地方,
无不发出清晰的声音,牛刀一进,每个动作都跟一定的音调相和,合乎《桑林》之舞的
旋律,合乎《经首》乐章的节奏。

梁惠王说:"啊!妙极了!你的技艺怎么达到了这样高超的地步呢?"

庖丁放下刀,回答说:"我所喜爱的是道,已经远远超过了技艺。当初我刚学宰
牛的时候,眼中所见到的都是整头的牛;三年之后,在我心目中已没有完整的牛了。
现在我宰牛,只用心神来领会,而不用眼睛来观看,感官停止了功能,精神心智活动
在自如运行。顺着牛体骨肉的自然构造,把刀插进筋肉的间隙中,导向骨节间的一
个个窍穴,全都是顺着其固有的结构来解剖,凡是筋络骨肉交错聚结之处,我的刀刃
从未碰过,何况那些大骨头呢!技艺优良的厨师一年更换一把刀,因为他用刀只是
割肉;一般的厨师一月就得更换一把刀,因为他用刀不是砍便是剁。如今我的刀已
经用了十九年了,用它宰过的牛也有数千头了,而刀刃还像新铸出的刀,刚从磨刀石
上磨出来一样。那牛体的筋肉骨节间自有它的间隙,而我的刀锋却比它还要薄;用
这样薄的刀锋切进骨节的空隙,真是宽宽绰绰,对于刀刃的运转回旋来说是有足够
的活动余地啦。所以,这样用了十九年,而刀刃还像是刚从磨刀石上磨过一样。尽
管如此,每遇到筋腱骨节聚结交错的地方,我看到不易下刀,便格外小心而不敢大
意,目光为之而专注,动作为之而缓慢,运刀异常轻微。只有当牛的骨肉謋然分解,
像一堆泥土散落在地上时,我才提着刀站起来,为此而环顾四周,为此而悠闲自得、
心满意足,把刀擦拭干净藏入鞘中。"

梁惠王说:"真是太好了!我听了庖丁解牛一番言论,从中悟出养生之道。"

在上述寓言中,文惠君的"吾闻庖丁之言,得养生焉"是点睛之笔,这是理解这则
寓言的关键。读者在欣赏这则寓言时,如能通读《养生篇》则可收获更多的体会。

改革探索篇

28 防水与哲学对话

　　房屋渗漏问题的 3 个 65% 令防水行业蒙羞。这与当前不成熟的市场经济恶性竞争有关。但仔细分析,这一必然性是与 1991 年专业化防水施工改革不彻底,长期存在的诸多矛盾没有解决好的体制性问题有关,其中包括康德所说的二律背反现象。笔者从"结构开裂与渗漏水有因果关系"这一主题出发,从技术角度分析原因,并提出了相关措施。最后建议,只有打破部门、专业与学科之间的界限,通过"工程防水"的视角,进一步深化体制改革,才能抑制建筑渗漏水居高不下的困局,最终解决这一量大面广、涉及千家万户的大事。

28.1 建筑渗漏的危害性不容低估

　　当前,房屋渗漏问题的 3 个 65% 令防水行业蒙羞。据中国建筑防水协会 2012 年 9 月的统计,目前国内 65% 的新房屋 1～2 年内会出现不同程度的渗漏水,渗漏水占房地产质量投诉的 65%,65% 的建筑防水工程在 6～8 年后需要翻新。由此引发了笔者诸多的思考。

　　一个设计合理、材料性能经过严格检验以及精心施工的防水系统,在正常条件下使用,其耐久年限远比 20 年来得长。这是我们研究问题的出发点和归宿点。

　　首先,新建房屋渗漏水比例高达 65%,已超过新中国历史上渗漏最严重时期 (1988 年)60% 的警戒线;其次,65% 渗漏水位居房地产质量投诉的首位,说明存在该问题的普遍性;最后,由渗漏水引起的次生灾害和并发事故,其危害性不可低估。而 65% 的建筑防水工程在 6～8 年后需要翻新(远低于正常使用 20 年的期限)这一现实,带来大量资金、资源的浪费,以及环境污染等问题,必须引起高度重视。应该指出,在改革开放 40 多年后的今天,在大量采用新材料、新技术的情况下,屋面防水工程平均使用年限,仍远不如 1950—1957 年"三毡四油"沥青卷材屋面平均使用年限 16 年的数据,实让人匪夷所思,这不能简单归结为一种偶然现象,而是有它产生的必然性了。

　　这一必然性涉及当前建设市场众多重大政策问题。一方面,我们认识到房屋建筑关系百姓安居和社会民生问题,因此要坚持"百年大计,质量第一"的方针,强调社会效益第一;另一方面,我们又认识到房屋也是一种商品,因此必须按经济规律办事。目前在建设招投标市场中,通行做法是以价格划线,取低价或最低价中标为依据,强调经济效益第一。正由于经济效益的导向作用,长期以来在工程建设中发包单位尤其是国家投资的大型项目,由于权力过于集中,又缺乏监督机制,使腐败问题愈演愈烈。而目前盛行的不符合性价比的最低价或低价中标,是滥用假劣材料和偷工减料等违规违法行为的重要原因,凸显了一些企业诚信缺失,以牺牲质量为代价而谋求市场不义之财的丑恶行径。

上述矛盾,就如同康德所说的二律背反现象。即正题:社会效益第一,经济效益必须服从社会效益;反题:经济效益第一,社会效益必须以经济效益为前提。由于政策导向与市场机制背道而驰,有对立而无统一;另外,还与对"防水工程特点"与规律性认知偏颇有关。

市场经济的经营者是以利己为本位的,而它的利润驱动,是价值规律运动的经济力,是社会经济发展的强大推动力。经济力既可以驱动人们追逐利润,也可以驱动人们追求社会效益,关键在于什么样的体制和政策。所以说,只要人们正确认识和把握事物发展的客观规律,就完全可以找到一个既适应建立和谐社会和科学发展观要求,又能适应社会主义市场经济的防水工程的承发包体制,从而使这一矛盾得到统一。作为商品属性的房屋,只有达到工程质量和功能质量要求之后,才能实现它的使用价值,即既有经济效益,又有社会效益。

那么,在防水工程中用什么方法实现这一目标呢? 早在 1988 年,有专家就明确提出用"效益评估"指标(即成本价格与使用价值的关系),来衡量防水工程的设计与施工质量。[1]当时认为,只要紧紧地抓住这块"石头",就能蹚过一条"大河"。殊不知,由于对市场经济出现的恶性竞争现象以及它的长期性、严重性与反复性认识不足,加之长期以来整治和打击不力,因此,再好的设想与方法也无济于事。

据测算,目前全国因建筑物渗漏仅屋面维修费用每年就高达 100 亿～200 亿元。除了直接经济损失外,还浪费大量资源,造成环境污染;与此同时,还给人们的生活和工作带来不便,进而缩短建筑物的使用年限,乃至结构安全等重大问题,其危害性不容低估。

28.2 结构开裂与渗漏水有因果关系

德国在第二次世界大战后的恢复建设时期,曾大量采用砖混结构住宅,并积累了丰富的实践经验。例如由 A.格拉斯尼克、W.霍尔察普费尔二人于 1976 年合著的《多层房屋损坏的预防》一书,对砖混结构整个房屋进行了详尽的分析,从 ±0.00 至屋顶构件,特别对裂缝成因、防潮层的作用及做法等,都有精辟的论述。该书在一版前言中还着重指出:"在任何情况下,各种状态的水都是造成房屋构件损坏的根本原因,而消除这些损坏要耗用大量的材料。""结构开裂是造成渗漏的主要因素,而减少和避免水对房屋各部位的侵袭也是必不可少的。"这对分析不同部位防水工程渗漏原因,都有重要意义。

众所周知,目前采用最多的、由钢筋混凝土材料组成的主体结构,出现开裂并引发渗漏现象比比皆是。如何通过时间、空间的要素,进一步揭示此类结构开裂与渗漏水之间的一些深层次的问题,从而导出在防水工程中应该重点攻克的技术难点,是很有意义的。

普通混凝土是一种多孔性材料。即使在地下防水工程中选用的防水混凝土,虽然在材料上可以通过调整配合比、掺加外加剂、限制骨料最大粒径等措施,使混凝土组成最密实、孔隙率最小的结构;或使孔隙率彼此隔断,互不连通,使地下水无法渗入,或渗入至一定深度后不能穿透混凝土结构。由于实验数据与工程实际之间的差异,单靠混凝土材料防水是不可靠的。同时,在地下结构设计时,虽然可以通过其他设防措施,如不使防水混凝土受到地下水的侵蚀,注意各种外力和内力可能带给混凝土结构的不利影响,尽量不使混凝土结构产生有害裂缝而导致渗漏水等,在实际上收效也不大。地下工程成为渗漏水的重灾区,是内因和外因综合作用的结果,进一步说明地下防水工程的复杂性。

从大量工程实践中得知,地下防水工程在受到结构与温差变形、材料收缩以及地基不均匀沉降和其他震动因素作用下,钢筋混凝土结构产生各种裂缝是必然的,并且应视为可以接受的事实。而混凝土结构一旦出现裂缝(例如 0.1 mm),渗漏水就难以避免,并会给工程使用带来极大不便,其堵漏与维修费用将是昂贵的。

有关文献指出,当混凝土裂缝宽度在 0.2~0.3 mm 时,一般不会影响结构承载力,但它的防水能力就值得探讨。根据调查资料,由裂缝引起的各种不利后果中,渗漏水占 60%。从物理概念上说,水分子的直径约为 0.3 nm(0.3×10^{-6} mm),可穿过任何肉眼可见的裂缝,所以从理论上讲,防水混凝土是不允许裂缝的,一旦出现开裂,渗漏水就会不期而至。

然后试验证实,一个具有宽度为 0.12 mm 的裂缝,开始每小时漏水量 500 mL,一年后每小时漏水只有 4 mL。另一个试验,裂缝宽 0.25 mm,开始漏水量每小时 10 000 mL,一年后每小时只有 10 mL。说明裂缝除有自愈现象外,还有自封现象。即 0.1~0.2 mm 的裂缝虽然不能完全胶合,但可逐渐自封。[2] 根据上述试验,有人认为一般微细裂缝并不会引起结构物的渗漏,因此就没有必要在防水混凝土材料之外,采取其他防水或封堵措施。

实际情况并不是这样。我们既要看到混凝土的微细裂缝有自愈和自封的现象;但同时也要看到,在实际施工中,因混凝土制作、运输、浇筑、养护等因素,混凝土结构工程质量与试块实验室数据有一定的差异,由此带来的负面影响不可忽视。如隐藏于混凝土结构内部的蜂窝、孔洞等,都会成为质量事故的隐患。由此得出结论,在地下工程中,混凝土一旦出现裂缝,是引起渗漏水的先兆。随着时间的推移,在各种外力和内力的共同作用下,混凝土裂缝还会逐渐扩大,并呈"发展性"特征,渗漏水程度也会进一步加剧。而带有侵蚀性介质的地下渗水,还会带来钢筋腐蚀、混凝土的剥落、降低承载力和缩短寿命等问题,这些情况,都应该引起高度警惕(图 4-28.1)。

总之,工程实践是检验真理的标准。鉴于当前地下工程是渗漏的重灾区这一严峻现实,在不少地区的地下工程中,采取单一防水混凝土自防水结构的作法是不可取的。

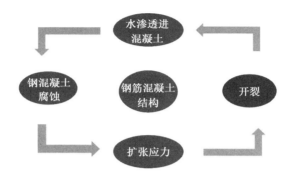

(a) 混凝土开裂后影响结构耐久性

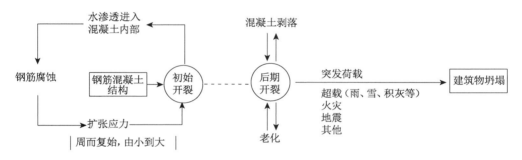

(b) 混凝土开裂引发建筑物坍塌流程

图 4-28.1 混凝土裂缝影响结构耐久性

28.3 应对措施

(1)防水理念失之偏颇。长期以来我们在研究防水问题时,首先想到的"材料是基础",而忽视其他因素的作用。根据定义,防水工程是指"防止建筑物或构筑物渗漏的工程总称"。[3]几十年来,从总体分析,我们没有将"建筑物或构筑物视为一个系统工程,防水工程是一个子系统"。因此,在防水材料高速发展的同时,没有解决好与之相关的其他问题,从而无法达到防水工程总体目标的要求。

反之,如果我们从"工程防水"观点出发,就不难发现防水工程中各构造层次和设计、材料、施工、管理维护之间,是一个相互依存的联合体。而进一步分析当前防水行业中存在的一些深层次矛盾,从而真正找到"渗漏影响建筑物或构筑物的使用功能、使用寿命和安全"的症结所在。[4]由此,才可厘清防水行业今后发展的方向,进一步彰显防水工程的科学价值。

如前所述,"结构开裂是造成渗漏的主要因素,而减少和避免水对房屋各部位的侵袭也是必不可少的。"因此,在不同防水部位应采取以防为主,同时兼顾排水、导水措施。究竟采取以防为主,还是以排为主,乃至防排并举,都要结合工程实际,精准施策,不搞一刀切。

(2)优化屋面构造。屋面是由具有不同功能的不同材料组成的联合体。各构造层次之间相互依存、相互制约。在设计时应注意相邻两种材料之间互不产生有害的物理和化学作用的性能,同时注意屋面构造的整体性。现行屋面工程技术规范中规定的"屋面基本构造层次",多数是根据工程实践推理而来,因此应结合地区和工程实际,有所取舍,不断完善。

随着社会进步和人民生活水平日益提高,人们对房屋功能有了新的需求。房屋建筑从原有结构材料基础上,增加了功能材料,其中包括防水密封材料、保温吸声材料和装饰装修材料等。与结构材料相比,功能材料的使用年限较短,因此在建筑生命周期内需要多次更换,才能满足使用要求。当前,应积极探索简化构造层次、方便施工的装配式屋面构造体系,便于防水密封等功能材料的定期更换。

(3)在地下防水工程中,混凝土开裂现象是难以避免的。但如在迎水面采用其他柔性防水材料,进行全封闭防水作法,就可把裂缝的危害限制在可控范围内,从而实现可防的目标。据美国 US Army Corps of Engineers(US-ACE) CAD C48《混凝土的渗透性》文献称,用渗透结晶材料处理的混凝土可承受 123 m 水头压力(1.2 MPa)。这种在混凝土本体内部,创建承受高静水压力的阻水机制而形成"内膜防水屏障"新方法,探索与工程实践已有 20 多年的历史。与传统的在迎水面外防水作法相比,更为简便、实用。

(4)提高屋面防水设防标准。现行《屋面工程技术规范》规定,屋面防水等分为Ⅰ级和Ⅱ级,即在重要建筑和高层建筑中,采取两道防水设防;在一般建筑中,采取一道防水设防。根据当前防水材料施工工艺以及屋面严重渗漏的实际情况,建议提高设防标准,即在原有基础上再增加一道涂膜防水层。

与此同时,应积极探索将钢筋混凝土结层,视为一道刚性防水屏障,如增加混凝土结构层厚度,配置抵抗温度应力的钢筋网片,在混凝土中掺加外加剂等措施,提高屋面结构层的强度、刚度、抗裂和防渗性能,在源头上减少渗漏水概率。

(5)重视细部构造设计与施工质量。有专家认为,地下工程是渗漏的重灾区,依次分别为屋面、外墙与室内防水工程。从总体分布来看,防水工程完全失败的有,但极少;一点不漏的工程有,但不是很多;而存在局部渗漏的工程,比例高。[5]这个观点是否正确,有待更多调查材料验证。

另外,从历次工程调查得知,细部构造又是屋面工程渗漏的重点部位。它包括檐口和天沟、女儿墙和山墙、水落口、变形缝、伸出屋面的管道、屋面出入口、反梁过水孔、设备(施)基座、屋脊、屋顶窗等部位。由于这些部位长期暴露于室外,在屋面荷载和寒暑、风雨等各种外力和内力的共同作用下,因温差变化、结构变位以及防水材料性能下降等因素,如设计构造不周、施工粗糙,就会出现空隙、分层、起鼓、开裂、渗漏等情况。若屋面找坡不当、排水不畅时,窝藏于屋面基层内部的多余水分,便成了渗漏水源的进出通道,长期浸水的防水材料发生腐烂、霉变、脆化,进一步增加了治理的难度和工作量。

因此,在设计时,对屋面细部构造应采取多道设防、复合用材、连续密封、局部增强和表面保护等措施,从而形成整体、连续、封闭的设防体系。而在施工过程中,必须做到因地制宜,精准施策;精心操作,强化质量监督检查;做好成品保护,防患于未然。

(6) 制定屋面工程设计与施工指南。应根据结构开裂和渗漏的发生、发展规律,结合各地实际,制定我国独创的、具有科学性和可操作性的屋面工程设计与施工指南。例如,几十年来,我国在大量工程实践中,对不同工程、不同材料和施工工艺,通过"现象、原因分析、预防措施、治理方法",提出的一些防治质量通病的方法与管理经验,曾取得明显成效。这个由老一代工程技术专家,从大量工程实践中提升的理性思考,值得珍惜与学习。

他山之石,可以攻玉。例如,应进一步借鉴国外在防水工程中客观鉴别建筑物渗漏水经验的"两个"通则——90%/1%和99%。其中,90%/1%通则,是指建筑物的渗漏水问题都发生在总建筑或结构外表面积的1%范围内;99%通则,是指大约99%的建筑物渗漏水缘由,都不是防水材料本身或者防水系统设计的问题。[6]上述两个通则是统一关联的。对于第一个通则,可结合防水工程中容易渗漏的细部构造,逐一提出解决方案,并在实践中不断改进和优化,那么,我国建筑防水工程质量有望得到新的提高。关于第二个通则,是从北美地区成熟的市场经济,有严格的材料质保体系和规范设计质量的一系列措施而得出的结论,我们不能一律照收,应区别对待。

(7) 加强管理维护,延长屋面和房屋的使用年限。如前所述,防水、保温等功能材料,其使用年限远少于主体结构材料。因此,在建筑物报废之前,就有一个管理维护和更新的问题。我国不少古建筑,历经千年至今仍巍然屹立,这与管理维修做得好有关。反之,在我国实行住房商品化后,由于物业管理滞后、无专人管理维修等原因,不仅给业主或使用者带来不便,房屋能否达到正常使用年限也成了一个问号。

另外,在既有建筑改造中,应把防水工程的管理和维修视为保护房屋结构与延长使用年限的重要途径,也是最大的节约和环保措施。而定期检查、维修,防止业主野蛮装修,注意房屋安全等,是物业管理的重点。科学、便民、长效的防水管理和维修体制,值得期待。

房屋若年久失修,随着时间的推移,原有结构开裂会进一步扩大。钢筋锈蚀膨胀,混凝土剥落等现象的发生,会导致结构承载力迅速下降,当受到突发外力(地震、积水、积灰等)时,造成房屋倒塌和人员伤亡时有报道。1983 年中国台湾丰原高中礼堂、2012 年浙江宁波市徐戎三村 2 号楼两个倒塌案例具有典型性(图 4-28.2—图 4-28.5)[2],值得警记。

1—南面为溢水墙,一流式完工后放水实验的惨案发生前约一个月内,水满溢水墙多次(溢水时的水位超过溢水墙高度,为屋顶承载水量最多、最重时),但未倒塌;
2—由东南角算起第 5 根柱子(C5)的顶部混凝土早已破裂,随时有崩溃的可能;
3—以二楼楼板学生位置处为"震源",在起立坐下时,楼房发生如地震时之震动力

(a) 震动时礼堂屋顶、楼板与柱子相关情况

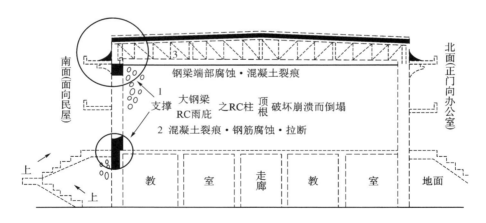

(b) 二楼楼板震动时波及关键部位

图 4-28.2　中国台湾丰原高中二楼礼堂因年久失修、结构开裂、屋面超载引发房屋倒塌

注:久未使用的二楼大礼堂再度启用举行新生开学典礼,当 600 余名男女新生作整齐一致的起立与坐下的动作时,随即在无任何预警征兆下,发生陷落地震式,从南面由东算起第 5 根钢筋混凝土柱子(C5)为最先,作骨牌连锁性、连根拔似的、令人逃避不及的瞬间倒塌。导致压死座位南面的 26 名女生,发生轻重伤多达 80 余人的惨案。追根溯源,这与钢桁架设计刚度不够及焊接质量有关。

(a) 该部位的混凝土早已发生严重破裂（混凝土开裂、浸水、钢筋生锈则膨胀，促使混凝土再龟裂、恶化，直至结构倒塌）

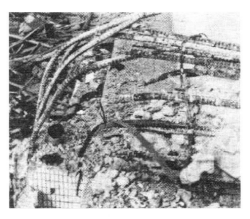

(b) 东南角 C5 柱子倒塌后混凝土风化、钢筋严重腐蚀

(c) 大钢梁屋顶长期漏水，因天花板遮盖，未引起重视（注意震源由来与方向）

(d) 钢筋混凝土板裂缝部位处钢筋腐蚀与渗漏

图 4-28.3　台湾丰原高中礼堂因结构超载和长期渗漏水造成屋面倒塌酿成惨祸

（本照片系经 6 年多长期渗漏水后拍摄，尤为珍贵）

图4-28.4 宁波市徐戎三村2号楼倒塌现场(使用时间不到23年)

注:白色箭头所指灰色部分为顶层沥青油毡屋面残物。该楼系砖与钢筋混凝土(预制空心板)混合结构,砖墙为主要承重构件。在使用过程中,早已发现散水(坡)破坏严重,造成砖基础长期处于雨水浸泡,使墙体潮湿、外墙开裂倾斜、承重墙体风化严重,导致底层墙体强度不足而倒塌。

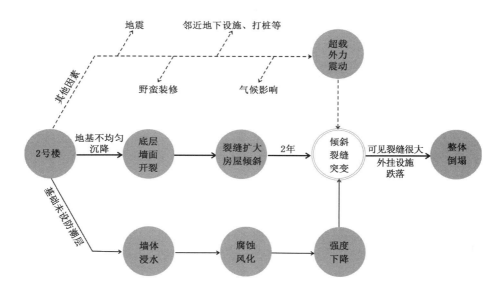

图4-28.5 宁波徐戎三村2号楼倒塌过程与原因分析

注:1. 据视频图像分析,"裂缝很大"指可见裂缝宽度远大于灰缝尺寸10 mm以上,表明砖块之间砂浆强度已经丧失;同时有的裂缝已穿透砖块的全断面,这是倒楼前常见的表征之一。
2. 虚线为可能影响的因素。
3. 该事故造成1人遇难、1人重伤,18户居民失去家园,居民财产几乎全部毁损,并殃及周边208户人家腾空转移。

另外，如前所述，结构开裂与渗漏水有因果关系，如不及时修复，结构开裂与渗漏水的叠加，加上超载（长期或突发），就可能成为房屋倒塌的必然关系。如1989年竣工的韩国三丰百货大楼，因随意变更用途、修改原结构设计、增加荷载等情况，早已出现开裂、渗水和下陷，但未能警觉，仍继续使用，在时隔6年后的1995年6月时突然倒塌，造成20秒内夺走502人性命，近千人受伤的惨祸（图4-28.6）。

（a）三丰百货大楼外貌　　　（b）在20秒内整栋大楼瞬间化为了碎片
（事故发生后统计，死亡502人，受伤近千人）

（c）4楼、5楼天花板连同整栋大楼一起垮塌
（大楼的4楼、5楼天花板，在3个月前早已出现开裂、渗水和下陷）

图4-28.6　韩国三丰百货大楼瞬间倒塌

28.4　做人如山，做事像水

《老子》一书仅五千言，却包藏宇宙人生之机，涵盖大千万象之理，内容虽宽泛驳杂，却能用"道"一以贯之，哲学思想玄妙精深，使老子成一家之言。

做人如山。品德是一个人成就事业的基础。《易经》讲"厚德载物"，强调了德的重要，在一个单位里，组织上在选人用人时也经常说"德才兼备"，把"德"放在首位。

大德如山,非一日之功,我们知道有句话叫"积土成山",山是由土点滴积累成的。《老子·五十九章》说:"早服,谓之重积德;重积德,而无不克。"在此可阐释为,德不是现金,不能立即兑现,立即出成果。德是根本,需要的是积蓄、积累……"早服"就是积蓄,就是打基础,就是积德、积攒、积累。

做事像水。水的本性是善的。"上善若水"语出《老子》,指的就是水的最好状态,利万物而不争。水有自己的规律和章法,有自己的稳定性、规律性和可持续性。《老子·八章》中"事善能"就是说,水有多方面能力、能量,如冲流、浮载、灌溉、洗涤、溶解、检验、调节等,从不失职。这是做事应有的态度,也告诉我们,要想做事成功就必须具备一定的能力。我们应以"水"的精神做事,对待本职工作专心致志、勤勤恳恳、尽职尽责、敢于担当、有所作为,为了完成任务大胆尝试、讲究方法、攻坚克难、百折不挠,直至成功。

28.5　结语

大自然是一部百科全书,它有自己独特的语言,并且无时不与我们用它的语言进行交流,告诉我们想要知道的一切。科学技术讲究严谨、求实,而哲学可使人明事理,通过二者的融合,对有关工程技术问题进行预见、判断、变通、实践,可收获意外的成果。

前面分析几点主要属于技术范畴,这远远不够。只有把市场竞争、社会整治与企业自律结合起来,只有把速度、质量与成本结合起来,只有把技术、经济与管理结合起来,只有把治理渗漏、保护结构安全与延长房屋使用年限结合起来,才是探索防水"起源"和内在规律的根本之道。这就要求我们打破部门、专业与学科之间的界限,通过"工程防水"视角,进一步深化体制改革,才能抑制建筑渗漏水居高不下的困局,最终解决这一量大面广、涉及千家万户的大事。

参考文献

[1] 叶琳昌.评价屋面防水构造形式的一种方法[J].中国建筑防水材料,1988(2).

[2] 叶琳昌.建筑防水纵论[M].北京:人民日报出版社,2016:161-162,163,178-184.

[3] 大辞海编辑委员会.大辞海·建筑水利卷[M].上海辞书出版社,2011:103.

[4] 曹征富.对我国建筑防水工程质量现状粗浅看法与质量风险把控要点[J]//中国建筑防水协会《我与防水共奋进》专集,2019:105.

[5] 薛绍祖.建筑防水产业发展与兴起(征求意见稿)[J]//中国建筑防水协会《我与防水共奋进》专集,2019:121.

29 建筑防水体制改革刍议

科学是推动人类社会发展的原动力。针对我国建筑渗漏水比例长期居高不下的严峻现实,结合"大数据 + 人工智能 + 物联网"为代表的第四次工业革命新技术,为解决建筑物整体性和作业连续性之间的矛盾,提出进一步深化防水体制改革的相关建议。

长期以来,我国建筑工程渗漏水比例居高不下,让防水行业和广大从业者蒙羞。渗漏范围已从过去房屋建筑的屋面、卫生间、地下室、外墙等,逐步蔓延到包括地铁、隧道、桥梁、大型停车场、垃圾填埋场、大坝等许多建设工程领域,突显解决问题的迫切性和重要性。而进一步提升防水工程科学价值,为绿色建筑保驾护航,必须从深化体制机制改革才能取得实效。

29.1 建筑"三要素"与防水工程质量关系

建筑防水是土木建筑工程的重要组成部分,是保证建筑物及构筑物的结构不受水侵蚀及水危害的一项分部工程。防水工程质量直接影响到建筑物的使用功能和寿命,关系到人民生活和生产能否正常进行。图 4-29.1 所示,建筑防水工程是围绕建筑"三要素"(功能)而进行设计、选材、施工和管理维修的,如能满足有关技术和管理要求,那么建筑防水的"工程质量"可满足"不得渗漏"或相关技术标准。

29.2 防水"工程质量"将向"功能质量"转变

17 世纪的牛顿力学,推动了工业革命,使人类由农耕的封建社会主义,进入工业化的资本主义社会。20 世纪出现的量子力学,取代了牛顿力学的主导地位。进入 21 世纪后,人类正由工业文明,向数据文明、信息文明、智能文明过渡。唯有科技革命引领生产力革命,才能推动社会制度革命。

今天,我们迎来了以"大数据 + 人工智能 + 物联网"为代表的第四次工业革命,它将改变中国、改变世界,从而影响每一个专业、每一个行业、每一个人以至生活细节。分工创造财富被融合创造财富取代后,人的时代就到来了。因为融合的本质是生命。生命只有在人的能动的、活的生活中才能得到体现。生命是一个自组织、自协调进化的复杂系统,在过去工业经济社会分工中,这个复杂系统被分解为一个个

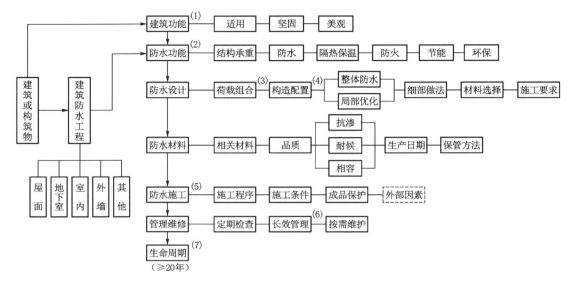

图4-29.1 建筑(功能)"三要素"与防水工程质量关系

注:(1) 建筑(功能)"三要素"(适用、坚固、美观)是早在2000多年前,由一位古罗马的建筑理论家维特罗维斯(Vitruvius)提出的,虽然后来在不同时代人们有过不同的表述,但其要点万变不离其宗。

(2) 此处防水功能不仅指防水工程(材料)的本身,同时在一定程度上,还涵盖相关构造层次的其他功能要求,如结构承重、隔热保温……由此也彰显防水工程综合性、复杂性的特点,这是防水工程"不易"做好的原因所在。

(3) 防水设计中的"荷载组合"是指直接荷载(含静载、动载、地震等)与变形荷载(含温度变形、材料收缩变形、地基不均匀沉降等)两大类;同时还要考虑各构造层次之间的约束影响,以及岩石地基对房屋基础引起的约束力。

(4) 防水设计中的"构造配置"是一个难点,只有采取因势利导、因地(时)制宜、多措并举、综合治理的方法,才能化难"变易";由此说明防水设计是做好防水工程的先决条件,怎么强调都不过分。

(5) 在防水施工中,必须遵守"施工程序、施工条件和成品保护"三个基本原则,并应根据工程实际情况,在防水施工组织设计中加以细化,这是实现建筑与防水功能的铁律。这种由"不易""变易"至"简易"的唯物辩证方法论,在《易经》中已有表述。而"外部因素",主要指工程发包造价偏低、追求进度、忽视工程质量、工序之间"卡脖子"现象以及总包管理不作为等;因此必须从诚信、守法和体制、机制等多方面加以解决。

(6) 管理维护中的"长效管理"是指在定期检查外,如下列情况发生时,还应进行专项检查,这也反映了防水工程质量滞后性的特点:①大风、大雨、下雪、冰冻和其他地质、水文突变时;②开春解冻、酷暑、初冬季节温度剧变与风雨交加时;③人为破坏,如改扩建中随意变更设计增加荷载、积雪与积灰未及时清扫、混凝土开裂与钢筋锈蚀长期得不到修复以及其他管理不当等。以上诸点在防水施工阶段也应有相应的防范措施。

(7) 防水工程生命周期可定为20年;而地下防水工程生命周期,如何与主体结构工程寿命相匹配有待进一步研究。

局部的简单系统。但是在分解中,个体的生命消失了。而在第四次工业革命中,数字生态系统根据生命复杂系统的特征,部分恢复了经济生活中人的主体性和生命的单一性。

大道至简。一门学问,一项技术,弄得很深奥是因为没有看透本质,搞得很复杂是因为没有抓住关键。就现代建筑的防水工程而言,它的科学价值体现在工程质量和功能质量的效果上。前者一般指工程竣工验收时的"结果"质量,这在现行工程建设有关标准中已有表述;后者指客户在使用"过程"中能够见到或"体验"到的质量(即潜在性质量),二者之间既有联系又有区别。从一般规律分析,工程质量好则功能质量也好;但不少工程并不遵循这一原则,二者之间的质量并非呈正比关系,甚至有相反的结果。之所以这样,不仅受制于防水所在部位的构造要素、内外环境变化和时间等影响,并与防水技术含金量低和工程建造方式不合理有关。由此进一步说明改革现行建筑防水承包方式的重要性。图 4-29.2 为信息时代防水工程设计与施工流程,可供参考。

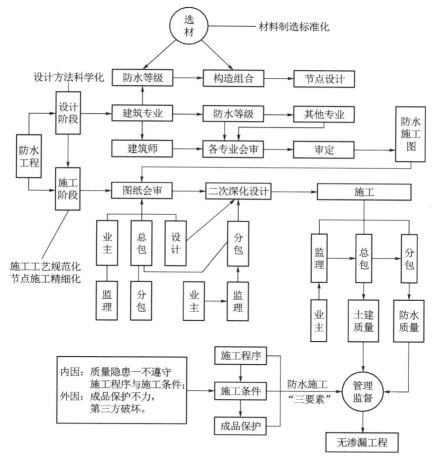

图 4-29.2　信息时代防水工程设计与施工流程

注：1. 防水施工"三要素"中应特别注意时间维度与时空维度的掌控。而"无渗漏工程"仅仅是实现防水功能的第一步。

2. 认真执行防水设计与施工流程,是保证质量、防止出现"木桶短板"现象的关键措施。

3. 防水设计处于半经验状态,缺乏系统的理论指导,存在随意性。正因为如此,才显出防水技术的重要性,也就有了创新发展的空间,更是从事防水工程师职业的价值所在。

通过国内外防水新材料、新技术发展趋势分析,我们有理由相信,通过防水材料与结构之间"依托、融合"与"借力、保护"的相互转化关系,不仅有利于防水工程质量的提高,还能延长建筑物使用年限,使各种功能材料物尽其用,使房屋结构更坚固、更持久,并成为房屋结构与生命的保护神。这种由新科技引领的生产力革命,在许多经典工程实践中已经看到曙光,也是建筑防水从"工程质量"向"功能质量"转变的必由之路。

29.3　深化防水体制改革刻不容缓

防水是建筑工程的一部分,在讨论深化体制机制改革时,回顾 1953 年后中国建筑业发展方式是很有意义的。例如,1956—1990 年,我国主要推行的是苏联计划经济为主导的,以"标准化设计、工厂化生产、机械化施工"为主的建筑工业化方式,主要产品是标准化预制工业厂房、市政管片和住宅"楼板"(含屋面板、墙板)建筑。从当时的建设体制、施工方法以及经济技术水平等系统性解决方案来看,只要做到精心设计、精心施工,实践是成功的,但确实也存在建设标准偏低、材料性能差、保温防水隔音效果不良、预制"楼板"连接薄弱等致命缺陷。进入 21 世纪,这种粗放型的建设生产方式被淘汰是必然的,但其"系统化、工业化"的顶层设计,即管理机构、技术促进政策、标准化设计(标准化模数、构件和产品)、预制工厂和布局、配套的施工机具、专业技术队伍的建设等,特别是系统思想和理念没有被保留下来,这是应该反思的。

当前,在防水产品升级换代、性能不断优化以及专业化施工技术水平大幅度提升的情况下,全国性建筑物渗漏水现象仍长期存在这一严峻现实,主要归结于现代化建筑和绿色建筑标准要求的产品,与沿袭原有计划经济体制和建造方式之间的矛盾,而这一矛盾在防水项目上更为集中和突出。长期以来,我们对目前推行的专业化防水承包商(大部分设有防水材料厂作为主营产品,同时带料施工)的定义与作用在认识上也存在误区,实践中存在问题也很多。

例如:(1)在地下防水工程中,专业化防水承包商一般仅作柔性附加防水层,与"防水"的名称和实际效果不符(地下工程渗漏率偏高与此有关)。正因为它不能独立存在,所以要专业化防水承包商承担"整体防水"的最终质量责任,显然也是不合理的。

(2)低价或最低价中标带来的恶性循环屡禁不止。如招投标中的贿赂、腐败,材料制造和采购中以次充好、以假乱真,施工中偷工减料、粗制滥造等乱象随处可见;这种在招投标中变相掠夺下游企业正当利润的做法,最终损害了房屋质量和社会经济。

(3)由于防水施工条件苛刻、成品保护要求严格、工程质量滞后性等特点,各工种、各工序之间在施工中发生的问题,因体制、机制和多头分管等原因,最终难以协调和整改,在屋面工程上尤为突出。这与目前沿袭计划经济、"碎片化"管理模式有关。

(4)当下建筑师工作强度大,出图速度快,防水设计多数不结合工程实际,照搬规范某些条文或图集的设计构造,很难被各方所接受。由于建筑师的权威性长期被忽视,由此带来的设计滞后、不作为以及简单化倾向,最终造成的设计质量问题也很突出,一些国家重大建设项目也难幸免。防水设计问题造成的危害让人痛心,而这些问题始于何时,难以考证。但可以肯定的是,此种低劣设计似乎未曾有过消停,这又与设计人员自身素质和防水设计体制有关。

依据"工程防水"哲学思考,当我们重新回过头来,站在螺旋式上升的高度去观照1990年前后防水改革初期的起点(原点)时,就会发现经过几十年的实践和探索,我们仍徘徊在"渗漏"的怪圈里。此时,我们必然会追问事物的起源、本质和结构,从而就会找到今后深化改革的方向和重点。

众所周知,建筑物是一个系统工程,各分部工程是一个子系统,分部工程之间又由若干分项或工序为一个共用的"功能目标"结合而成,因此,它的建造方式必须符合系统工程特征和专业化分工的原则。不断变革是防水技术发展和保证工程质量的永恒主题,而在施工(建造)作业过程中,确保建筑物的整体性和作业的连续性是第一位的,如果违反这一原则就会带来不良后果,因此建议取消现行专业化防水承包商的"施工"经营范围。仔细想想,防水工程由建筑总承包公司组织实施与管理,建筑防水设计顾问公司提供系统解决方案,并由不同部位的专业公司(如屋面公司、基础公司等)进行操作,其本身就符合现代工业化建造方式中,既有分工、又有协作,还便于管理的一种自然回归和调整,详见图4-29.3。

1991年年初,在刚开始推行防水工程专业化施工时,有专家就根据工程防水观点及时指出:"屋面各构造层次之间是一个依附与制约的关系。屋面基层的质量如何,对防水工程的成败关系很大。因此,目前不少防水专业施工公司(或专业队)仅承包防水层子项业务是不可取的,这样不利于从总体上保证防水质量,也谈不上有较长的质量保证期。有远见的做法,是从结构层的板缝灌浆开始,包括找平层、保温层、防水层等全部分项,都由防水专业公司承包。"[1]这些建议现在读来,仍有重要参考价值。

发展应当是继承与创新相结合才有生命力。借鉴我国建设的历史经验和当前国家推行的住宅装配式建筑做法,从长远考虑,有专家构思了现代建筑工程项目管理的组织架构。相信随着建筑业体制的重组和建造方式的变革,通过"顶层设计",在调整生产关系不适应生产力发展的基础上,真正解决包括防水在内的专业化分工与施工作业一体化之间的矛盾。

应该指出,当前推行的建筑工业化和装配式建筑,强调的是"装配式建筑设计、生产、施工一体化,建筑、结构、机电、内装一体化,技术、管理和市场一体化"的"三个一体化"发展论,这在图 4-29.3 的组织架构中已有考虑。如此,目前专业化防水承包商(公司)就不再承担防水工程的"施工"业务,而将重心转为基础理论和应用技术方面的研究,通过"建筑防水设计顾问公司"组织架构,为工民建和其他行业的防水项目,提供系统成套的防水解决方案与技术服务工作;同时应加强和拓展新领域的防水技术研究,如交通、水利、水电、核电防水及防护技术,地下管廊防水技术,既有建筑屋面防水改造技术以及 BIM 技术等。而防水材料制造厂,应在推进建筑产业现代化中,进一步加强科研创新力度,不断提升产品性能和质量;有关销售事宜可与建筑总承包公司材料设备采购中心直接对口。

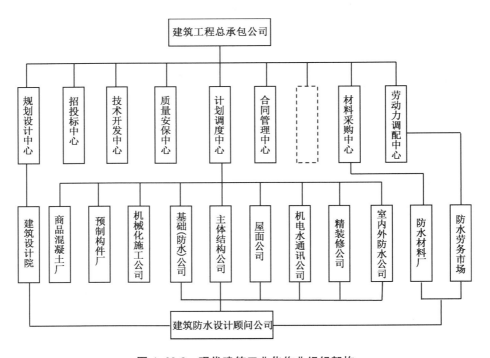

图 4-29.3　现代建筑工业化作业组织架构

另外,《国务院关于促进建筑业持续健康发展的意见》指出:"改革建筑用工制度。推动建筑业劳务企业转型,大力发展木工、电工、砌筑、钢筋制作等以作业为主的专业企业。以专业企业为建筑工人的主要载体,逐步实现建筑工人公司化、专业化管理。"据此,目前可专门成立防水工劳务市场与专业技术培训基地,并与建筑总承包公司劳动力调配中心直接签订相关施工作业合同(自带机具和设备)。

29.4 组建"数字化"为核心的"建筑防水设计顾问公司"很有必要

第四次科技革命,是继蒸汽技术革命(第一次工业革命)、电力技术革命(第二次工业革命)、计算机及信息技术革命(第三次工业革命)的又一次科技革命。第四次工业革命,是以大数据＋人工智能＋物联网为特征。鉴于此,组建"建筑防水设计顾问公司"是建筑防水变革的关键节点,是实现整合多种经济组成的产业链的必然归宿。与过去产品经济、服务经济不同的是,数字化防水技术的定位是以客户(即消费者)为中心,生产者必须彻底否定自己,把屁股坐到客户立场上,通过角色的转位,才能让消费者有上帝的感觉。从这个定位出发,"建筑防水设计顾问公司"应该是综合性、权威性且对客户实行全方位、全过程"一对一"的服务,并由企业家、IT 专家和防水专家等精干人员所掌控的虚拟企业。

在虚拟企业中,首要的是功能与物产可以分开。企业仅拥有核心功能,只要不具有竞争力,就要被虚拟化。虚拟化的实质是,通过突破企业的有形界限来延伸企业的功能。这样,企业一方面可以提高竞争力,另一方面又可减少投资风险,保证和加速实现市场目标。

这里强调指出,核心功能是专业化分工的结果。没有专业化分工,就没有最佳的效果。只要企业具备了核心功能,就可以随时沿着互联网为自己铺设市场渠道,并根据比较优势,迅速找到合作伙伴,从而打破企业的边界,将自己的核心功能外包出去。再者,虚拟企业必须具备很强的协调能力;即借助互联网的技术和生产力的特性,有效降低产品交易费用;同时,企业内部也要减少决策层次,提高对市场的反应速度和灵活性。

另外,从互联网的特征着眼,它不仅可以做到跨越时空,实现知识的共享;更主要的是在工程实践中实现"产销合一"的互动。也就是说,把生产过程当作消费过程,又把消费过程当作生产过程。要真正做到"产销合一"的互动,就必须在建筑防水工程的设计、选材、施工、管理维护全过程中,由"建筑防水设计顾问公司"担纲,为每一个客户(即每一个工程)提供全景式真实可靠的信息,并按房屋的功能与工程实际情况,优化防水构造设计,合理配置防水材料,拟订切实可行的施工方案,选派优秀施工管理和操作人员等;通过客户全程积极的参与,让他们很感性地体验到这种性价比、质量及服务最完美的防水"产品"。

历史经验告诉我们,几个、几十个重点工程乃至一批住宅小区的防水项目,通过精心设计、施工、严格管理后,其防水质量是可以达到不渗漏要求的(当然少数一些项目也有例外)。但要在全国大多数工程上都做到"不渗漏"的质量目标实是一种"理想"。这是因为在传统体制与经营模式下,仅靠经验管理和小作坊生产方式是难以做到的。近十几年来,各地防水质量反弹也说明了这个问题的严重性。而"建筑防水设计顾问公司"通过信息、资源的整合,加上互联网技术和专家系统的支持,经过不断摸索与改进,在全国范围内,"天下无忧"的愿望一定能逐步实现。

为什么我们对防水工程的前景充满信心,因为有一个商品混凝土(又称预拌混凝土)可以对比参考。在 20 世纪 80 年代,随着商品混凝土的兴起,不仅使结构混凝土的工程质量大大提高,还有力推动了建筑施工技术的发展,而且节材、节地、省时、环保等方面的优越性也是有目共睹的。同样,现在我们提出"建筑防水设计顾问公司",把防水"产品"进行预控,并实现"菜单"式人性化服务,那么这一新兴事物的科学价值也是难以估量的。

29.5　结语

马克思在《政治经济学·序言》中预言,真正推动历史发展的不是什么政治革命,而是科学的创新导致新生产力的出现。唯有科学才是推动人类社会发展的原动力。习近平同志也提出要"普及科学知识、传播科学思想、倡导科学方法"。

历史经验证明,抓住防水源头——规划与设计质量,是抑制建筑渗漏、满足建筑功能、实现防水工程科学价值的首要前提,是解决建筑物整体性和作业连续性之间矛盾的突破口。"举一纲而万目张"。而组建"数字化"为核心的"建筑防水设计顾问公司",是助力建筑师终身负责制的落地,解决因专业化分工和碎片化管理出现的诸多弊端而采取的必然归宿;也是从传统的以推广产品为主,向提供工程防水"一篮子解决方案"的创新方向转变,其目的是为客户提供更好的使用功能,提升防水工程质量,为百姓、为国家节省大量的维护费用,它的重要性不言而喻。但只有在产品质量、服务、信息技术以及市场经济趋于规范的情况下,才能发挥它的最大优势。作为第一步,可先行成立由跨界联合,主要以不同学科专家为骨干,以提升高质量发展的目标的"建筑防水设计联盟(促进会)",让各种专业技术知识形成合力,解决过去因受单位和专业分工不同而难以克服的技术瓶颈和管理难题。对此,我们应该有责任担当,既要"坐而论道",更要"起而行之"。

"沉舟侧畔千帆过,病树前头万木春。"在本文定稿时,于 1998 年开始执行的《中华人民共和国建筑法》,通过 20 多年的实践与总结,已于 2019 年 4 月进行了第二次修订:其中关于发包、承包单位的资质和主体责任;总承包单位和分包单位就分包工程对建设单位承担连带责任;按照合同约定,工程材料与设备等采购不得由发包单位指定等都做了重大修改和明确规定。随着新修订的《中华人民共和国建筑法》的贯彻实施,如何探索工程总承包与专业施工相结合的新型组织形式,以及由笔者建议成立的"建筑防水设计顾问公司"等都有了法律依据,由此带来的技术经济效益和社会效益是值得期待的。

参考文献

［1］叶琳昌.建筑防水工程渗漏实例分析［M］.北京：中国建筑工业出版社，2000：43-44.

30 开展近现代建筑防水文化研究的建议

随着经济全球化和我国市场经济的不断发展,工程活动与文化的结合日趋紧密。工程文化是近年来人们关注的一门新兴学科,而中国近现代防水文化的研究,是一个有待开发的丰富宝藏。通过工程解剖,去伪存真,如何从历史和现实之"物"转化为有用之"文",以更高的境界,加深对历代尤其是近现代防水文化的理解,从中梳理出更多、更好或在"当时只道是寻常,而今却难以做到"的理念和方法,并成为今后防水技术和体制机制创新发展的助推器,这是当代建设工作者应该担当的责任,希望引起防水行业乃至社会各界的重视。

30.1 问题提出

建筑防水技术在 20 世纪下半叶经历了快速发展时期,我们从"新材料""新技术""新工艺"等词语中,可以感受到这种变化。特别在中国,自 1978 年改革开放和近 40 年来的持续建设,城镇商品房住宅的普及,使建筑防水的重要性深入千家万户。

在此大背景下,成绩与问题并存,主要反映在以下两个方面:一是建筑防水材料的发展与更新很快,由 20 世纪 80 年代沥青油毡一统天下,发展至目前六大门类上百个品种,防水材料性能有很大的提高,为各类现代建筑提供了可靠的功能保障,并建成了一大批有影响力的防水项目。二是从总体来说,防水工程质量不容乐观,建筑渗漏的投诉率居高不下,建筑防水市场长期存在的无序和不公正现象,至今未见根本改观。

当前,低碳经济和节能工程的兴起,为防水工程的发展增添了新的内容,并对防水技术提出了更新、更严格的要求。因此,借鉴古今中外治水、防水有关成果,开展近现代建筑防水文化研究是很有意义的。

30.2 工程文化的内涵

"工程"的概念有多种解释。在本文中,我们将它定义为以某个建设项目为对象,应用有关科学知识和技术手段,通过一群人有组织的活动,将其转化为具有建筑功能和使用价值的产品(建筑物或构筑物)的过程。由于土木建筑工程体量大、工期长,需要分解成若干分部或分项工程,并由不同工种的专业人员分工协作,共同完成。这种因产品固定而人员相对流动的建设项目,在建设过程的动态管理中,就包含着许多文化元素。

目前对"文化"的界定大体上有一个共识,即人的精神活动及其产品。英国人类学家泰勒认为,"文化是人类整个生活方式的总和""文化的科学本质是改革者的科学"。恩格斯也曾指出文化产生于欲望。他还认为生存、物质生活、精神享受是人生的三大需求,欲望是人类适应自然、改造自然的动力,在这一过程中产生了文化这一结晶。[1]

诚然,作为精神产品,必须有物质载体,但物质载体不等于文化,物质载体虽然是感性的,载于其上的文化却是看不见摸不着的。由此延伸,我们也可把"工程文化"定义为既包括建筑物的"有形文化",又包括具有工程特质的如建设历史、建造技术、建筑艺术等"精神文化",即把工程文化视为工程实体及其蕴涵的精神文化二者的总和。

河海大学尉天骄教授认为,"工程"的"工"字,有人解释为上面一横表示"天",下面一横表示"地","工"就是连接"天"与"地"的事业。此说有一定的合理性。"天"可以理解为自然界,"地"可以理解为人类社会,工程就是为了改变人类的处境,而在自然界与人类社会之间探索一种解决的途径。[2]工程通常使用物质材料,而物质材料如何使用又涉及科学技术问题。传统的思想是把"工程"与"技术"联系在一起,人们通常说的"工程技术人员",就是在这样意义上使用的。但是,深入一层看,比"技术"更为宽广和深远的是"文化",比如,这一技术该不该应用?如何应用?技术是不是万能的?技术之外还有没有问题要解决?诸如此类的问题不是技术本身能够回答的,需要借助文化的思考。当我们突破单纯技术化的思路,而从"人"(人类社会)与"天"(自然界)的关系层面上思考问题时,工程文化就成为必须关注的内容。文化的核心是价值观。而工程文化的核心,就是按照某一建设项目和技术标准,运用物质材料和科技手段所体现的思维方法、原则、精神、意义、影响等。因此,这一对工程文化的解释,更为形象,更有说服力,给人以深刻的印象。

30.3　防水文化史研究内容

（1）建筑防水发展三个阶段。就中国建筑防水技术发展历程来看,不少专家、学者大致以古代、近代与现代三个时期进行划分。[2]如能结合建筑功能与防水技术发展成果考虑,则可按三个阶段分类:第一阶段是远古时代,防水主要是生存的需要;第二阶段是从商、周、秦,一直至晚清时代漫长的 3 000 多年历史,防水主要是改善生活的需要;第三阶段是近现代社会,可定位于 1840 年之后延续至今,防水主要是发展和可持续发展(适应环境和气候变化)的需要。

纵观我国建筑防水发展三个阶段来看,都离不开"文明""进步""创新"三个关键词。这里我们发现,从远古时代的泥土建筑到古代的土木结构、砖木结构以及近现代社会才使用的混凝土、钢筋混凝土、砖混结构以及钢结构等,每一次房屋结构的变化,都推动了防水新材料、新技术的发展;而每一项防水技术的进步或每一个优秀防水工程的诞生,也为人类的文明和社会进步作出了新贡献,其中瓦屋面、都江堰水利工程是古代防水、治水史上的辉煌杰作。

而从现实来看,近40年来,在工程建设领域内,我们虽然能盖起世界级水平的高楼大厦,建成不少高难度的桥梁与隧道,尤其是轻轨与高铁的飞速发展,带给人们的方便更是有目共睹;但我们只要仔细观察就会发现,在上述项目中"防水"问题始终没有得到应有的重视,甚至处于边缘化状态。防水问题若解决不好,不仅影响使用功能与节能减排的效果,许多工程因渗漏水事故而引发的钢筋腐蚀、混凝土剥离甚至危及结构安全等问题也触目惊心。为此我们也可通过防水文化的研究,厘清它们的源头,才能从根本上加以解决。否则,与结构、防水质量密切相关的短命建筑屡屡曝光,岂不应验了"其兴也勃焉,其亡也忽焉"的古语。

继承和发展包括防水在内的中国建筑文化,不是简单地复古、倒退,而是意在寻根,在广采博收的基础上,让其发扬光大。只有把传统的防水文化作为一种资源继承,让远古的防水文化魅力、现代先进的防水产品与科学构造相结合的模式,通过不断的实践与探究,才能形成防水技术的核心竞争力。

(2)近现代防水文化史研究重点。中国近现代防水文化史的研究,必须由传统学科和新兴学科、交叉学科并重,结合工程哲学的时代特点进行。其任务主要有两点:一是以历史和现实建筑物为对象,从防水专业角度进行客观、真实的调查,通过分析、整理,从中获得有科学价值的、规律性的史料;二是对当前涉及全面性、战略性、前瞻性的重大防水问题,也可进行梳理与评价。必须注意,在现代建筑的资料收集中,除了工程档案外,也可通过对当事人的采访或回忆,获得更有用的第一手资料。

中国近现代社会的年代划分,可定为1840—1949年、1949—1978年、1978年后至今三个时期,其中主攻重点为现代建筑。

而在研究分类上,宜结合建设对象与用途的不同,可按防水材料、工程部位、结构类型分别撰写;也可对某一专题进行综合评价或建议,如地下工程单独采用结构自防水的得失,工程质量、功能质量指标量化与节能减排,防水工程中诚信缺失与制度预防等问题。

30.4　欧美史学研究新动向

20世纪下半叶,欧美史学的研究呈现出一种多元化趋向,全球史或跨民族史的研究,随着全球化的进程而兴起。近年来,欧美史学又出现了一种以"实践理论"为导向的史学,它虽然还不是一种成熟的理论,但其指导思想与研究方法,特别是强调以"文化"为载体,探索不同时期、不同学科中有关深层次问题值得关注。[3]

在欧美史学的研究中,西方有关专家强调"实践"一词是探索历史研究新路径的联系纽带。而"实践理论其实就是关于人民大众在日常生活世界行动的理论,这种理论特别适用于以人民大众为本位的历史研究"。从实践史学来看,历史遗留下来的文化仅是一种资源,唯有依靠实践才得以延续。因此,"实践史学的出发点是'做事',就是行动本身,是人如何有意识、有策略地利用各种资源,实现预定目标"。[3]对于建筑防水技术这门历史悠久但同时又很年轻的学科而言,在"实践史学"中研究新方法,也有重要借鉴作用。

30.5　修史时应注意的几个问题

如何修史,胡适先生有句名言:"大胆假设,小心求证。"他还说过:"'有几分证据,说几分话。'一分证据只可说一分话,有三分证据然后可说三分话。治史者可以作大胆的假设,然后决不可作无证据的概论也!"

与胡适先生同辈、季羡林的老师陈寅恪对修史说得尤为透彻:"不说空话,无征不信。具体说,就是从一个很小口子切入,如剥笋那样,每剥一层,都是信而有征,让你非跟着他走不行,剥到最后,露出核心,也就是得结论,让你恍然大悟:原来如此!"[4]

(1)讲究真实性。在工程界有句名言叫"实践出真知"。这里关键在于"出"字,出者研究、探索也。只有相对真理,没有绝对真理,因此就有"工程实践之树常青"一说。因为没有一个工程或项目是相同的。

现代科学告诉我们,可信的证据,必须由专业的科学家群体给出,修史也不例外。须知,任何一个科学家,他只能代表自己,而无法代表科学共同体。一个观点,只有经过同行评议,且为多数科学家广泛达成共识,才能称之为"科学共同体观点"。下面就混凝土控制裂缝技术谈这方面的问题。

混凝土的出现并应用于工程结构,至今只有200多年的历史。虽然也有一些不确定的因素,但它的工程设计理论和施工工艺比较规范,检测手段与实验方法比较接近实际,因此在现代建筑中占有重要地位。随着科学技术的进步,通过大量工程实践,目前我们已经认识到在地下工程中,应采取以混凝土结构主体防水(即"结构自防水")为依托,在迎水面采用全外包柔性防水层相结合,形成一个刚柔相济的整体全封闭防水体系,因此确保混凝土材料及其结构的质量至关重要。但在各种自然和人为的灾害中,由混凝土裂缝引起的质量事故十分突出,造成的经济损失也很惊人。

有关调查研究资料认为,混凝土出现裂缝是难以避免的。而裂缝的产生由变形变化(温度、收缩、不均匀沉降)引起的约占 80%,由荷载引起的约占 20%。前者80% 的裂缝中也包括变形变化与荷载共同作用,但以变形变化为主所引起的裂缝;同时,在 20% 的裂缝中也包括变形变化与荷载共同作用,但以荷载为主所引起的裂缝。因此,在现代化建筑和开发地下空间中的超长、超厚的大体积混凝土底板或基础工程中,控制变形裂缝是设计与施工中面临的首要课题,涉及防水工程成败的关键。而控制主要由变形荷载引起的裂缝也有一个漫长的实践和认识过程,正如我国著名工程结构专家王铁梦先生在一次学术报告中归纳的那样:第一代在设计上采取设置沉降缝或伸缩缝的永久性方法;第二代采用后浇带法;第三代则是采用跳仓法、诱导缝法、纤维增强混凝土法、施加预应力法等。第三代中的跳仓法简便实用,效果最好,主要内容包括超长不分缝、超厚不分层、浇筑混凝土时不埋设冷却水管、不采用特殊外加剂(尤其不宜使用膨胀剂),而仅仅在施工时采用分块(分块距离一般为 30~40 m)与跳仓浇筑混凝土的施工技术,跳仓间隔时间宜为 7~10 d,也可缩短至 5 d 左右,确保大体积混凝土关键技术是保温保湿养护,此时采用花管喷水或喷雾养护可取得满意效果。

但大量的工程实践证明,留置变形缝与否,并不是决定结构变形开裂与否的唯一条件,留缝不一定不裂,不留缝不一定裂,是否开裂与许多因素有关,跳仓法施工的成功实践,说明只要"普通的混凝土好好地打",就可以控制有害裂缝的发生,是符合"抗"与"放"的自然辩证法原则的。

在地下工程中,大体积混凝土(即混凝土结构物实体最小尺寸等于或大于 1 m,或预计会因水泥水化热引起混凝土内外温差过大而导致裂缝的混凝土)控制裂缝技术,概括起来有以下几点:①重视地基处理,减少地基对结构的约束影响,如设置滑动层构造(可与柔性防水层一并考虑);②注意结构选型的科学性和可操作性,增加温度构造钢筋,提高结构整体性;③优化施工缝、伸缩缝(含后浇带)、沉降缝等细部设计和施工质量;④在确保混凝土强度、抗渗要求下,提高混凝土抗裂性能,宜按抗裂混凝土配合比设计;⑤施工前应进行温度应力验算,同时做好温度监控,防止混凝土致裂温度的出现;⑥利用混凝土后期强度,减少水泥用量,如选用 60 d 或 90 d 后期强度,可降低混凝土温度 3~5℃;⑦选用低热水泥,掺加减水剂和粉媒灰等;⑧根据不同季节选择科学的混凝土浇筑和养护方法;在规定的浇筑区段内,混凝土应采取连续施工,一气呵成;而采用低正温混凝土养护,有利于混凝土后期强度的增长;⑨做好地下工程各种管道和设施的设计与施工,防止事后打洞或返工;⑩地下结构工程拆模后应及时回填土,可控制早期或中期混凝土的开裂。[5]

(2)注重发展性。当今世界,发展是主题。但怎样发展、如何发展,并没有真正解决好,中国、外国都是如此。

修史立言谋发展。从古代防水技术、西方系统工程观点分析,优秀的防水工程都是从整体考虑,首先解决好防水构造的排列组合。如中国古代的故宫、四合院的民居、古代城市的地下排水系统;特别是都江堰的治水工程,强调顺势而为,不对抗,无坝引水。这些都是防水设计在起主导作用,靠的就是符合天时、地利的设防原则和科学构造。而现今,我们仅靠几种引进的"先进"防水材料,如果没有其他措施跟上,要想实现防水工程滴水不漏,也是一句空话。防水问题如解决不好,现代建筑的先进性也何从谈起。

近几年,不少专家一直提倡"通过防水材料与工程结构之间的'依托、融合'与'借力、保护'互相转化关系,不仅有利于防水工程质量的提高,还可延长防水工程的使用年限,使房屋结构更坚固、更持久,并成为房屋结构与生命的保护神。"这都是从中国古建筑中获得的启发,当然还需要有更多的工程来证实。

1980年以来,中国修建了不少现代化建筑,举世瞩目。基坑围护(包括山区、软土地层)与防水技术,高层建筑、超高层建筑、交通建设以及地下空间开发等防水技术,都有待认真总结,其中肯定会有不少优秀的东西还没有挖掘出来,否则很难解释这些宏伟建筑的存在和辉煌。

(3)强调创造性。在"2016(上海)国际防水高端论坛"上,德国屋面工程承包商的调查资料称:"德国现有住宅共计4.31亿个单位(2011年普查数),其中90%是2000年之前建成的,也就是说这些建筑是在欧盟第一个(节能)措施出台时建成的,因此在今后维修改造中必须考虑节能措施。""2015年德国屋面工程的客户收入中,新建(住宅)建筑为12.5%,维修或改造为48.1%,商业建筑为27.7%,公共建筑为11.6%。"由此可知,现今德国既有建筑屋面改造营业额约占总收入近一半。

国内情况大致相同,其中既有住宅建筑数量很大,不少建筑服役期限超过20年,节能改造任务十分艰巨。如2014年5月30日《第一财经日报》载:"据粗略估计,中国目前住宅建筑约有474亿 m^2,其中城镇住宅建筑为240.24亿 m^2,农村为233.67亿 m^2。"一些使用年限较久的城镇住宅建筑,顶层居民不仅深受渗漏之苦,还影响室内保温、隔热和节能效果,如渗漏水长期得不到根治,更危及房屋结构安全与使用年限。

若城镇住宅以10层为标准,其中有70%的屋面(指工程服役年限达10年以上且出现大面积渗漏)需要逐步更新改造。现以防水工程造价50~100元/ m^2 计算,那么,我国城镇住宅既有建筑屋面改造工程仅防水部分费用可达840亿~1680亿元;如再分摊10年逐步进行施工,则每年仅防水工程维修费用就可达到84亿~168亿元,这是一个巨大的防水市场。另外,既有建筑屋面改造工程是一个系统工程,除了筑漏、防水以外,还涉及结构加固、保温、隔热、绿化、雨水回用等项目,重点应放在房屋安全和提升环保节能的贡献力上,由此带来的相关项目投资费用更为可贵。

既有建筑屋面改造是个重头戏。我们应进一步更新观念,以集成、优化再创新为纽带,在确保结构安全和绿色环保的前提下,逐步建立起一条构造合理、性能良好、经济实用的技术路线(如通过植筋锚固技术提升屋面结构层的承载能力),同时探索与之相适应的房屋管理维修体制。

30.6　结语和展望

"世界建筑在中国"。中国工程建设规模的持续发展,为防水文化研究奠定了丰厚的物质基础。如何从历史和现实之"物"转化为有用之"文",通过归纳分析、继承发展的关系,以更高的境界,加深对历代防水文化的理解,从中梳理出更多、更好或在"当时只道是寻常,而今却难以做到"的理念和方法,使之并成为现代化建设创新发展的助推器,这是我们这一代建设工作者应该担当的责任。

台湾东海大学建筑系教授汉宝德先生在研究中国古建筑后认为,其中许多技术方面有"独特的价值观和行为模式",所以可用文化去理解中国建筑。[6]联系到我国20世纪90年代初推行的"防水工程质量保修期"制度,它的初衷希望加强防水工程管理和维修,延长房屋寿命。孰料这一制度却为一些不法开发商和建筑承包商相互勾结,以"最低价中标"为由,成为谋取不义之财的借口,造成假冒伪劣材料盛行,偷工减料、施工粗制滥造屡禁不止,房屋渗漏水比例和居民投诉率一直居高不下的现象。现在不少单位倡议推行"防水工程质量保证期"制度,如果没有措施跟上,没有外部和内部环境的改变,最终结局也可想而知。

值得指出,当今我国建筑防水技术并非完美无缺。而中国近现代防水文化的研究,还是一个有待开发的丰富宝藏,特别是一些已经淘汰或目前使用很少的防水技术,如以油毡为代表的多层沥青防水技术,地下工程刚性抹面防水技术;蓄水屋面、架空屋面等史料更要进行抢救式挖掘;对于改革开放以后的建筑(尤其是地下空间开发、交通建设),可用"市场经济"这个新视角,通过"材料、构造、功能与效益"等全面分析,取其精华,剔除糟粕,强调求真,为今后建设提供科学决策。另从许多案例中得知,只要我们仔细观察,也不难发现有许多创新的闪光点,而从中引出的防水新思维值得传承发扬。

在防水文化研究中要强调创造性。只有用"和为魂"的观点,去研究古今中外的防水文化,就能从中引出许多至今还隐藏着的、不为我们所知的智慧,这正是我们提倡撰写防水文化史的理由。

最后,有专家呼吁政府有关部门,重视"中国近现代建筑防水文化史"的研究工作,并在人力、财力和政策上给予关心和支持;同时建议成立"中国近现代建筑防水文化史"研究学会,积极开展这方面的研究工作。我们深信,只要大家认识一致,通力合作,一定会厘清过去被淹没的一些有价值的创新、发明,挖掘出更多的核心技术,从而进一步掌握现代化建设中的经济规律、技术规律,这是值得期待的。[2]

参考文献

［1］董文虎,刘冠美.水与水工程文化[M].北京:中国水利水电出版社,2016:8,30.

［2］叶琳昌.结缘防水60春——我的建筑科学生涯[M].北京:中国建筑工业出版社,2013:215,330,222.

［3］俞金尧,张弛,加布里埃尔·M.施皮格尔,等.欧美史学新动向——实践史学序[N].光明日报,2011-09-13:11.

［4］蔡德诚.质疑、争论是鉴别真伪的利器[J].炎黄春秋,2016(4):8.

［5］叶琳昌,叶筠.建筑物渗漏水原因与防治措施[M].北京:中国建筑工业出版社,2008:328-334.

［6］汉德宝.中国建筑防水文化讲座[M].北京:生活·读书·新知三联书店,2008:序.

31 传统沥青防水技术渊源与思考

31.1 概述

据史料考察，人类对沥青的认识已有 4 000 多年的历史。特别是 19 世纪沥青可由石油提炼后，以沥青为主体的叠层卷材与热粘法施工技术，被广泛用于工业与民用建筑屋面、地下防水、防腐蚀以及市政、水利建设等工程中。

过去的 100 年，土木建筑工程有三个高速发展阶段：第一个阶段是第一次世界大战之后的 1930 年代，高楼大厦林立，地下空间开发；第二个阶段是第二次世界大战后的 20 世纪 50 年代，工业与民用建筑的标准化，地铁等交通工程大扩展；第三个阶段是 20 世纪 80 年代，中国改革开放引发的全球经济一体化，刺激建筑业、市政交通建设等行业的突飞猛进。在上述三个高速发展阶段，以沥青为代表的传统防水技术，在近现代中外建筑史上发挥过重要作用。

沥青是一种有机胶结材料，是由不同分子量的碳氢化合物及其非金属衍生物组成的黑褐色复杂混合物所组成，富有黏着力，能与砖、石、砂浆、混凝土、木材和金属等材料黏结在一起。在亲水材料上涂刷沥青材料后，可获得憎水性的表面，因而起到防水的作用。沥青还有一定的弹性和较好的塑性，有较强的防水性和耐冻性，溶融后又有较好的涂刷性（即流动性很大），因此易于渗入其他材料的孔隙内。能溶解于二硫化碳、苯及汽油等有机溶剂。在常温下呈固体、半固体或液体的状态。迄今为止，我们尚未找到一种比沥青更好的防水材料，而它的黏结力与耐腐蚀性也是其他材料所不及的。

一个长达百年多、曾经辉煌的沥青卷材防水技术，之所以有强大的生命力，主要是沥青具有优异的防水性能，与不同材料的基层都有很强的黏结力，通过多层卷材与沥青胶结材料（玛琋脂）复合而成的防水层（一般为"三毡四油"），极大地减少了因基层不平与施工不当引起的渗漏水概率，提高了防水工程的整体性和可靠性，并有较长的使用年限，从而获得用户的高度信赖。

"形式追随功能"，这是 19 世纪美国著名建筑师路易斯•沙利文（Louis Sullivan，1856—1924）提出的一句名言。他指的是建筑形式应追随建筑功能。这意味着，建筑设计必须根据建筑物的用途、工程所处的自然和社会环境，结合技术条件、经济等因素，优选出符合使用功能的设计方案和建筑构造。就防水工程而言也是同理。因为防水构造仅是一种形式，它的内部构造层次及其使用材料，必须追随和满足建筑功能的总体设计要求。因此,研究适合于混凝土结构以及与此相匹配的防水材料,追踪传统沥青防水技术渊源是很有意义的。

由多层卷材与沥青胶结材料复合而成的防水层,因防水性能优良,与基层黏结力强,极大地减少了因基层不平与施工不当引起的渗漏水概率,提高了防水工程的整体性和可靠性,并有较长的使用年限。在分析传统沥青防水技术渊源后,建议开展沥青防水材料与混凝土结构相互融合(即沥青渗透性)的研究课题,破解沥青与多孔性亲水材料之间相互交融、"无有入无间"的关键技术,从而克服多孔性混凝土结构中常易出现的开裂、窜水、渗漏、变形与耐久性差等诸多质量通病。

31.2　技术渊源

31.2.1　卷材层数与抗水压关系

与其他防水材料相比,沥青卷材防水层的黏结力很强,防水效果比较可靠。但在设计时,必须根据建筑物的使用功能和重要程度,选择多层油毡和相应的沥青胶结材料,才能达到预期的效果。

文献[1]指出,在平整的硬面层上,1 层普通纸胎油毡能抗 0.3 MPa 的水压,2 层可抗 0.8 MPa 的水压而不透水。油毡有足够的抗渗能力,这是无可怀疑的。但在实际工程中,要求防水层下的基面具有良好的平整度是很难办到的。有关部门曾以钻 12 个 $\phi 20$ mm 孔眼的钢板为基面,进行过防水层抗渗性能试验。结果发现,在 1 MPa 的动水压下,2 层与 3 层、4 层的油毡抗水压的维持时间有明显突变(表 4-31.1),例如 3 层纸胎油毡比 2 层几乎增加了 23 倍时间。

表 4-31.1　沥青油毡防水层对比试验

防水层数	1 MPa 动水压			
	试件编号			平均
	1	2	3	
	抗水压的维持时间			
2 层普通纸胎油毡	20 min	20 min	32 min	24 min
3 层普通纸胎油毡	5 h 15 min	12 h 40 min	11 h 15 min	9 h 43 min
4 层普通纸胎油毡	12 h 00 min	15 h 00 min	12 h 00 min	13 h 00 min

注:1. 防水层试件是按现场操作条件制作的,采用纯石油沥青粘贴油毡;

　　2. 试验温度为 22～25℃。

另外,结合工程实际条件,有关部门曾对各种柔性防水材料抗冲击和不透水性能做过试验(表 4-31.2)[2]。从表中可以看出,合成高分子防水卷材在抗冲击性能上,卷材厚度起主要作用,材性起次要作用;另外,高聚物改性沥青(含热熔沥青橡胶复合卷材)卷材、沥青防水卷材(油毡),其有关物理性能(如抗拉强度、延伸率等)虽然低于合成高分子防水卷材,但因材料厚度较大,故其抗冲击性能优于合成高分子防水卷材。从涂料类产品比较,合成高分子(如焦油聚氨酯)涂料较好,而高聚物改性沥青和沥青基防水涂料(如水性石棉)的性能均较差。

表 4-31.2 各种柔性防水材料抗冲击和不透水性能试验比较

序号	材料名称	实测厚度/mm	抗冲击和静水压性能		不透水性能		
			1 kg 重锤	2 kg 重锤	动水压/MPa	维持时间/h	试验结果
1	三元乙丙-丁基橡胶卷材	0.95	未穿透,不渗水	穿透	0.2	24	不透水
2	硫化型橡塑卷材	1.25	未穿透,不渗水	穿透	0.3	24	不透水
3	氯化聚乙烯-橡胶共混卷材	1.20	未穿透,不渗水	未穿透,不渗水	0.3	48	不透水
4	聚氯乙烯卷材	1.45	未穿透,不渗水	未穿透,不渗水	0.3	24	不透水
5	氯化聚乙烯卷材	1.20	未穿透,不渗水	未穿透,不渗水	0.3	24	不透水
6	热熔沥青橡胶复合卷材	3.50	未穿透,不渗水	未穿透,不渗水	0.3	96	不透水
7	焦油聚氨酯涂料	2.15	未穿透,不渗水	未穿透,不渗水	0.3	24	不透水
8	氯丁胶乳沥青涂料	1.50	穿透	穿透	0.1	0.5	不透水
9	水性石棉沥青涂料	4.00	穿透	穿透	0.1	0.5	不透水
10	三毡四油沥青卷材防水层	9.00	未穿透,不渗水	有细小裂缝,轻微渗水	0.3	24	不透水

注:1. 本资料由上海建筑防水材料研究所庄松工程师提供;
2. 试样取自上海 1994 年行业检查中的产品;
3. 静水压试验是在抗冲击试验后,对无明显穿透的样品,注入水柱 500 mm 高、静置 16 h 后,观察其结果。

再者,不透水性能试验结果还认为,当合成高分子类卷材的厚度大于 1.2 mm 时,其性能大大优于中、低档的涂料产品;而高聚物改性沥青卷材在所有取样中,其不透水性最好,这与它含有较多的沥青和一定的厚度有关;至于"三毡四油"沥青卷材防水层,其厚度大于9 mm,因此,它的不透水性能优于涂膜防水层,也比一般合成高分子防水卷材类好。

另外,屋面基层凹凸不平或出现一些表面收缩裂缝是难以避免的,且单层纸胎油毡的抗变形能力有限,故在设计中一般至少采用"三毡四油"防水层。由于卷材防水层在铺贴时,是靠一幅幅油毡搭接而成,所以接缝部位又是一个薄弱环节,而采用多层作法可以弥补基层和施工操作中的一些缺陷。因此从耐久性和安全角度考虑,亦需采用多层作法。

31.2.2 冷底子作用不可低估[3]

须知,物体本身分子与分子之间的结合力叫作凝聚力;与其他物体分子结合的力叫附着力。附着力的大小,除与该二物体本身性质有关系以外,与二者所处状态也极有影响。例如,将液体表面加热,减少其表面张力,则其附着力可大大增强。

今假定有一滴液体滴在固体表面上,其可能有四种状态:

（1）液体与固体表面的接角 $\theta = 90° \sim 180°$,液体的附着力远小于其凝聚力（图4-31.1a）;

（2）液体与固体表面的接角 $\theta = 90°$,液体的附着力正好等于其凝聚力（图4-31.1b）;

（3）液体与固体表面的接角 $\theta = 0° \sim 90°$,液体的附着力远大于其凝聚力（图4-31.1c）;

（4）液体与固体表面的接角 $\theta = 0°$,则液体形成薄膜完全散布于固体表面（图4-31.1d）。

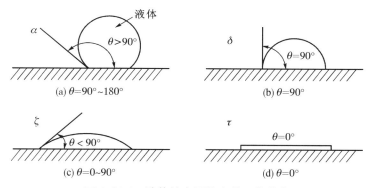

图 4-31.1 滴体滴在固体上的四种状态

在实际情况下,液体附着于固体有三种湿润作用,现以沥青为例分述如下:

第一,散布性湿润作用。将溶解的沥青涂于加热的固体表面上,使之黏结;

第二,浸渍性湿润作用。将常温的固体浸于溶解的热沥青中,使之互相黏结;

第三,附着性湿润作用。将溶解的热沥青浇在常温的固体表面,使之黏结。

经验证明,以上三种湿润作用以第一种为最佳(接角 θ 近于 $0°$);第二种次之(接角 θ 在 $0° \sim 90°$ 之间);第三种最差(接角 θ 大于 $90°$)。

因此,在实际施工时应考虑以下三种操作方法:

(1)沥青与被覆物(如混凝土或水泥砂浆基层)同时加热。沥青加热后变为完全的胶溶状态,若其被覆物也加热到同温或同温以上的温度,则在未完全黏着以前,不会破坏沥青的胶溶状态。施工操作时如能压实,则一切接角可等于理想状态($\theta = 0°$),这时空隙最小,黏结力最强。

(2)沥青与被覆物皆在常温。在常温状态的沥青仅能溶解于表面张力较小的溶剂中,以保持胶溶状态,依靠此种溶剂的力量,黏于其他物体上。溶剂本身表面张力极小,加入沥青后其表面张力增加,涂于物体表面时仅能起浸渍性湿润作用,接角在 $0° \sim 90°$ 之间,但若用人工以刷子刷成薄膜状后,亦能得到极佳的效果。

(3)单将沥青加热,被覆物则在常温。沥青虽已加热至完全胶溶状态,因被覆物温度低,二者相接触的时间又太短,沥青立即变更其胶溶状态而接角急剧加大,遂成为附着性湿润作用,空隙最大,黏结力最弱。

综合上述三种操作方法,要数第一种方法最理想,但实际操作上往往不可能将被覆物同时加热。因在施工时可采用第二种方法,即在常温的被覆物表面预先涂以冷底子油刷成一层薄膜,然后再涂刷热沥青胶结材料铺贴卷材。冷底子油与沥青胶结材料的温度虽然相差很大,但因二者同属沥青,凭其凝聚力的作用,仍能很好地结合起来。

31.2.3 地下工程全封闭防水设计

我国从"一五"计划建设开始,沥青(含石油沥青和焦油沥青)和卷材(初期为沥青油毡、油纸、麻布等)的使用,为地下工程(包括设备基础)实施全封闭防水提供了物质条件。当时使用的地下防水工程作法如图 4-31.2 所示。

文献[3]还指出:"在施工条件许可情况下,以采用(外防)外贴为宜。因为外贴防水层除了不必考虑其沉陷(基础)问题外,且在施工完了之后,在未砌保护墙及回填土之前,即可进行漏水试验,修补也比较容易。"这里说的漏水试验,仅指在生产工艺上必须进行检测的设备基础而言。关于砖砌保护墙,因在施工时容易损坏防水层(特别是埋置较深的多层地下室),加之因保护墙与回填土结成一个整体,建筑物下沉而保护墙不沉,二者产生相对运动,从而把防水层撕裂。因此,在 20 世纪 90 年代后,已将砖砌保护墙改成软保护层了。

值得注意的是,图 4-31.2 构造中,在普通回填土前,还设置了一道黏土防水层,这是借鉴了古代的经验,其效果也非常明显。如中国科学院有关考古专家曾对定陵

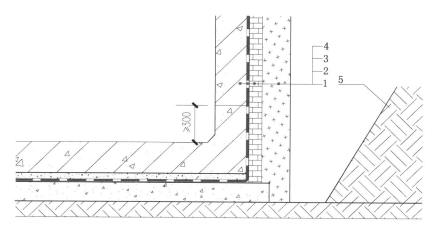

1—混凝土结构层；2—沥青卷材主防水层；3—半砖(120 mm)保护层；
4—黏土辅助防水层(300~400 mm)；5—回填土层

图 4-31.2　20 世纪 50 年代我国地下工程防水作法(单位：mm)

地宫进行科学发掘(1956 年 5 月中旬至 1958 年 7 月)，从而揭开了始建于 1584 年、历时 6 年才完成的定陵地宫之谜。定陵地宫位于地下 27 m，由前、中、后、左、右 5 个高大宽敞的殿堂组成，总面积达 1 195 m²，全部为石拱券结构。后殿安放棺椁的地方，空间最高大，高 9.5 m、长 30 m、宽 9 m。汉白玉棺床上放置了神宗朱翊钧和孝靖、孝端两位皇后的巨大朱漆棺椁。挖掘后地宫完好无损，当揭开 11 层衣物、被服时，三具尸体已经腐烂，但骨架完好，头发软而有光；尸骨周围塞满了无数的金银玉器约 3 000 多件珍贵文物，还有成百匹的罗纱织锦。时经 300 多年，这些珍贵文物有的还金光闪闪。说明长期封闭的地宫室内阴凉、干燥，四季温差不大，有利于棺椁、尸体和文物长期保护。其所以如此，除了上述因素外，还得益于砂土地层容易排水和主体结构选用致密耐用的石材(以艾叶青石材割成大块经磨光对缝砌成)有关。此外，"墙壁外侧用黏土(掺入白灰)分层夯实，坚厚致密，雨水不易渗透；利用地形种树植被，选用高大拱形屋顶，下雨时雨水顺坡畅流而下，不能积水；重视地面排水网设计，及时排除地面雨水和污水，尽可能减少地表水渗入地下，防止对地基土与基础的侵蚀等措施也有帮助"。[4]以上充分说明，几百年前古人早已掌握了"多道防线、防排并举、综合治理"的设防原则与方法，并从理论与实践上达到了很高水平。

31.2.4　排汽屋面优越性

排汽屋面是针对保温层或找平层在水分较多、一时又难以干燥的情况下，为防止由高温引起的蒸汽分压力，导致卷材鼓泡、破裂和渗漏而设置的。建筑物理学告诉我们,当空气温度在0℃时,饱和水蒸气的最大张力值为0.61 kPa;而当气温增加到40℃时,此值为7.38 kPa,增加了十几倍。国外研究还表明,当屋面上温度为60℃时,屋面内部的蒸汽分压力可达4.9 MPa。以上数值足以引起各类卷材隆起、破损,从而导致屋面的渗漏。这是屋面基层内部水分在温度作用下,产生"汽化"后破坏坚固物质的科学解释;也是"弱之胜强,柔之胜刚,天下莫不知,莫能行"(《老子·七十八章》)的又一例证;它是以自然柔和、润物无声、从内向外、周而复始完成的。

排汽屋面的基本原理是在保温层及找平层内部设置排汽道,让基层中多余水分通过排汽道以及与大气相连通的排汽孔(或管)集中排除(图4.31-3、图4-31.4)。因采用多层卷材铺贴,故底层卷材宜采用条粘法或点粘法,其余各层卷材则需采用全粘法铺贴。这种"底层卷材脱开,面层卷材密贴"的方法,可以减少卷材防水层的起鼓,同时也可抑制卷材的开裂(图4-31.5)。随着新型防水卷材的大量应用,由于材性有所提高(特别是延伸性),因此采用单层卷材或涂膜防水层时,也可选用全粘法施工,但此时必须在排汽道空腔处增铺附加卷材条,以适应屋面各类变形的需要。

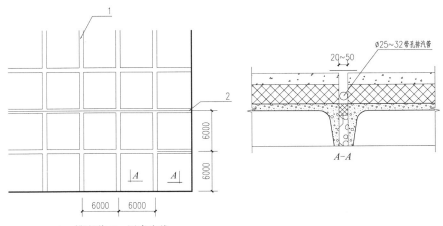

1—排汽道;2—尾脊中线

图4-31.3 排汽道作法(单位:mm)

注:排汽道尺寸20 mm适合于无保温层;50 mm适合于有保温层。

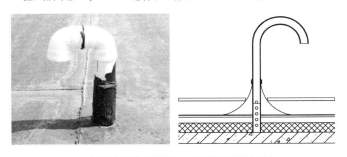

(a) 屋面上排汽(照片为PVC预制管排汽孔)

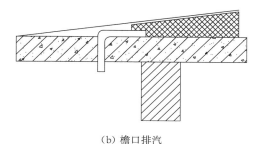

（b）檐口排汽

图 4-31.4 各类排汽孔

为了解排汽效果，有关技术人员曾在 1974 年四川维尼纶厂纺丝车间 68 000 m²
的排汽屋面上，设置了抽样检查孔。1 年后测试表明，隔热层中水泥膨胀蛭石的含
水率均相对减少：其中屋脊部分约减少 35%，屋面中部约减少 33%，檐口处约减
少 25%。

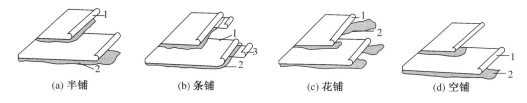

（a）半铺　　　　　　（b）条铺　　　　　　（c）花铺　　　　　　（d）空铺

1—油毡；2—沥青玛琋脂；3—油毡条

图 4-31.5 排汽屋面的油毡铺法

必须指出，国外对屋面施工时封闭在保温层中水分如何排出也十分重视。德国
一位专家指出："在设计平屋顶时，应考虑屋顶受到由下向上的水蒸气作用，其危害
性要比屋顶外表面受到雨水的影响大。"[5]另外，由于水蒸气的扩散迁移，排汽构造
的设置，不仅有利于将屋顶内部水分向外排出，同时从长远来说，还有利于室内获得
良好的空气湿度环境，确保居住者身心健康。因此，他们认为，在无法确保保温层处
于干燥环境下作业时，就要在"混凝土（结构层）上面、隔气层下面铺设另一种材料，
这一层就叫作'排汽层'或'压力平衡层'。"[5]我国排汽屋面构造与国外排汽方法相
比，其排汽效果更为直接、显著、久远。

1996 年，有关人员曾对全国 20 个屋面工程进行调查，对排汽屋面的实践效果进
行全面分析。2006 年，上海市兴江房地产综合开发公司又对 13 年前三个里弄小区
屋面修补中采用的几种新型防水材料进行质量调查，获得了可贵的第一手资料。现
将上述文献有关结论摘要如下：

（1）在 1996 年调查后发现，对 12 个采用排汽屋面，只要排汽道、排汽管设置得

当,精心施工,与未采取排汽措施的屋面相比,"排汽效果明显,质量有所提高"。与此同时,对未采取排汽屋面的其他 8 个工程进行检查,发现无论是涂膜、油膏,还是高分子卷材,其防水层均有不同程度的鼓泡、开裂和渗漏水现象,已严重影响使用,并被迫返修。

(2) 若有纵横交错,贯通、"宽阔"的通道(排汽道内保持通畅,无填充物),则找坡层、保温层、找平层湿作业时的多余水分或者渗入到屋面内的水分,就可及时排出。而窝于保温层内的多余水分,一旦晴天升温,就可汽化排出,也不会形成蒸汽分压力,导致防水层起鼓,甚至顶破防水层现象的发生。

(3) 湿胀干缩、热胀冷缩、常规荷载、变形荷载(温度变化、材料收缩和徐变、地基不均匀沉降、地面运动等),对屋面产生的不利影响,都可通过排汽道吸收分解,不至撕裂、拉破防水层。

(4) 排汽道顶面实际形成了多道设防(倒 Ω 形涤纶布层、密封材料层、附加防水层及主防水层)。因此,雨水从排汽孔渗入屋面内部的可能性几乎为零。过去认为,排汽屋面是仅为防水施工设置的临时措施,是一项"短期"行为。后来通过调研发现(有关实验数据还须进一步补充),畅通无阻的"排汽道"以及与大气相连通的排汽孔,只要密封与防水措施得当,还可改善室内小气候环境,这正合先哲老子所讲的"万物负阴而抱阳,冲气以为和"之道(见《老子·四十二章》)。因此,屋面上排汽孔设施要长期保存,不可毁损。

(5) 经过 13 年在多种恶劣环境下的考验,采用排汽屋面的各种防水材料,均未发现渗漏;但不同防水材料的优劣都已显现,如防水层老化比较严重,弹塑性、黏结性,防水材料的平整度、厚度等,均比当时施工时的性能低,并出现变硬、龟裂、脆裂、起壳和翘边等现象。经有关指标综合评价:4 mm 厚 SBS 卷材防水效果最好,其功能价值与性价比排名第一;PVC 油膏(二布三油)次之;2 mm 厚 851 聚氨酯防水涂膜排名第三。这与我们过去研究的屋面防水材料应以卷材为主并有适当厚度的结论是一致的。

31.3　沥青卷材防水耐久年限

20 世纪 80 年代初,上海市房地产局曾对辖区内的 136 个屋面工程做过调查。结果表明,1950—1957 年间沥青油毡屋面的平均使用年限为 23 年;1967—1970 年间平均使用年限只有 10 年(表 4-31.3);随后逐渐缩短,1971—1980 年间平均使用年限只有 3 年。这是设计层数减少、沥青和卷材性能下降以及施工操作粗糙等因素的综合反映。但即使如此,如果材质有保证,设计构造和施工操作得当,沥青油毡屋面的使用年限在 10 年以上也是不成问题的。

表 4-31.3　沥青油毡屋面使用年限[6]

年份	有记录的屋面工程调查数	类别	从竣工开始至大修时年限及项数					从竣工开始至大修年限/年		
			1~8年	8~16年	17~24年	25年以上	合计	最短	最长	平均
1950以前	2	项数				2	2	25	33	29
1950—1957	33	项数	1	1	13	18	33	7	32	23
1958—1966	30	项数	5	15	10	0	30	5	20	15
1967—1970	35	项数	6	29	0	0	35	2	14	10

注：1. 1950—1957年有9项未大修，均已超过25年；
　　2. 1958—1966年有3项是1966年竣工至今使用16年未大修，暂列在17~24年栏内；
　　3. 1967—1970年有1项是1968年竣工至今使用14年未大修，暂列在8~16年栏内。

另外，日本建筑学会曾对使用了36年的有保护措施的沥青防水层进行观察发现，沥青防水层的老化是从与混凝土直接接触的上、下层开始；中间层的沥青针入度测试数据还处于可控状态，即上、下的沥青有细微龟裂；里面未发现问题，说明还有几年可用年限。由此证明，影响防水层老化的因素虽然很多，但材料本身的性能以及有无保护措施起决定因素。特别是采用沥青隔热防水工法（即有保护措施的屋面构造），能够有效抑制防水层的热老化，提高防水层的耐久性。与此同时，对防水层进行定期维修，也是延长使用年限最有效、最经济的措施。上述关于沥青防水耐久性研究成果，是日本学者根据90余年的使用实践及1 000多个现场防水层的取样分析而得出的，可见日本同行对这一研究工作的严谨、求实和创新精神，因而得出的结论也更为弥足珍贵。

值得注意，日本有关部门公布的2000—2009年日本各类防水产量统计中显示，传统的沥青油毡产量虽然逐步缩减（近年来缩减比例不大），但在2009年用于屋顶的油毡产量仍有1 790千卷（约合35 800 km²），超过了同期合成高分子屋面片材的产量（16 582 km²）。其原因除了日本国内新建工程较少而旧屋面改造较多外，还与通过革新工艺和环保措施后，使热熔沥青工法的施工质量逐步提高，更受到广大用户青睐有关。[2]

值得提及，苏联是使用沥青卷材最多国家之一，并积累了丰富的设计和施工经验。由于气候条件苛刻，这类屋面使用的年限受到关注。有文献记载："莫斯科、列宁格勒[1]、基辅等大城市的平屋面，在20世纪90年代，仍大量采用三毡四油沥青油毡材料，其使用年限一般都在20~30年以上。建于1908年的莫斯科电车厂屋面采用四毡五油沥青卷材防水层，上覆100 mm厚的沥青卵石保护层，使用了五六十

[1]　列宁格勒：俄罗斯城市圣彼得堡的前称。

年仍完好无损,未进行过重大返修。"[6]这进一步说明,沥青油毡屋面的使用年限与防水层厚度(设计层教)和选用保护层质量有关。

31.4 结语

世界是运动的世界,天下是变化的天下,内在一定会表现为外在,树木上的枝叶必然会新陈代谢。这种运动、变化、表现、生长是时时进行的,也是永远进行的。在漫长的岁月中,传统的沥青防水技术赋予建筑的功能以及给人类带来的福祉,已逐渐淡出人们的视野,但它的诸多亮点和深刻内涵是永远不会被湮没的。

(1)沥青有优异的防水性,富有黏结力,有一定耐腐蚀性,并且沥青在高温熔融后的流动(淌)性,是其他防水材料所不及的。如何利用这些特点,克服耐温性差、延性较低以及施工中环保等问题,确有许多文章可做。

(2)在屋面工程中设置与大气连通的排汽道及排汽孔,可将施工中屋面内部多余水分及时排出;同时,还有效解决了因蒸汽分压力造成卷材起鼓、破裂、渗水等老大难问题。这项于20世纪60年代、由我国独立自主研究的"排汽屋面",与国外在屋面中设置的排汽层或压力平衡层(又称呼吸屋面)相比,其效果更为直接、显著、久远。

(3)由卷材和沥青胶结材料组成的多层作法、热法施工的防水技术,在建国初期的"一五""二五"以及三线建设的许多重大工程中,得到广泛应用,并取得不俗成绩。而沥青卷材屋面在"一五"建设时期,平均使用年限为23年,以后逐步缩减,而在1980年以后平均使用年限还不到4年,这是卷材设计层数减少(由三层改为二层)、沥青和卷材性能(品质)下降以及施工操作粗糙等因素的综合反映。这种违反科学规律的做法,其教训十分深刻。

(4)地下工程采用全封闭防水作法,不仅在理论上,而且在实践上也是可行的。问题是在南方软土地层与地下水位较高的地区,目前因基坑围护作业中的安全问题,片面强调缩短工期,多数抛弃传统的全封闭防水方案,夸大采用单一结构自防水作用,由此造成的质量问题十分明显;且从长远考虑,此举弊大于利。如何解决基坑围护安全与防水作业之间的协作配合问题,研究"二墙合一"中结构受力与防水取舍得失的关系等,是值得不断研究的新课题。

(5)以沥青为母料的防水材料,在世界范围的应用至今仍有相当广度,但在中国彻底衰败,究其原因主要是国产沥青的品质问题。客观地分析,现代石油精馏的技术进步,将石油的有效成分提炼趋于"一干二净",其残渣——沥青的品质,已无法用于防水材料的生产。若要振兴以沥青为母料的防水材料,必须在石油提炼的行业,制备满足特定防水材料品质的沥青;换句话说,应生产符合防水材料的专用沥青。而以沥青为母料的系列防水材料,它的品质与独特功效,是高分子合成防水材料不能兼具的。在此呼吁：不能让我国的这个行业消亡。[7]

（6）日本、苏联、美国以及我国台湾地区，对传统沥青防水材料并无限制、淘汰的规定。他们长期致力于材料性能、施工工艺的改进和对环保方面的研究，对我们深有启发。这也符合不同地区、不同工程在不同条件下，对防水材料多样化的选择。"天地万物之理，皆始于从容，而卒于急促。"（明·吕坤《呻吟语》）而我们在淘汰传统防水材料或施工技术时，既无科学实验数据证实或证伪，也未取"适度，谨慎"的态度，这是值得探讨的。因此，了解过去的防水理论，揭示其中防水文化的魅力，对进一步改进当前防水工程质量，是有积极意义的。

（7）"沥青与结构交融，合一天人道无涯。"鉴此，笔者建议国内有关科研单位，能够结合施工工艺与现代实验手段，开展沥青防水材料与混凝土结构相互融合（即沥青渗透性）的研究课题，通过材料与施工工艺的创新，破解沥青与多孔性亲水材料之间相互交融、"无有入无间"的关键技术，从而克服多孔性混凝土结构中常易出现的开裂、渗漏、变形与耐久性差等诸多质量缺陷，并为南方软土地区地下工程实现全封闭防水作法提供技术支撑。而"无有入无间"中的"有"（指天下万物）给人便利，"无"（指客观规律之"道"）发挥作用，如此方能实现"以柔克刚，以弱胜强"的效果。而"无有入无间"中的"入"字，是解决这一问题的一把钥匙，涉及跨学科的研究问题，也非一个部门、几个人单打独干所能完成的。

参考文献

［1］叶琳昌.建筑防水工程渗漏实例分析［M］.北京：中国建筑工业出版社，2000：13-14.

［2］叶琳昌.建筑防水纵论［M］.北京：人民日报出版社，2016：55,61-63.

［3］严希直，徐万丰，徐清源.厂房屋面及地下防水工程施工法［M］.沈阳：辽宁人民出版社，1955：49-51,95.

［4］王友亭等.地下结构防水的几个问题［M］.北京：高等教育出版社，1959：14.

［5］卡尔·塞弗特.建筑防潮［M］.周景德，杨善勤，译.北京：中国建筑工业出版社，1982：10,122.

［6］叶琳昌，沈义，朱逢生.城乡建筑屋面防水设计与施工［M］.成都：四川科学技术出版社，1989：4,10.

［7］薛绍祖.建筑防水产业兴起与发展（征求意见稿）［M］//中国建筑防水协会成立35周年主题活动作品集，2019：121.

附录 溶洞建筑中的结构安全与防水、防潮问题

原重庆晋林机械厂(代号为 157 厂)是 1965—1968 年间三线建设的重点项目。该厂位于重庆市万盛区(现为綦江区)丛林镇海孔村境内,其主要车间设在因雨水溶解侵蚀石灰岩层所形成的天然空洞内(简称"溶洞"),洞内建筑面积约 1.7 万 m^2,主洞及支洞蜿蜒数公里,极为壮观。2003 年因国家产业结构调整,该厂迁往他地。但经过 30 多年的建设与发展,该厂建有包括厂房、宿舍、招待所、学校、影院、街道、篮球场等 50 多万 m^2 的建筑,被原汁原味地整体保存了下来。这些建筑群功能齐全,具有典型"大三线"建设的特点,是重庆工业发展的历史见证。2013 年,"海孔洞"被纳入"第七批全国重点文物保护单位",也是重庆抗战兵器工业遗址群之一(附图 1)。

附图 1 "晋林机械厂旧址建筑群"铭牌,右为"军工岁月"石碑

2006 年,王小帅拍摄了反映三线国防建设艰苦创业以及工人家庭生活为主线的电影《我十一》(又名《十一朵鲜花》),于 2012 年 5 月上映。该电影就是以重庆晋林机械厂(在影片中改为红旗机械厂)为背景于丛林镇原址拍摄的,回顾了那段永远回不去的年代和三线军工厂的故事。当年参加建设的军人和职工,在极其困难的条件下,把"海孔洞"从空无一物,建设成现在仍能看到的规模恢宏的厂房,以及"不畏艰难、辛勤劳动、无私奉献、为国分忧"的三线建设精神,是值得歌颂和发扬的。

据重庆媒体报道,经丛林镇政府工作人员介绍,目前他们正计划将诸多老建筑纳入旅游开发范围,项目名称就叫"记忆 157"。项目规划将重庆晋林机械厂旧址的

建筑群进行再次开发利用,围绕海孔村和海孔洞周边,建设三线建设街区、体验式工厂、情景融合演出等项目,打造一个以"三线建设"为主题的历史文化旅游景区(附图2)。因此,实地了解海孔洞内地质构造变化以及对厂房使用影响等问题十分必要,可为当地政府进一步开发利用提供参考意见。

2019年3—4月间,曾参加重庆晋林机械厂建设的原基建工程兵21支队205大队齐仕伟等老战士重返旧地回访考察,并发回一组30多张溶洞内部构造及遗存建筑的照片,十分珍贵,对进一步研究防水、防潮问题极具参考价值。

附图2 重庆晋林机械厂地上部分遗存建筑

20世纪60年代,面对复杂的国际环境,为贯彻执行毛泽东主席"深挖洞、广积粮、不称霸""靠山、分散、隐蔽"和"立足于打大仗"的战略思想,从全国各地抽调精兵强将,在西南地区成立三线建设指挥部,就此拉开了重庆军工建设的帷幕。经过3年多的日夜奋战,重庆晋林机械厂主要生产车间如期完成,并开始生产出各种军工产品。在鼎盛时期,该厂约有万名职工落户于此(附图3—附图5)。

附图3 重庆晋林机械厂遗址航拍图

附图 4　重庆晋林机械厂遗址远眺

附图 5　海孔洞近景

根据生产工艺,海孔洞内分成 1~4 号洞,其中 1 号洞又分成前洞和后洞:前洞纵深长约 210 m,宽 18~32 m,高 18~35 m;后洞长约 105 m,宽 12~50 m,高 18~22 m。为了方便前后洞的交通和职工上下班,当年施工时将两洞打通,开挖出一条 68 m 长的人工隧道(附图 6)。洞穴内生产车间,由两层钢筋混凝土框架结构组成,大型施工机械在洞中可自由行驶。

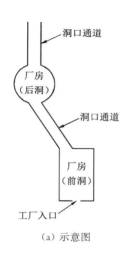

（a）示意图　　　　　　　　　　（b）通道内景

附图 6　溶洞内厂房之间连接通道

众所周知,西南地区天然溶洞多数为石灰岩材料。其主要成分是碳酸钙,遇水可以溶解,并生成碳酸氢钙;遇热或压强突变时,碳酸氢钙就会分解沉积,并释放出二氧化碳。当洞顶和洞壁的水慢慢向下或向外渗透时,日积月累,分别在洞顶与洞底形成钟乳石和石笋,如二者相连时即变成石柱。

在溶洞中建设厂房并非易事,应满足"适用、坚固、防水、防潮"等使用要求。为此,必须确保岩体四壁和洞顶的结构安全,其次是洞内的防水、防潮问题,且二者互为因果。我们注意到,从这次现场观察所见和照片来看,重庆晋林机械厂海孔洞天然岩石总体是稳定和安全的,且经历了 50 余年的考验。但由于设计原因,未考虑在洞内设置有效的防、排水措施,因而在洞顶多处钟乳石处发现渗漏水现象(附图 7),其中还有一大块岩石从顶上崩塌(时间不详),砸烂了钢筋混凝土楼面,直接掉落在底层,其面积有篮球场大小。如果当时在正常生产,必然是机毁人亡,后果不堪设想(附图 8)。另外,洞内也比较潮湿,均不利于精密设备的正常运转。

附图 7　顶层柱、梁与岩石直接连接,洞穴顶面未做任何处理,可见钟乳石严重渗漏水

（a）二层楼面砸塌情况

（b）一层地面砸塌情况

附图8　顶棚岩石砸塌混凝土楼板后落到地面

又从照片中可知,洞内大部分构件表面平滑,棱角整齐,里实外光,用小锤敲击听其声音,发现内部混凝土致密,质量良好。据当年建设者回忆,洞内所有钢筋混凝土柱子均用模板现浇,因场地所限和工期紧迫等原因,预制柱子、梁、板等构件,都在洞内就地重叠生产,模板周转次数很少,虽然当时施工管理极为严格,但在事隔半个世纪之后仍发现部分构件的混凝土有腐蚀、剥落、钢筋生锈等现象(附图9)。如果我们在建设初期,对洞内四壁及顶面采取喷、锚、支护等综合措施,那么,厂房建筑结构的安全与防水、防潮等问题有望进一步改善。

（a）四周部分岩壁可见砖墙遮护

（b）构件的混凝土有腐蚀、剥落、钢筋锈蚀

（c）混凝土剥落局部放大

附图 9　洞穴内混凝土有腐蚀、剥落、钢筋生锈等现象

　　我国知名地下防水工程专家薛绍祖教授指出："在优质而密实的混凝土中，碳化进行得很慢，即使经过 50 年，碳化深度也不会超过 5～10 mm；而在低强度且又透水的混凝土中，不到 10 年，碳化深度可达 25 mm。"[1]而在海孔洞中，不少混凝土构件在历经 50 多年后发现有严重腐蚀情况（碳化深度达 15～20 mm 甚至更多），说明与洞内潮湿，长期闲置和缺少管理维护有关，且影响结构安全。这一问题，在今后开发利用时必须引起高度重视。

　　逝水年华不复返。遥想当年，红旗招展，炮声震天，广大工程兵和随军职工在这里与自然搏斗；17 年前当工厂迁移后只留下孤寂的溶洞建筑和少数留守的村

　　[1]　薛绍祖：《地铁系统结构防水劣化与修缮》，北京：科学出版社，2011 年 1 版第 58 页。

民,每天与深山对话;今天在电子战、信息战、太空战的时代,这些被废弃建筑群已成为历史记忆,作为一个时代的缩影躺在那里,默默地诉说着那个时代不为人知的故事。

（本文摘自齐仕伟先生撰写的考察报告和提供的照片,特此说明并表示感谢。）